jianfangshuo.com
建房说
精英乡居生活规划师

村墅集

乡村别墅优秀设计作品集萃

江西澜翎建筑科技有限公司 著

江西人民出版社
全国百佳出版社

乡村别墅优秀设计作品集萃

造一处别墅·享精致生活

《村墅集——乡村别墅优秀设计作品集萃》是一本极富启发性的设计图书，它将带领读者领略全国各地丰富多彩的乡村别墅设计。本书汇集了具有项目委托人和设计师鲜明个人特色的精美项目图片，为专业的建筑设计人士和装修设计爱好者带来了一场视觉盛宴。

乡村别墅的独特之处在于它们既是家庭的财产又能体现它们主人的鲜明个性。一个成功的别墅设计必然是业主、建筑师和建造师通力合作的成果。在帮助业主完成设计时，建筑设计师的首要任务是完成功能要求，同时还要满足各个家庭成员的特殊要求，并将这些要求融为一个连贯的整体。因此，别墅的设计融合了丰富的想法，整合了比例、位置、背景、气候和环境条件等因素。

除了满足委托人的特殊要求之外，别墅本身已经成为汇集各色材料的“画布”。材料的选择必须具有温暖和独特两个要素：温暖能让使用者感到舒适耐用，而独特则能与建筑和室内空间形成互补。从木材、石材到混凝土，一系列不同的建筑材料以独特的方式勾勒出垂直面和水平面，为使用者带来不同的感观体验。

现代人的生活，当有现代人的追求，或田园生活的舒服与随意，或城市生活的快捷与便达。物质生活的富足让现代人有了追求不同生活的条件与权利。而与生活息息相关的居所，便成为我们努力经营与创造的重点。

对于营造居所的设计师，或是居所的主人，要把人们带入到一个高层次的境界，那是非常不容易的，这需要独到的思想和丰富的经验。为此，我们想用这一幅幅作品为大家展现别样的境界，这也算是我们编写该书的初衷。书中别墅有六种风格，分别为中式、现代、欧式、乡村、混搭和田园，也算是针对不同人的爱好和需要。我们想通过这些作品的展示，让追求美好生活的人们能找到些灵感，或让那些已经有这么一处别墅的人有能力亲自设计一番。本书是一次别墅空间设计的旅行，希望大家在这次旅行中能唤醒一些美的情愫，发现通往自己内心的另一条道路，从而能去追求真正美好而精致的乡村生活，从一幅幅作品中，我们也能看到设计师在为我们美好的生活而努力。在此，我们要感谢为我们提供作品的每一位设计师以及别墅的主人，因为他们的不懈努力和追求，才使我们能为你们呈现更美好的画篇。

C 目录 CONTENTS

一层别墅设计

One-storey Villa Design

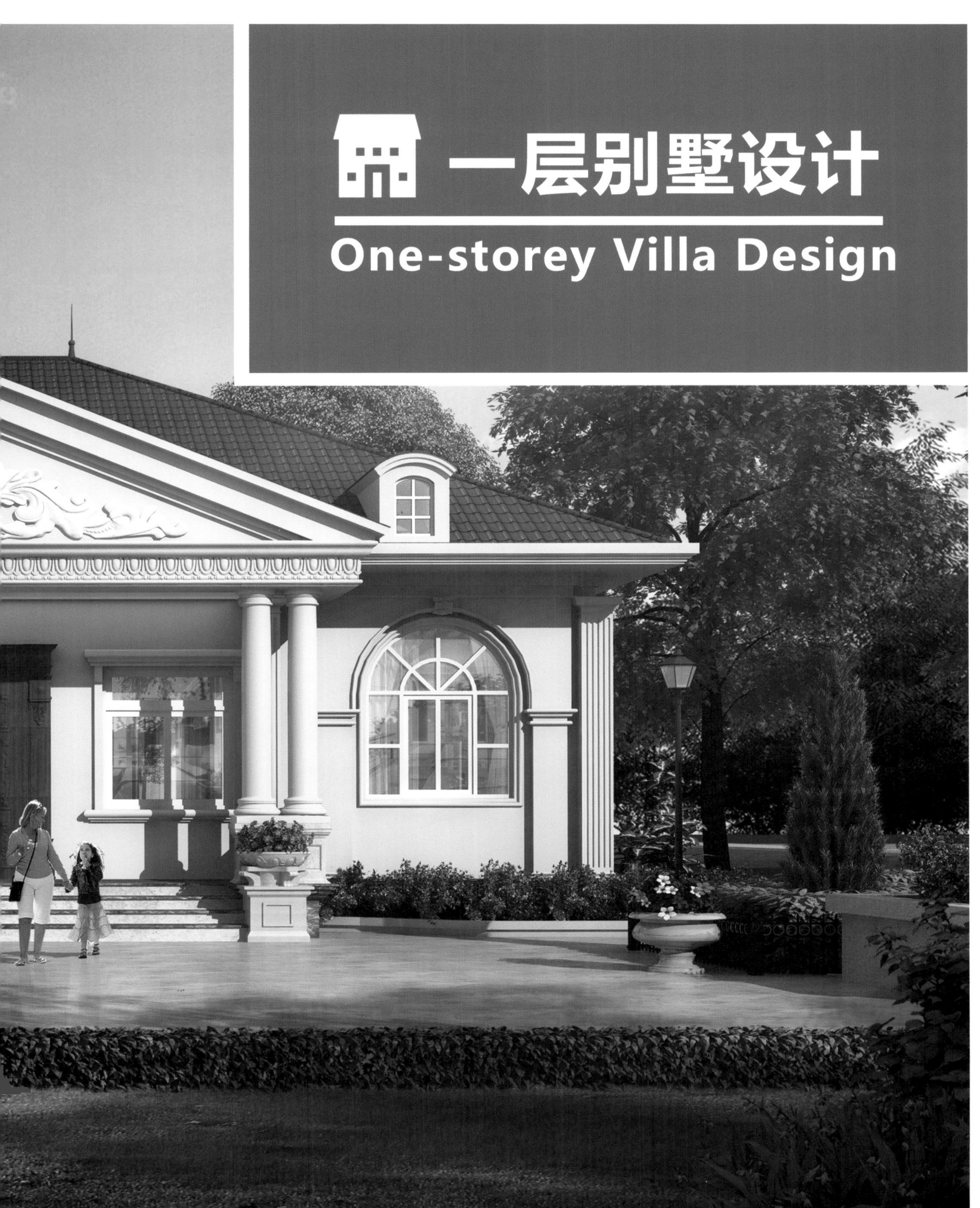

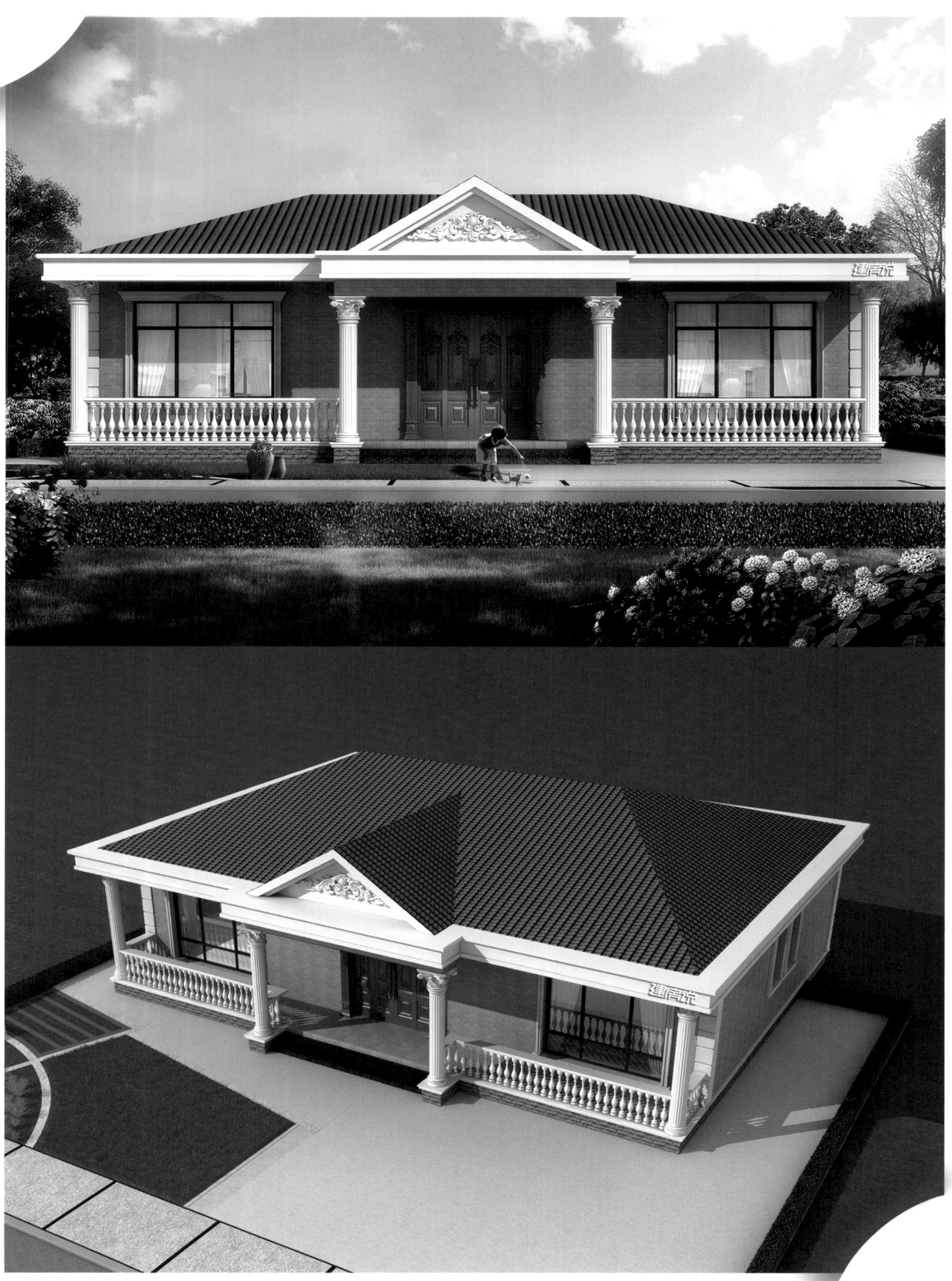
建房说
建房说

一层别墅设计 JF20069

书房
餐厅
厨房
卧室
储物间
上一步
公卫
客厅
卧室
卧室
阳台
入户

16500
120 4800 6660 4800 120
120 4800 700 5260 700 4800 120
16500
13140
120 4000 2600 4000 1500 800 120
120 4000 1300 1300 4000 1500 800 120

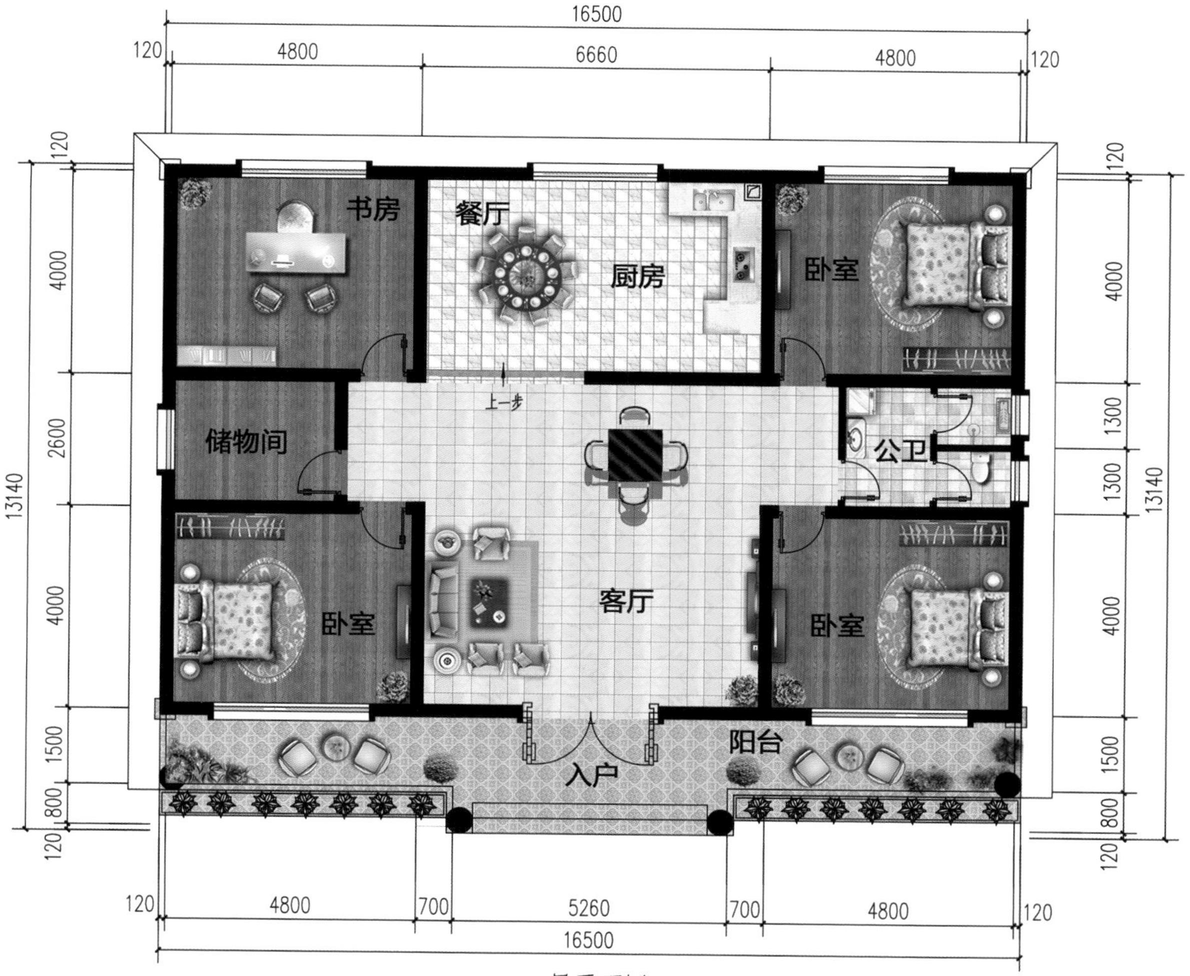

一层平面图 1:100

本层建筑面积：209.13平方米

图纸属性

【编　　号】	JF20069	【层　　数】	1层	【占地面积】	209.13平方米
【开　　间】	16.5米	【进　　深】	13.14米	【建筑面积】	209.13平方米

建房说 精英乡居生活规划师 jianfangshuo.com

一层别墅设计 JF20177

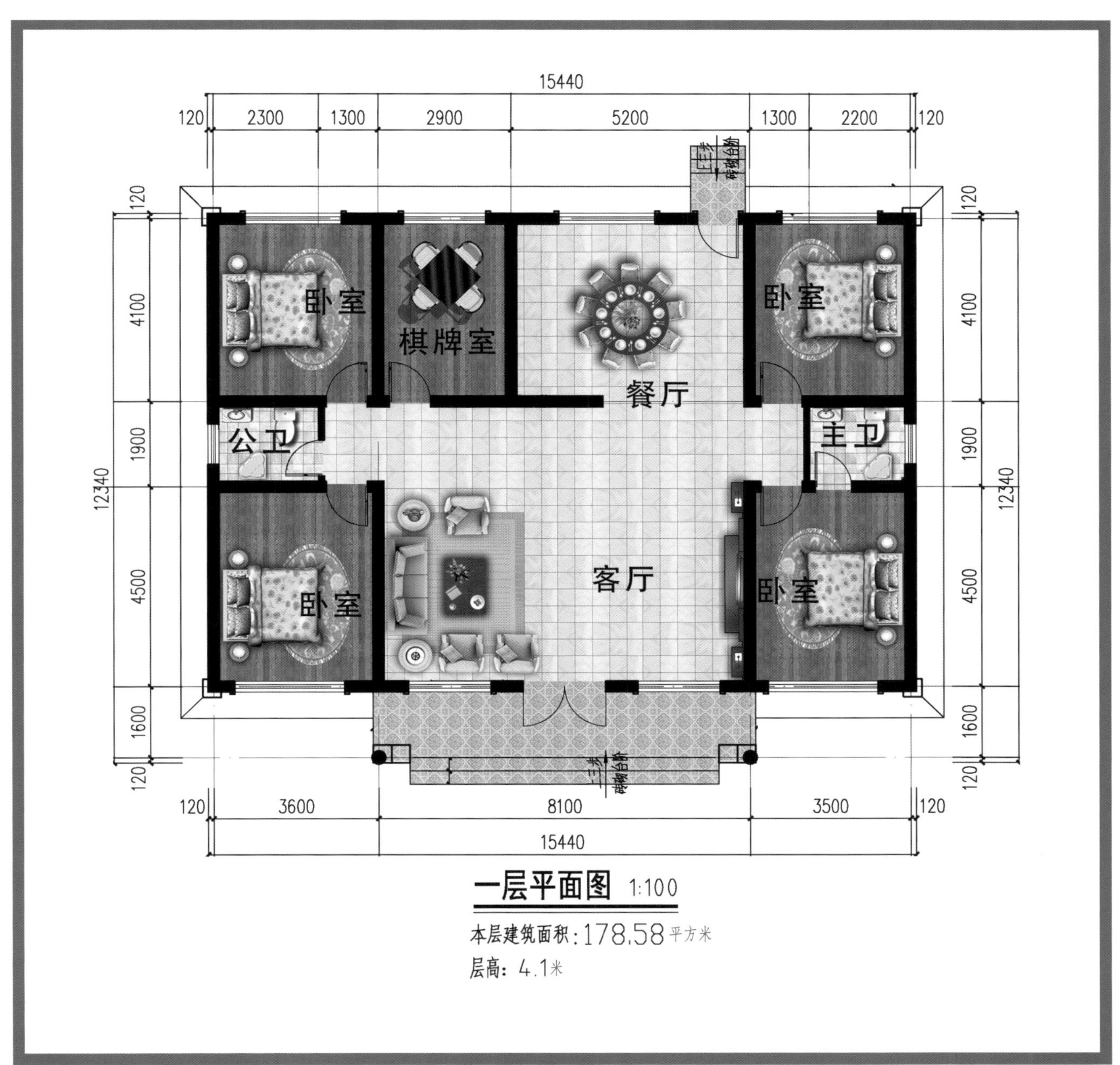

图纸属性

【编　　号】JF20177　【层　　数】1层　【占地面积】178.58平方米

【开　　间】15.44米　【进　　深】12.34米　【建筑面积】178平方米

建房说
精英乡居生活规划师
jianfangshuo.com

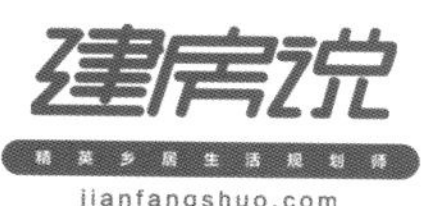

一层别墅设计 JF20248

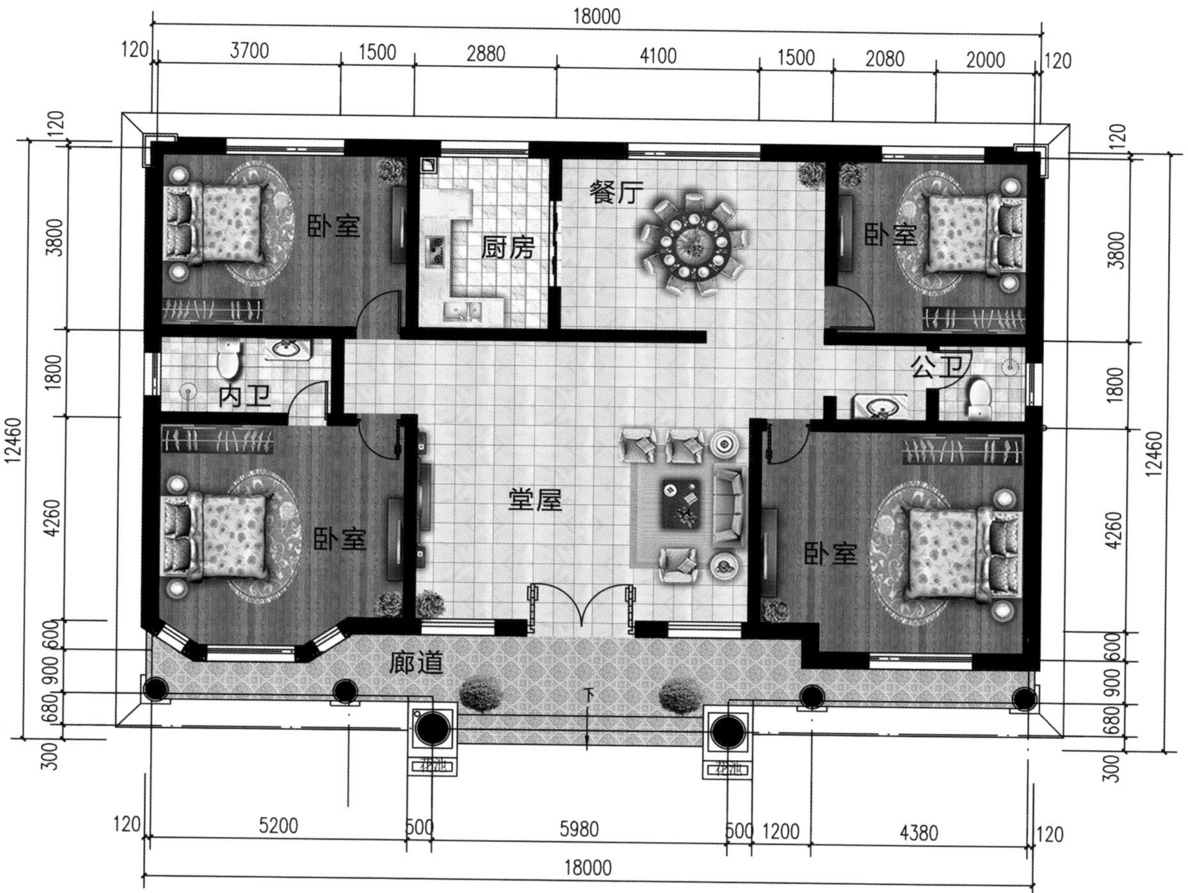
18000
120
3700
1500
2880
4100
1500
2080
2000
120
卧室
厨房
餐厅
卧室
内卫
公卫
堂屋
卧室
卧室
廊道
下
花池
花池
120
3800
1800
4260
600
900
680
300
12460
120
3800
1800
4260
600
900
680
300
12460
120
5200
500
5980
500
1200
4380
120
18000

一层平面图 1:100

本层面积：212.38 平方米
本层层高：3.8 米

图纸属性

【编　号】	JF20248	【层　数】	1 层	【占地面积】	212.38 平方米
【开　间】	18 米	【进　深】	12.46 米	【建筑面积】	212.38 平方米

建房说

一层别墅设计 JF20365

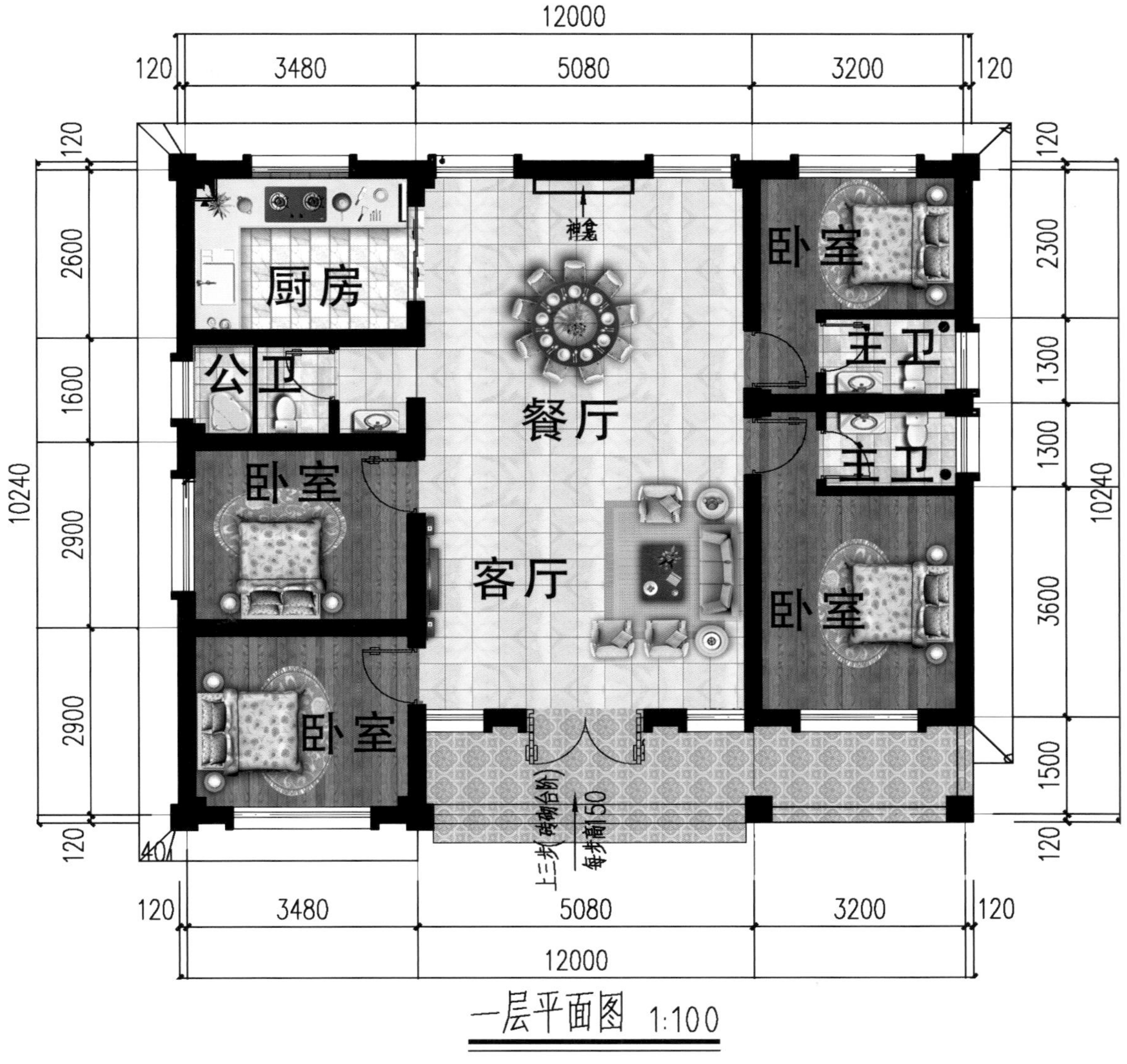

一层平面图 1:100

图纸属性

【编　号】	JF20365	【层　数】	1层	【占地面积】	122.88 平方米
【开　间】	12 米	【进　深】	10.24 米	【建筑面积】	122.88 平方米

建房说

二层别墅设计

Two-storey Villa Design

建房说
建房说

二层别墅设计 JF91062

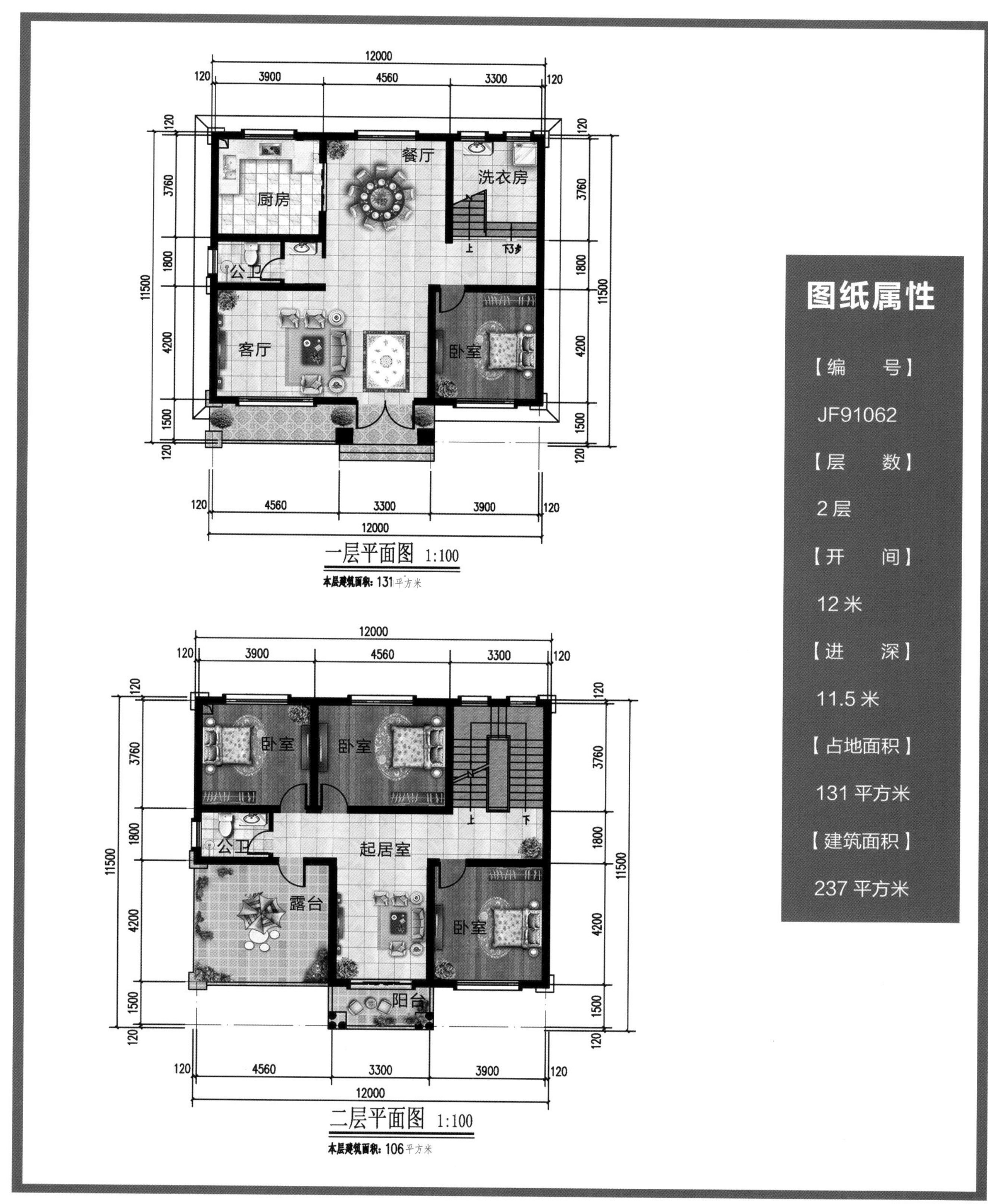

图纸属性

【编　号】

JF91062

【层　数】

2层

【开　间】

12米

【进　深】

11.5米

【占地面积】

131平方米

【建筑面积】

237平方米

建房说

建房说

建房说
精英乡居生活规划师
jianfangshuo.com

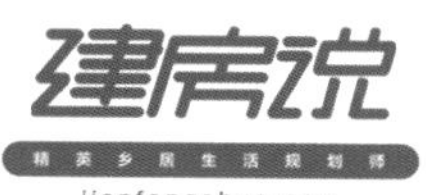

二层别墅设计 JF91110

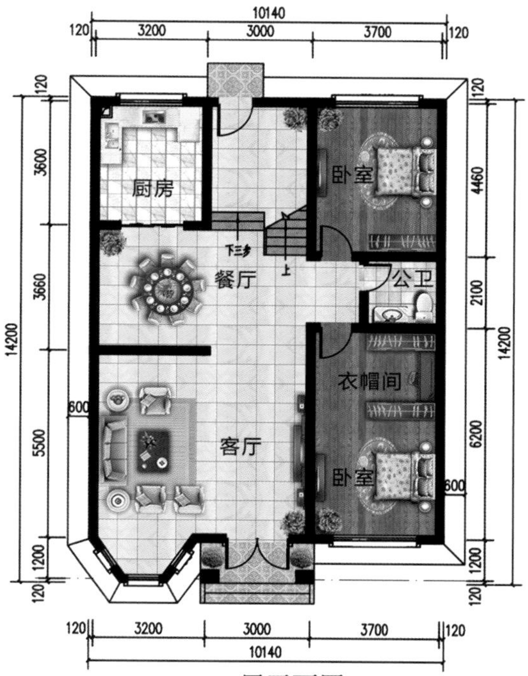

一层平面图 1:100

本层建筑面积138.39平方米

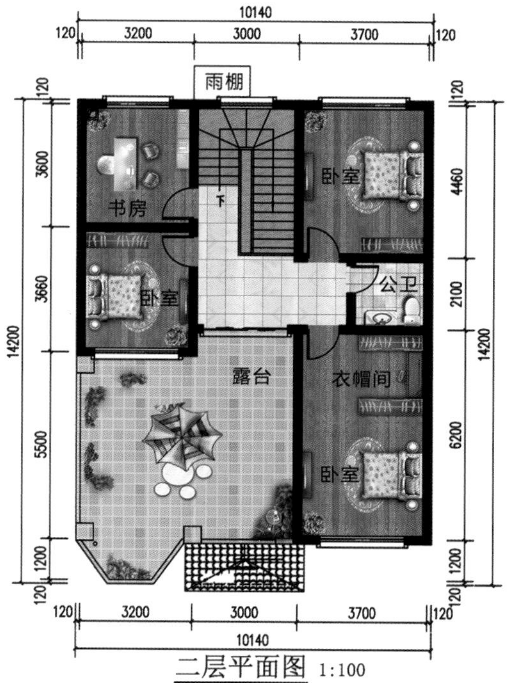

二层平面图 1:100

本层建筑面积95.79平方米

图纸属性

【编　号】

JF91110

【层　数】

2层

【开　间】

10.14米

【进　深】

14.2米

【占地面积】

138.39平方米

【建筑面积】

234.18平方米

建房说
精英乡居生活规划师
jianfangshuo.com

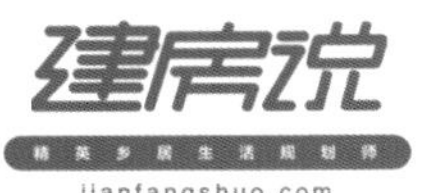

二层别墅设计 JF91144

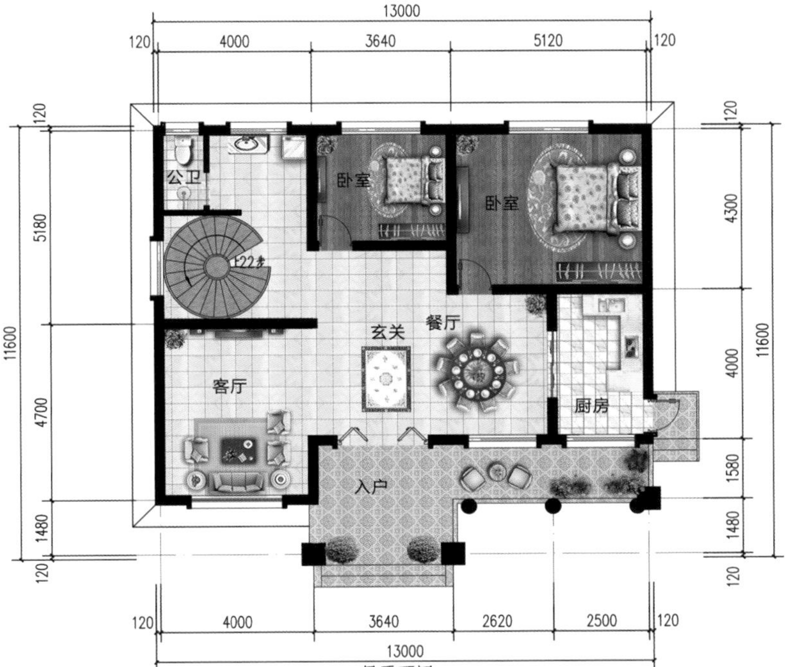

一层平面图 1:100

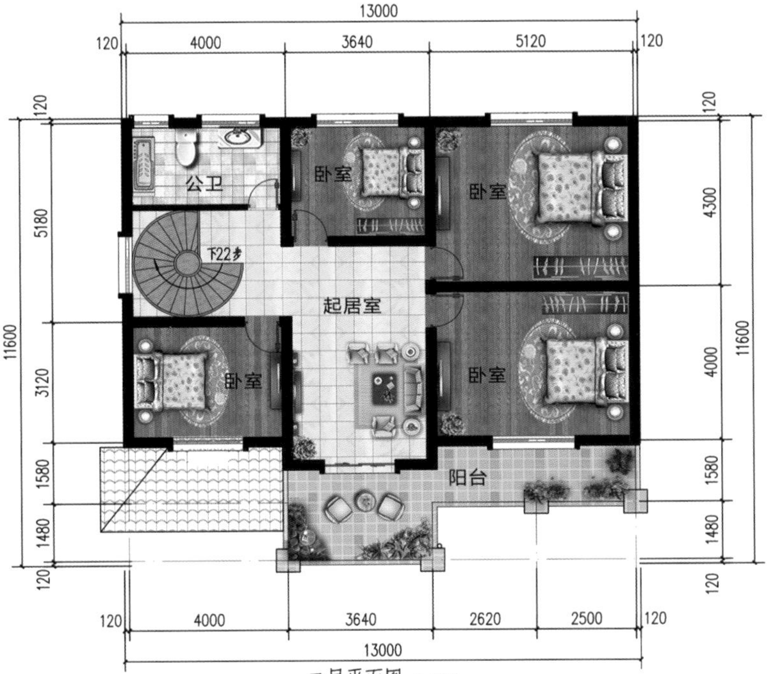

二层平面图 1:100

图纸属性

【编　　号】

JF91144

【层　　数】

2层

【开　　间】

13米

【进　　深】

11.6米

【占地面积】

124平方米

【建筑面积】

241.5平方米

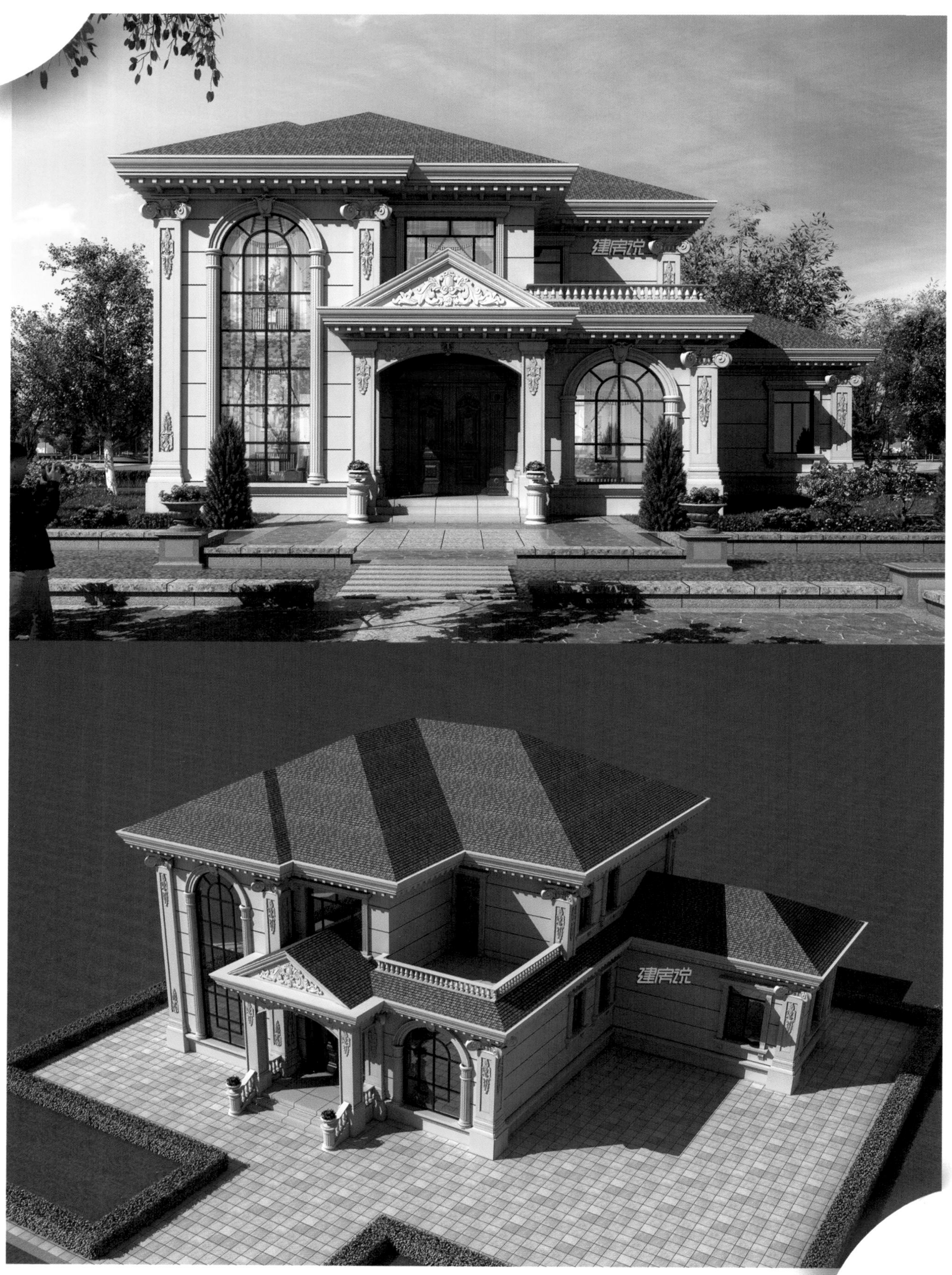
建房说
建房说

建房说 精英乡居生活规划师 jianfangshuo.com

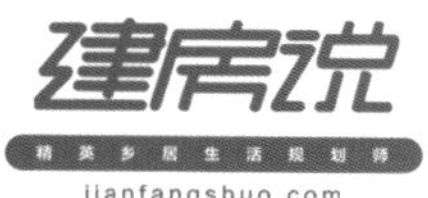

二层别墅设计 JF91166

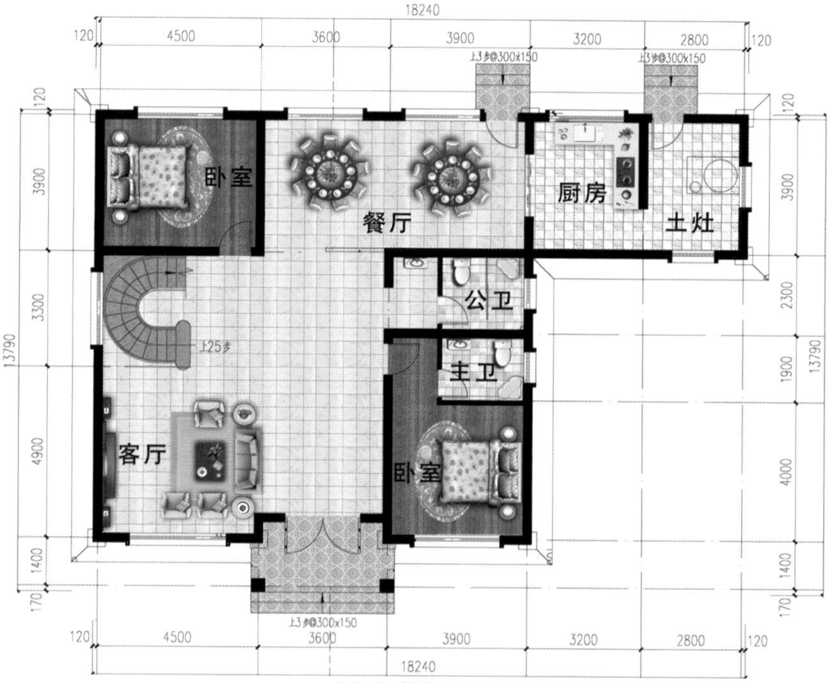

一层平面图 1:100

本层建筑面积：181平方米

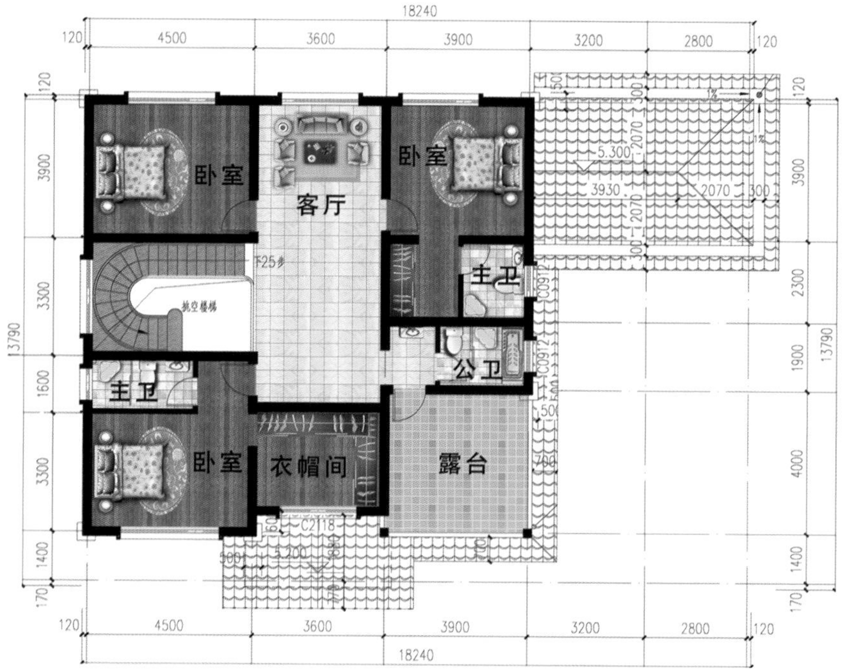

二层平面图 1:100

本层建筑面积：132平方米

图纸属性

【编　号】

JF91166

【层　数】

2层

【开　间】

18.24米

【进　深】

13.79米

【占地面积】

181平方米

【建筑面积】

313平方米

建房说 精英乡居生活规划师 jianfangshuo.com

二层别墅设计 JF20001

建房说
建房说

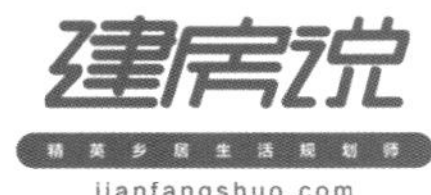

建房说 精英乡居生活规划师 jianfangshuo.com

二层别墅设计 JF20145

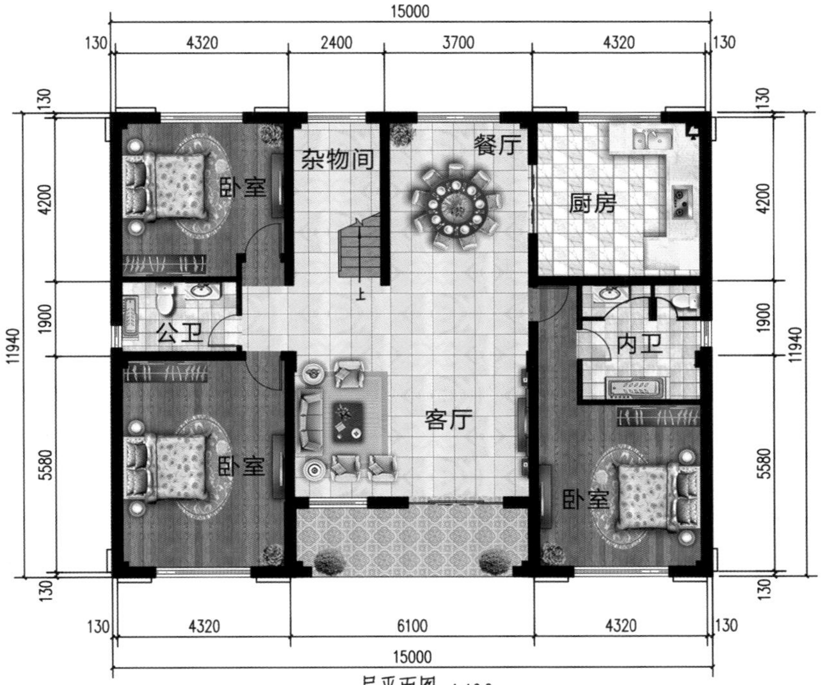

一层平面图 1:100

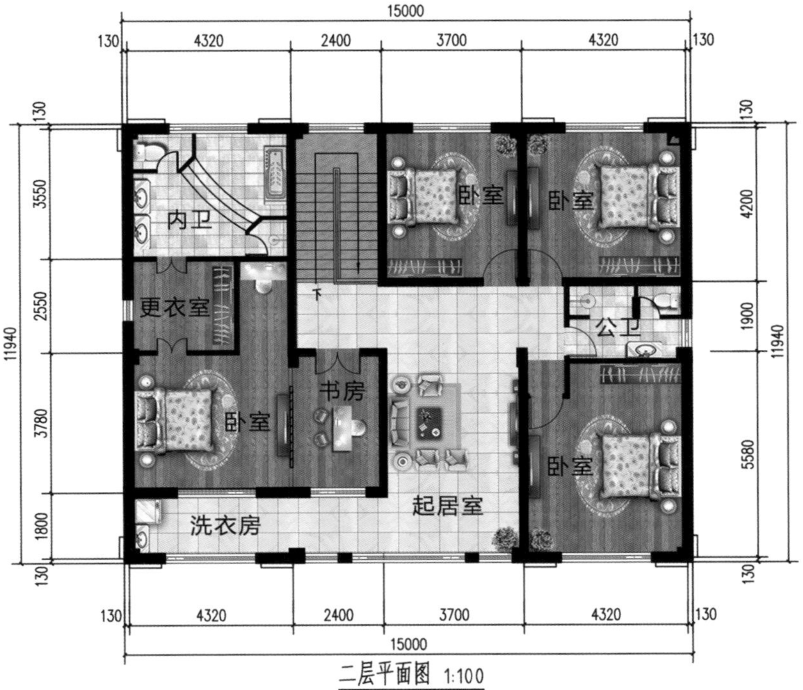

二层平面图 1:100

图纸属性

【编　　号】

JF20145

【层　　数】

2 层

【开　　间】

15 米

【进　　深】

11.94 米

【占地面积】

179 平方米

【建筑面积】

358 平方米

二层别墅设计 JF20152

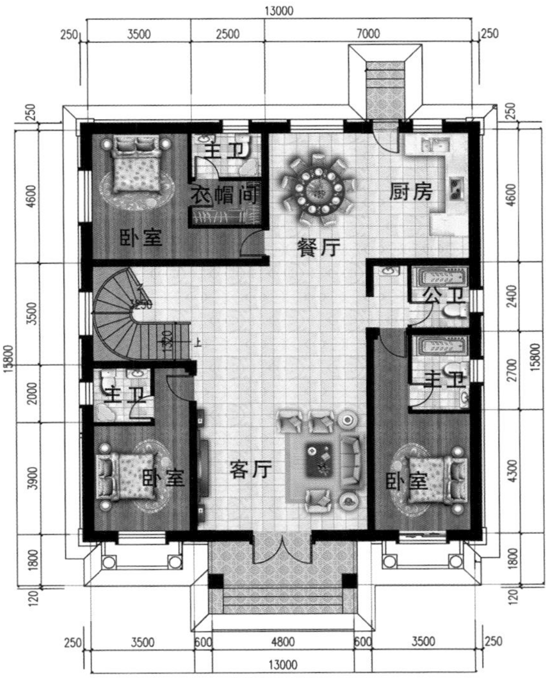

一层平面图 1:100
本层建筑面积：204.6平方米
总建筑面积：409.2平方米
本层层高：3.6米

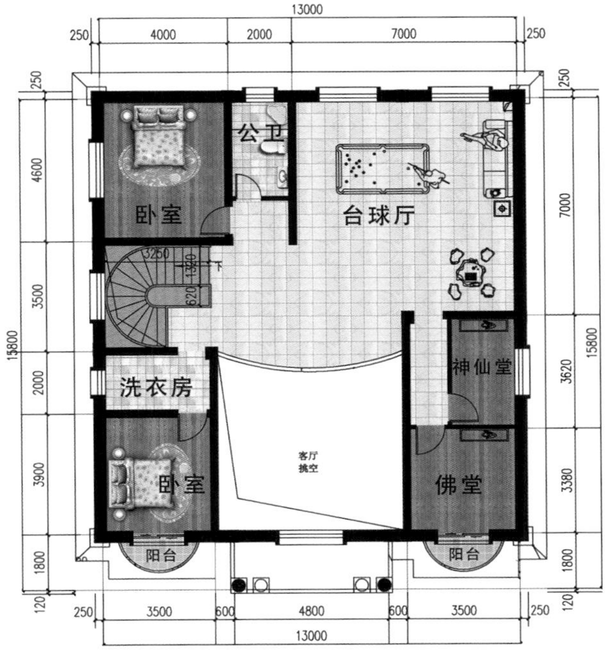

二层平面图 1:100
本层建筑面积：204.6平方米
本层层高：3.2米

图纸属性

【编　号】
JF20152
【层　数】
2层
【开　间】
13米
【进　深】
15.8米
【占地面积】
204.6平方米
【建筑面积】
409.2平方米

建房说

二层别墅设计 JF20198

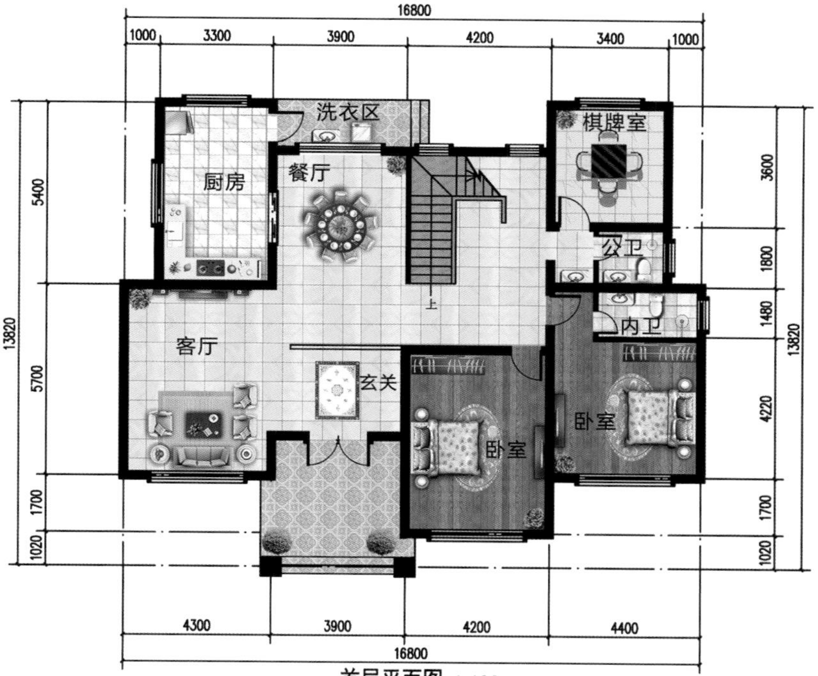

首层平面图 1:100

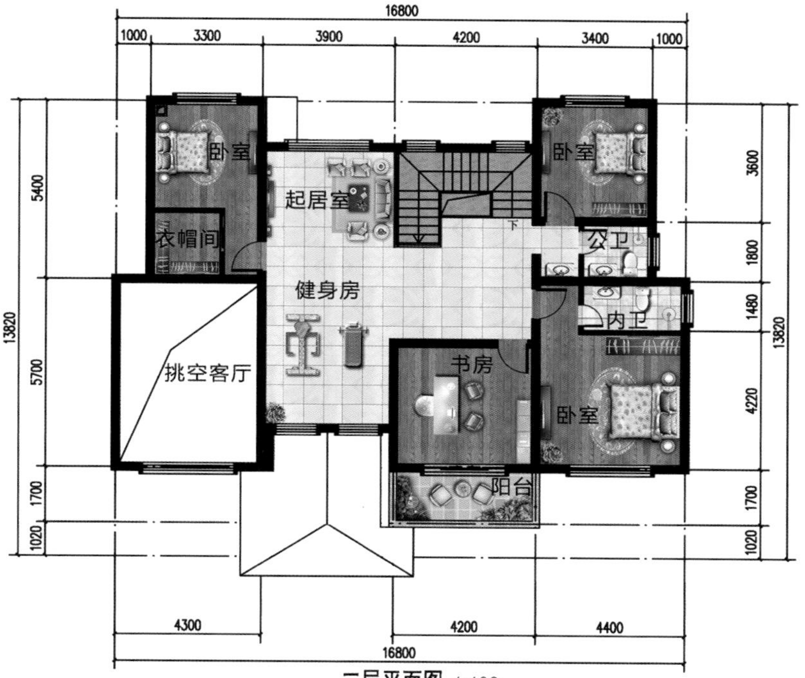

二层平面图 1:100

图纸属性

【编号】

JF20198

【层数】

2层

【开间】

16.8米

【进深】

13.82米

【占地面积】

189平方米

【建筑面积】

361平方米

二层别墅设计 JF20231

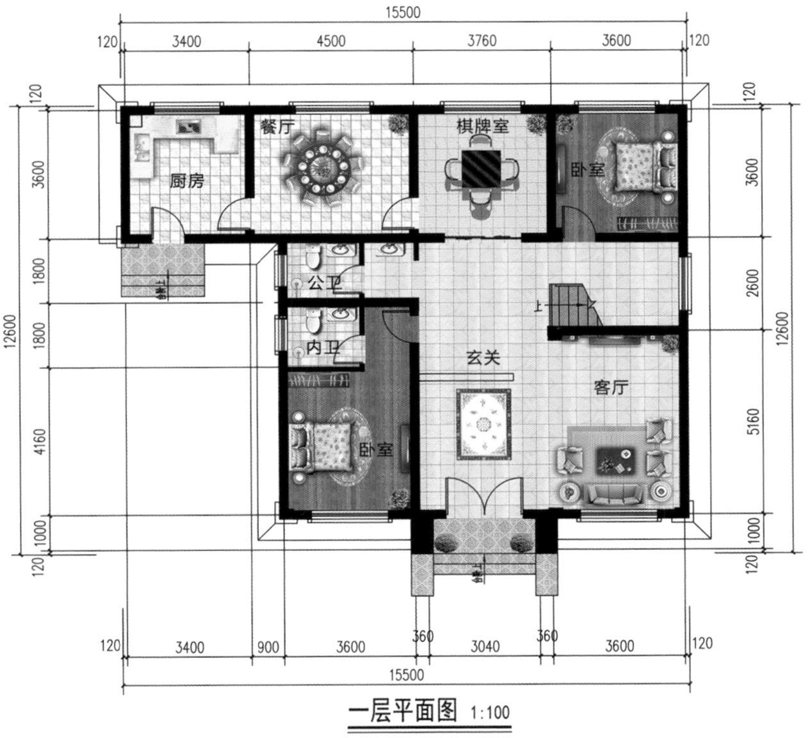

一层平面图 1:100

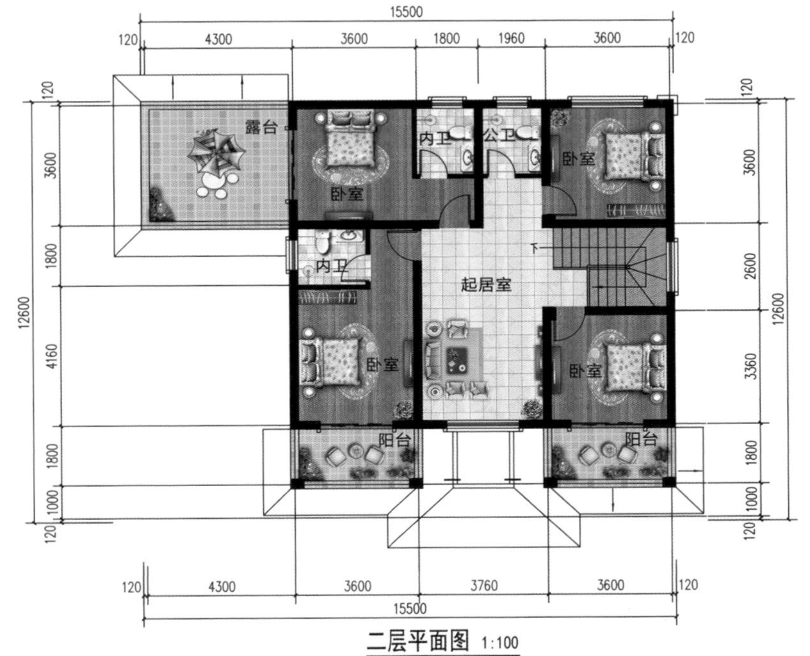

二层平面图 1:100

图纸属性

【编　　号】

JF20231

【层　　数】

2层

【开　　间】

15.5米

【进　　深】

12.6米

【占地面积】

139平方米

【建筑面积】

262平方米

建房说
建房说

建房说 精英乡居生活规划师 jianfangshuo.com

二层别墅设计 JF20241

图纸属性

【编　号】

JF20241

【层　数】

2层

【开　间】

12.54米

【进　深】

11.67米

【占地面积】

127平方米

【建筑面积】

259平方米

建房说
精英乡居生活规划师
jianfangshuo.com

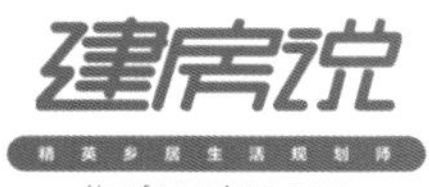

二层别墅设计 JF20286

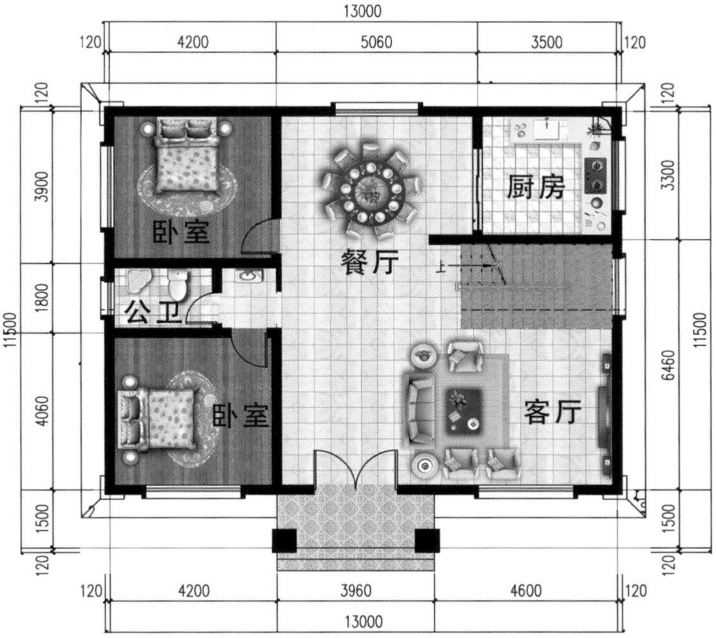

一层平面图 1:100

本层建筑面积:135平方米

层高:3.6米

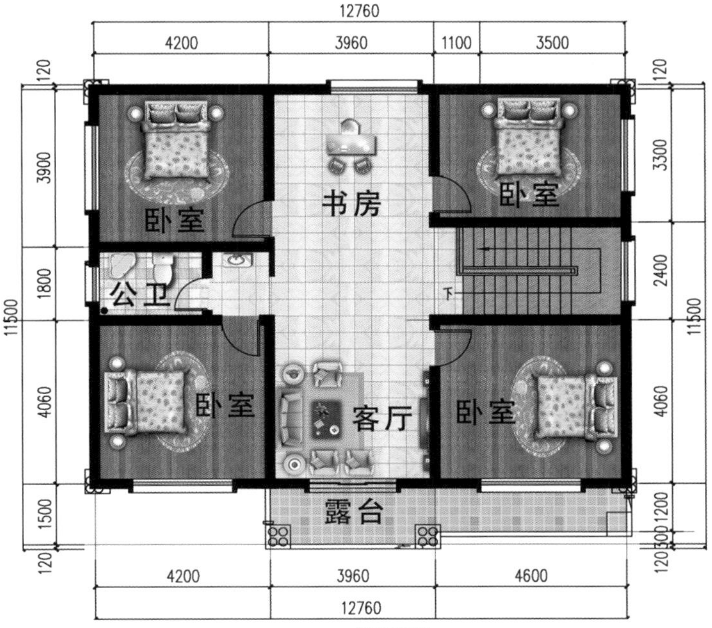

二层平面图 1:100

本层建筑面积:135平方米

层高:3.3米

图纸属性

【编　　号】

JF20286

【层　　数】

2层

【开　　间】

13米

【进　　深】

11.5米

【占地面积】

135平方米

【建筑面积】

270平方米

建房说 精英乡居生活规划师 jianfangshuo.com

二层别墅设计 JF20326

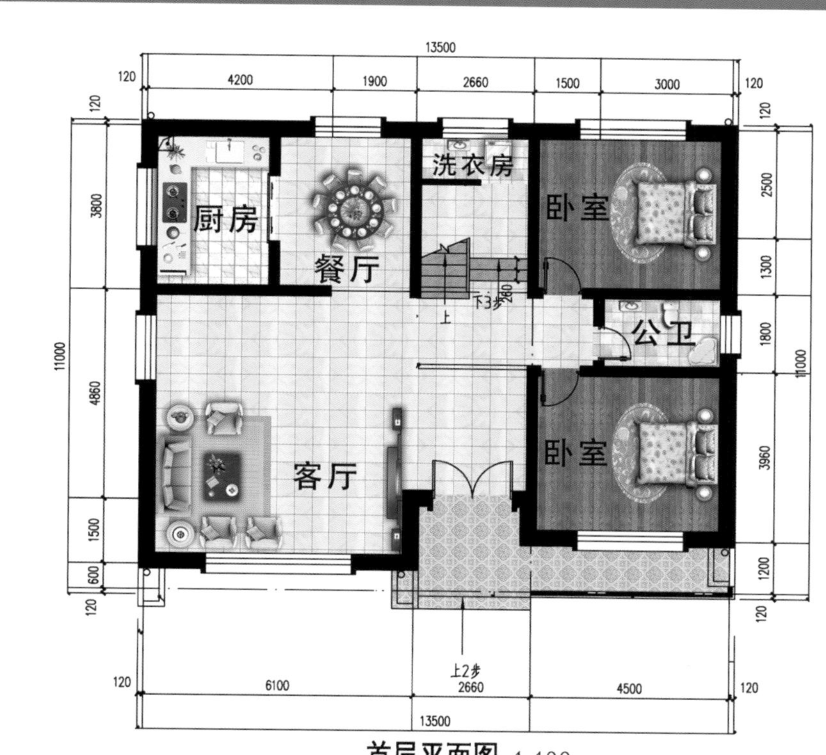

首层平面图 1:100

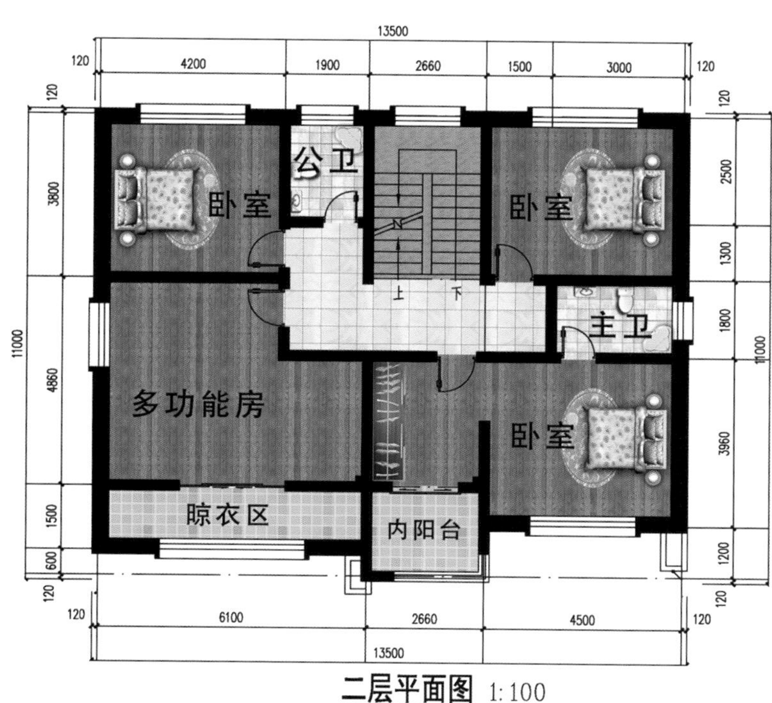

二层平面图 1:100

图纸属性

【编　号】

JF20326

【层　数】

2层

【开　间】

13.5米

【进　深】

11米

【占地面积】

143平方米

【建筑面积】

286平方米

建房说
精英乡居生活规划师
jianfangshuo.com

二层别墅设计 JF20341

一层平面图 1:100
本层面积：159平方米
本层层高：3.8米

二层平面图 1:100
本层面积：143平方米
本层层高：3.5米

建房说
建房说

二层别墅设计 JF20370

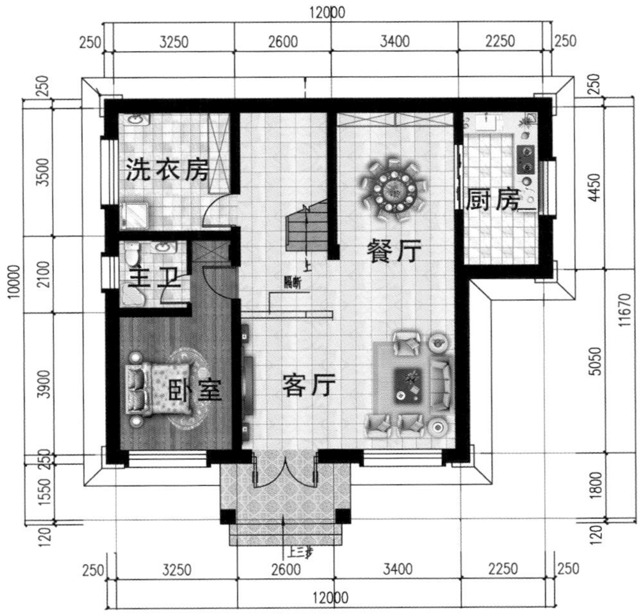

一层平面图 1:100

本层建筑面积：114.38平方米
层高：3.6米

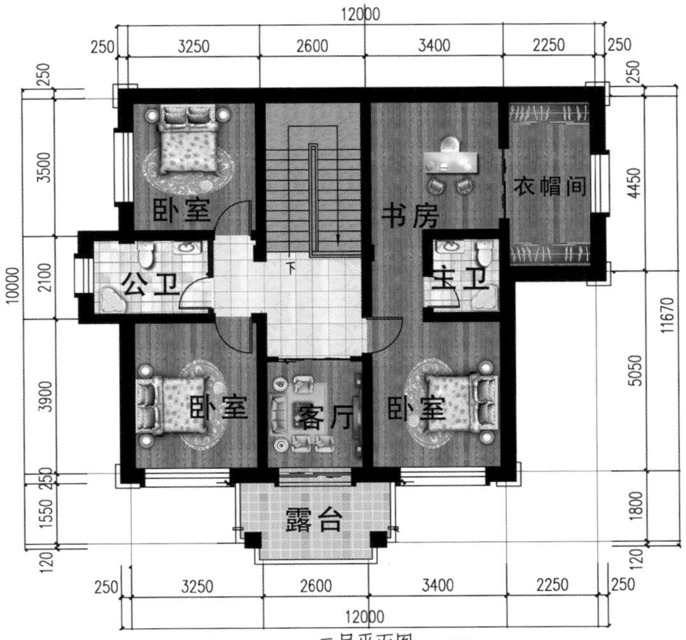

二层平面图 1:100

本层建筑面积：105.56平方米
层高：3.3米

图纸属性

【编　号】
JF20370
【层　数】
2层
【开　间】
12米
【进　深】
11.67米
【占地面积】
114.38平方米
【建筑面积】
291.94平方米

建房说 精英乡居生活规划师 jianfangshuo.com

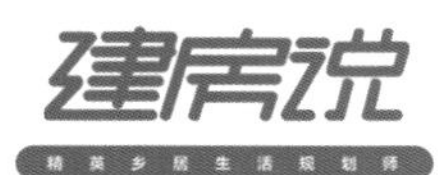

二层别墅设计 JF20385

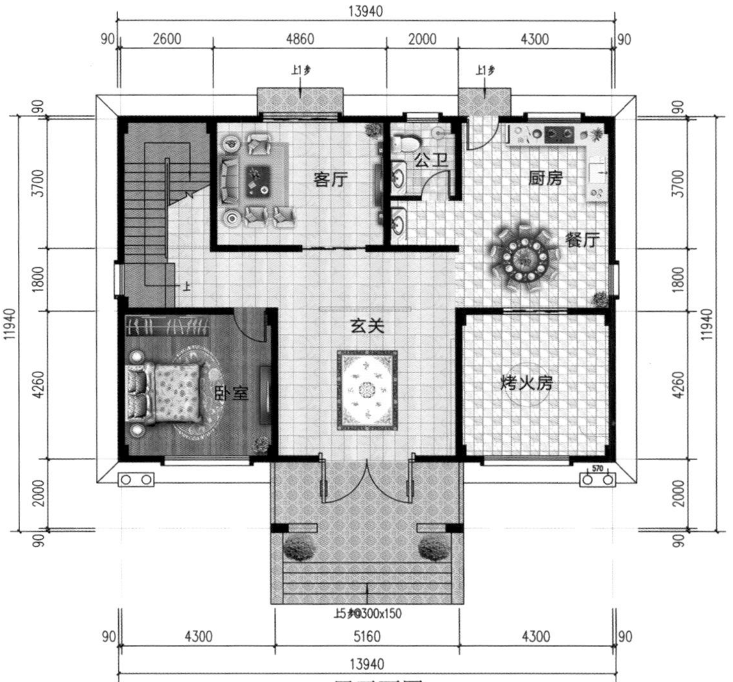

一层平面图 1:100

本层建筑面积：150.8平方米

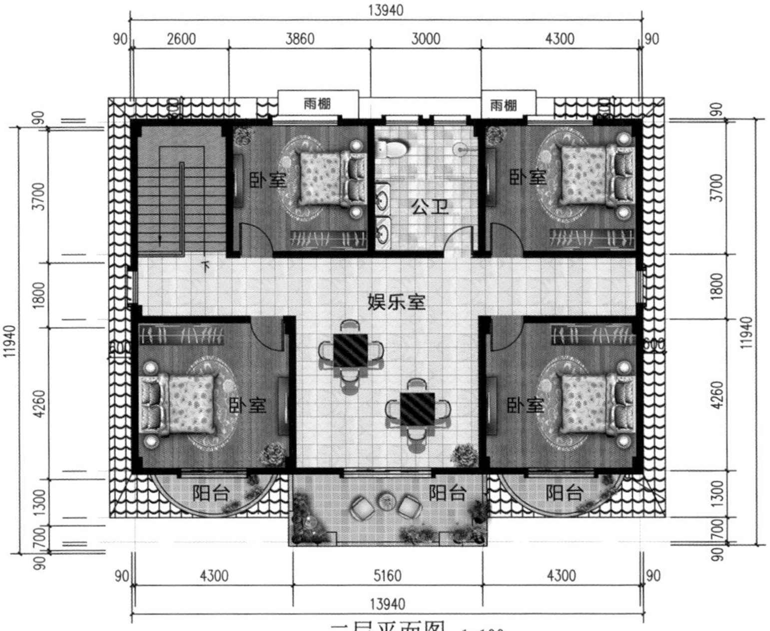

二层平面图 1:100

本层建筑面积：150.8平方米

图纸属性

【编　号】

JF20385

【层　数】

2层

【开　间】

13.94 米

【进　深】

11.94 米

【占地面积】

150.8 平方米

【建筑面积】

301.6 平方米

二层别墅设计 JF20396

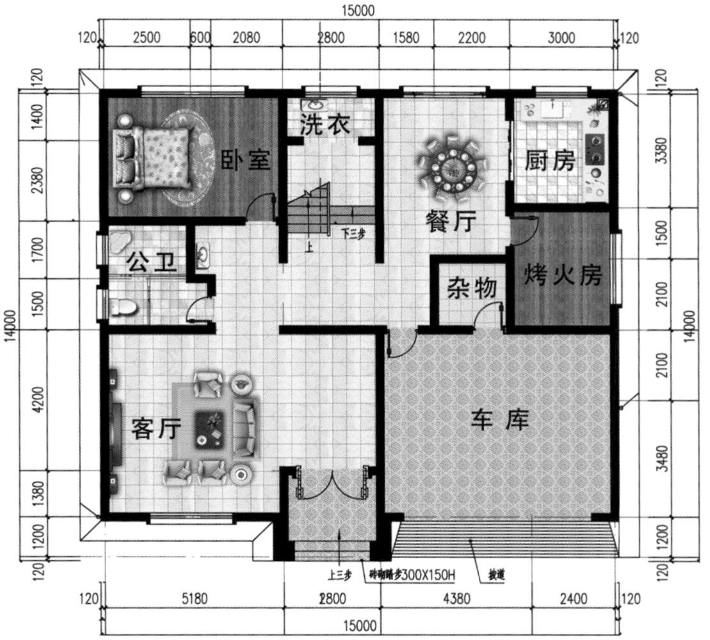

一层平面图 1:100

本层层高：3.6米

本层面积：196.08平方米

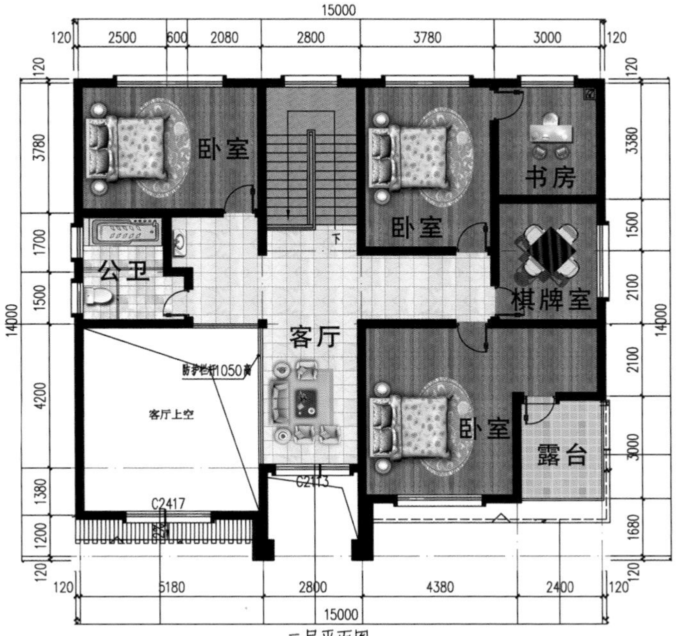

二层平面图 1:100

本层层高：3.2米

本层面积：177.90平方米

图纸属性

【编号】

JF20396

【层数】

2层

【开间】

15米

【进深】

14米

【占地面积】

196.08平方米

【建筑面积】

373.98平方米

建房说
建房说

二层别墅设计 JF20409

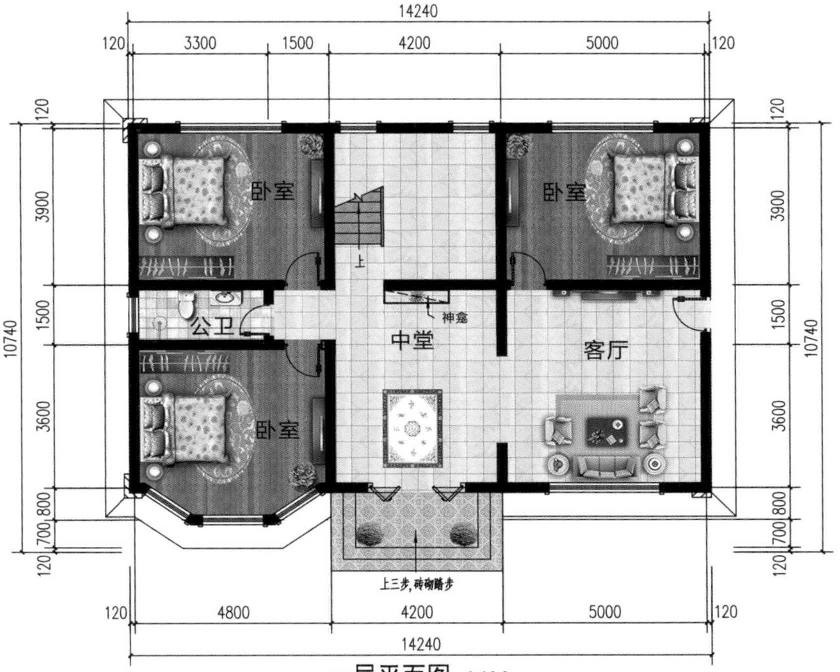

一层平面图 1:100

层高：3.6米

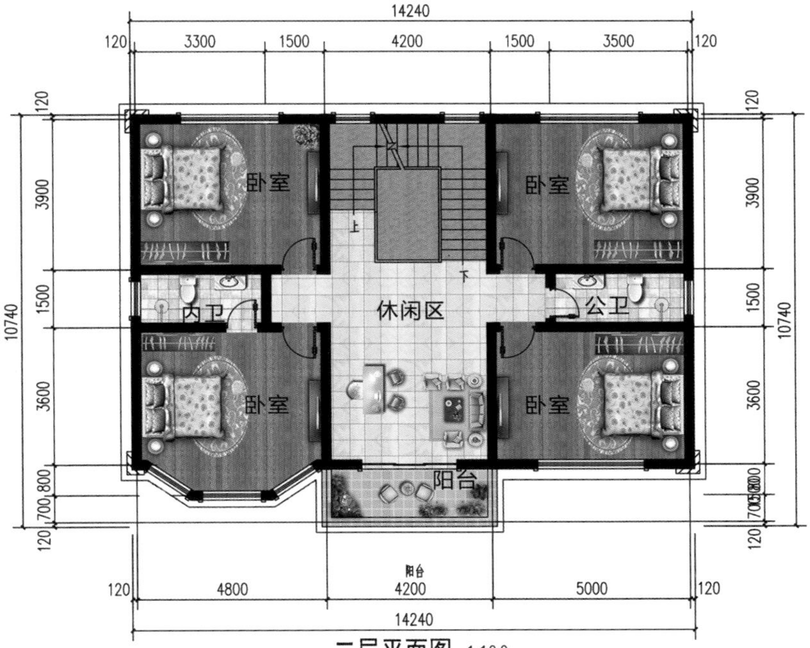

二层平面图 1:100

层高：3.3米

图纸属性

【编　号】

JF20409

【层　数】

2层

【开　间】

14.24米

【进　深】

10.74米

【占地面积】

134.18平方米

【建筑面积】

289.6平方米

建房说
建房说

二层别墅设计 JF20417

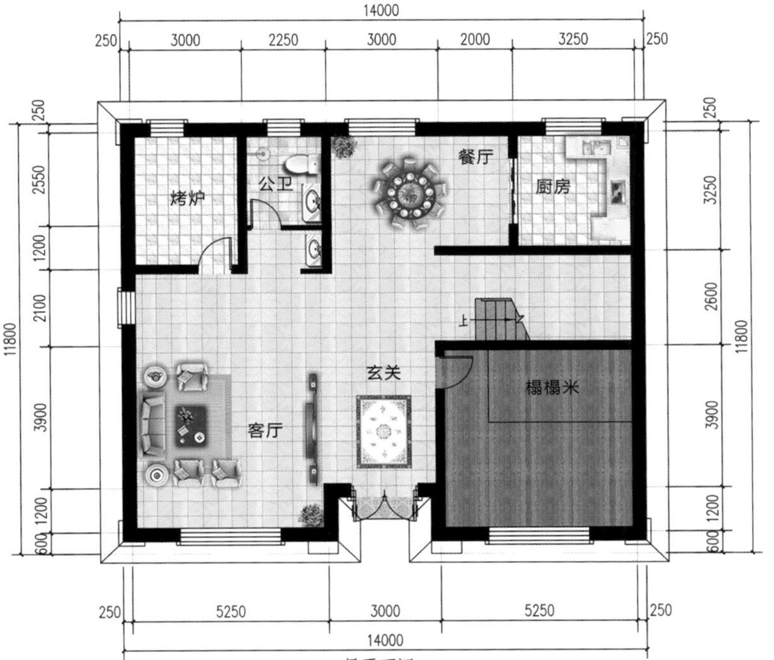

一层平面图 1:100

本层建筑面积：161.38平方米

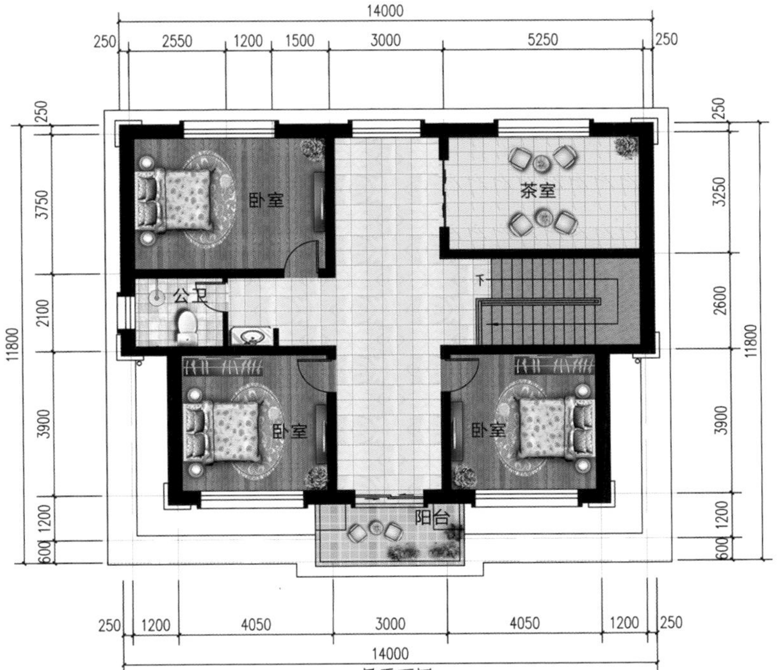

二层平面图 1:100

本层建筑面积：134.52平方米

图纸属性

【编 号】

JF20417

【层 数】

2层

【开 间】

14米

【进 深】

11.8米

【占地面积】

161.38平方米

【建筑面积】

296平方米

建房说

建房说 精英乡居生活规划师 jianfangshuo.com

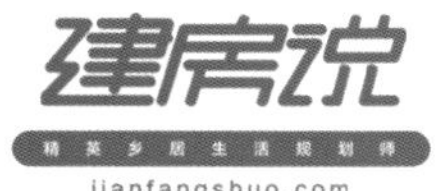

二层别墅设计 JF20445

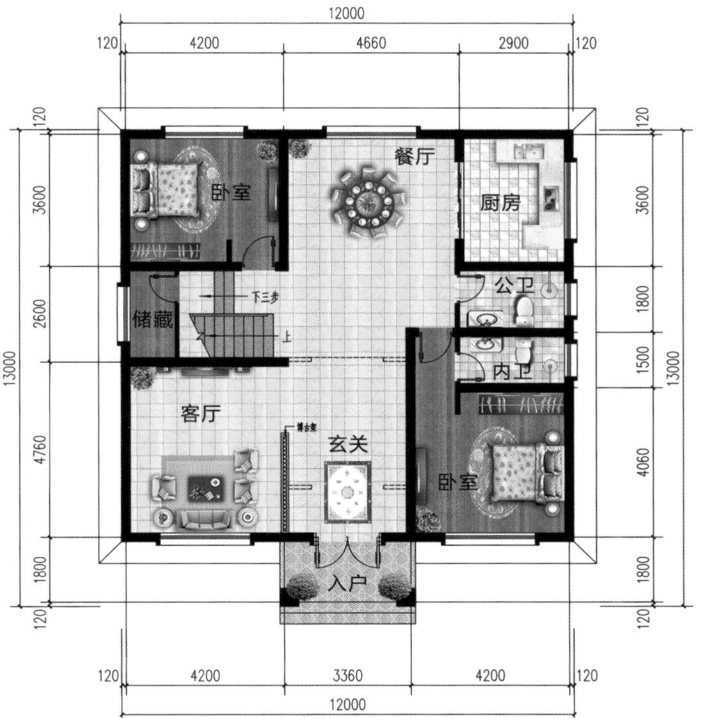

一层平面图 1:100

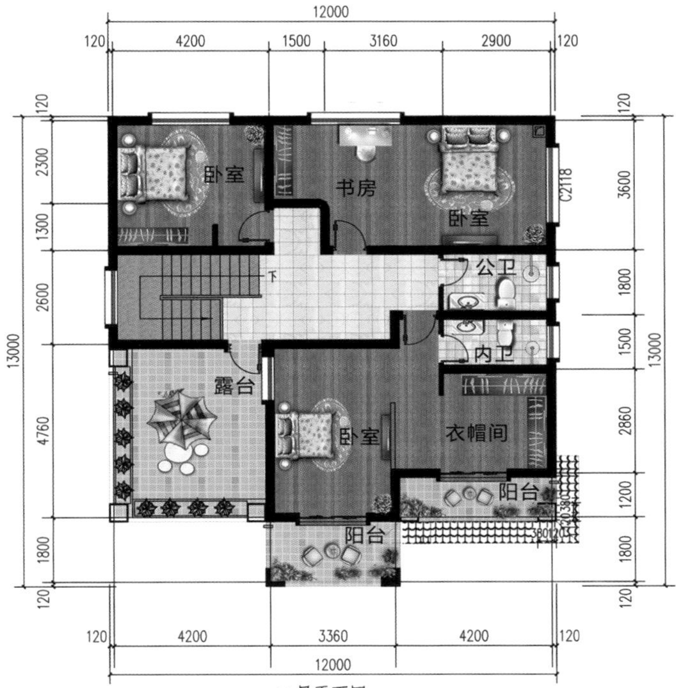

二层平面图 1:100

图纸属性

【编　　号】

JF20445

【层　　数】

2层

【开　　间】

12米

【进　　深】

13米

【占地面积】

140.88平方米

【建筑面积】

261.77平方米

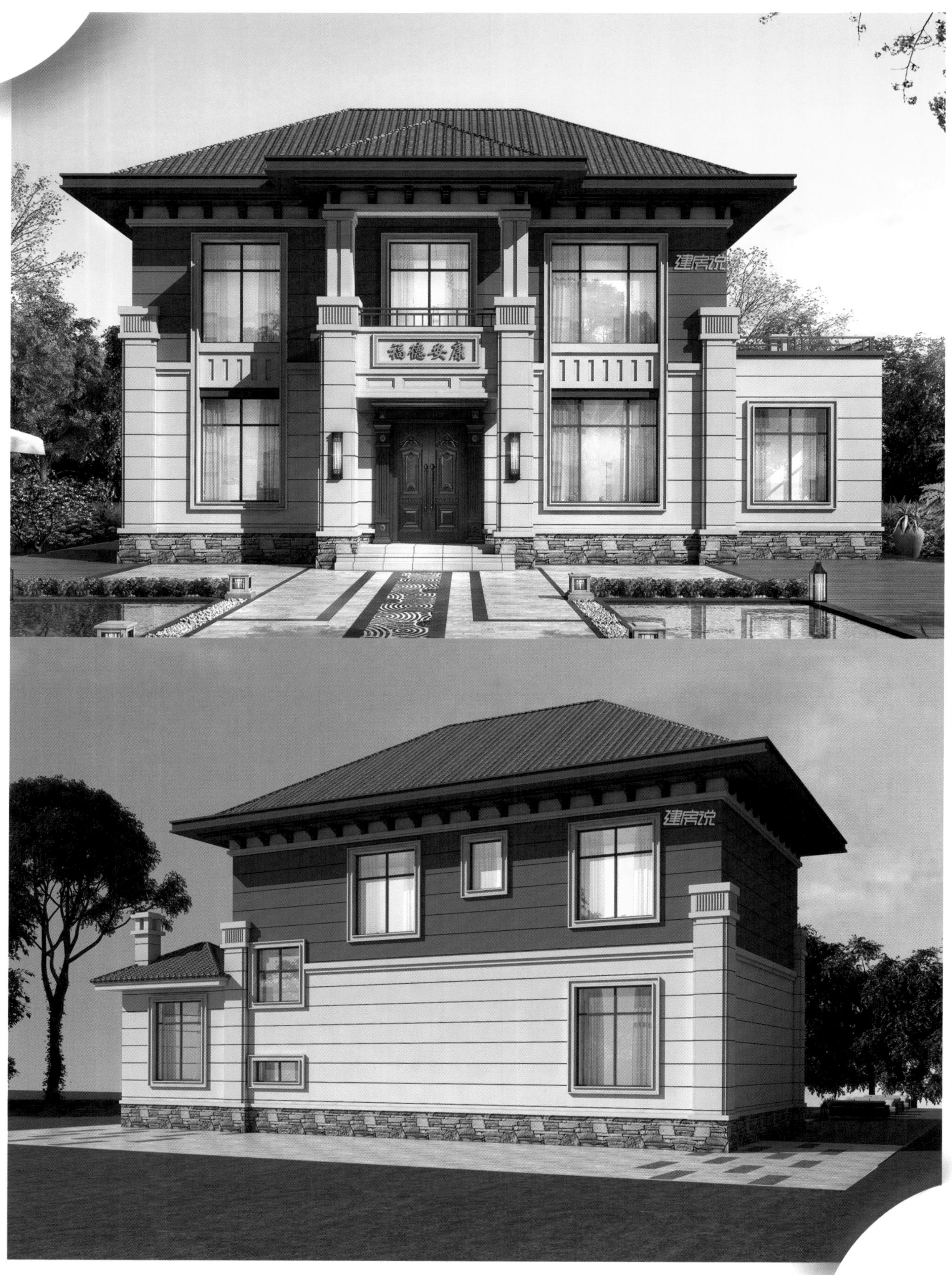
福德安康
建房说
建房说

二层别墅设计 JF20525

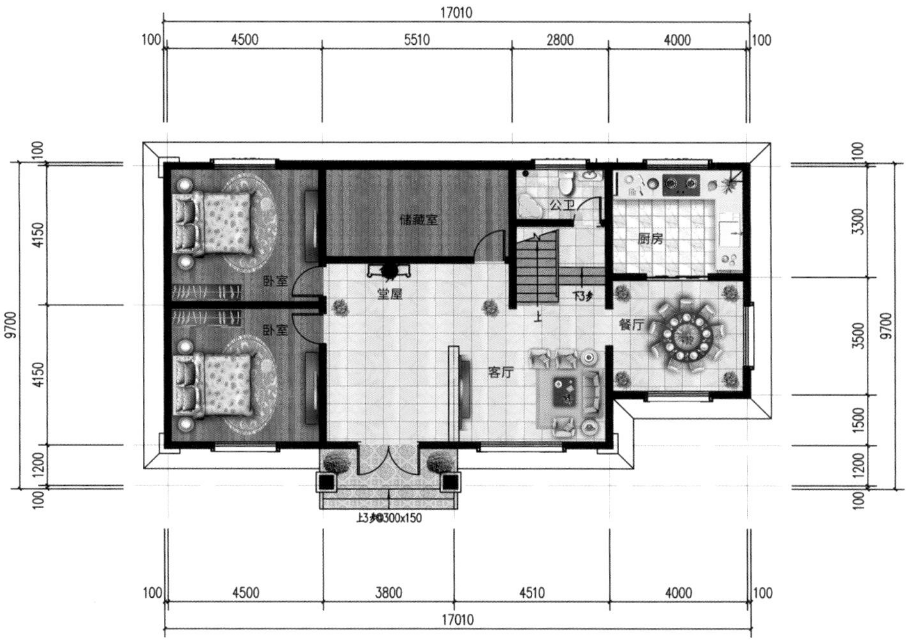

一层平面图 1:100

本层建筑面积：138.5平方米

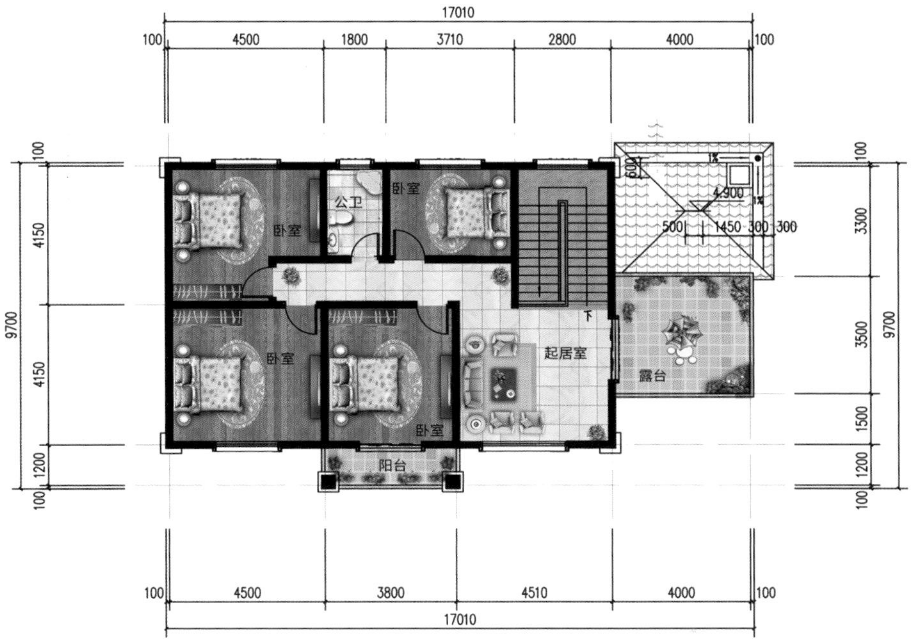

二层平面图 1:100

本层建筑面积：115平方米

图纸属性

【编　号】

JF20525

【层　数】

2层

【开　间】

17.01米

【进　深】

9.7米

【占地面积】

138.5平方米

【建筑面积】

253.5平方米

建房说
建房说

建房说 精英乡居生活规划师 jianfangshuo.com

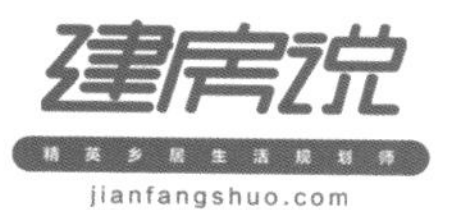

二层别墅设计 JF20529

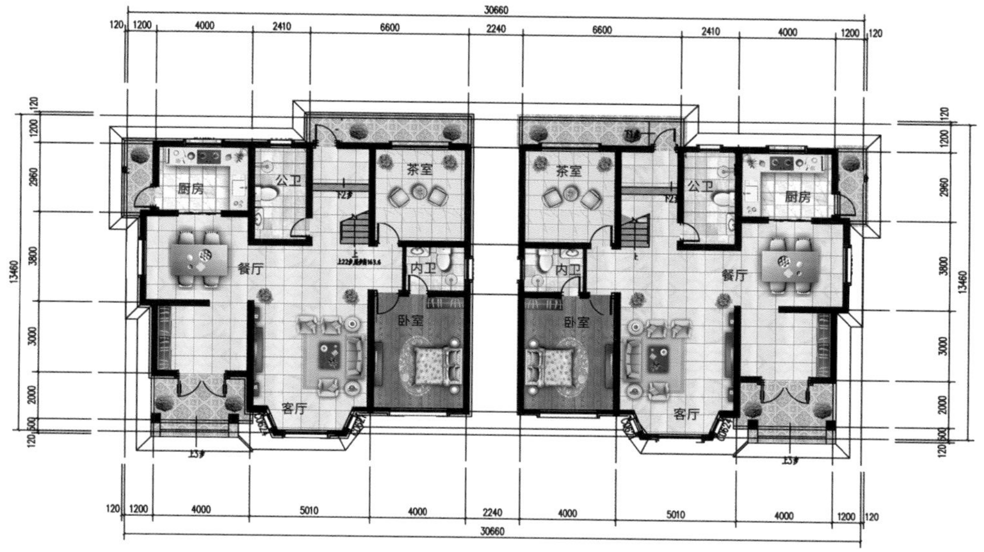

一层平面图 1:100
本层建筑面积：343.06平方米
本层层高：3.6米

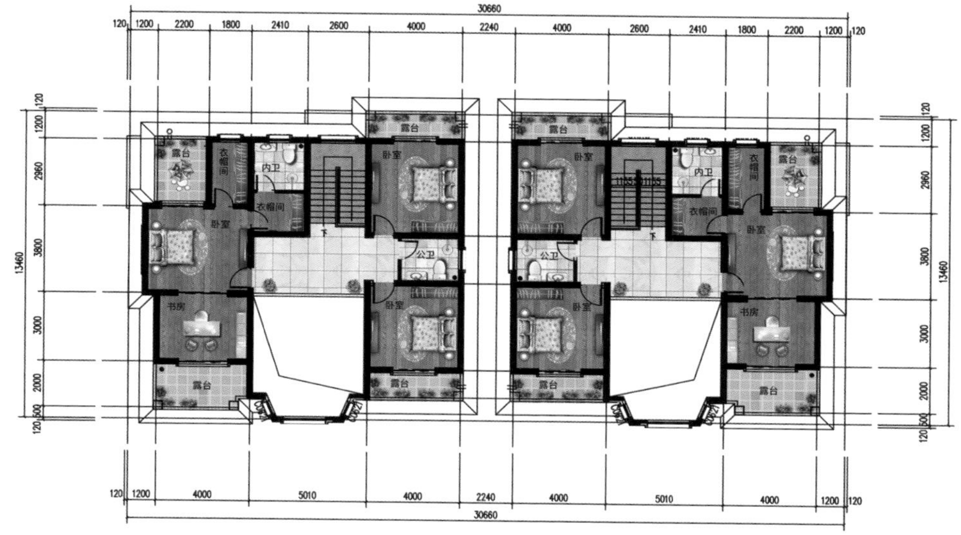

二层平面图 1:100
本层建筑面积：281.06平方米
本层层高：3.2米
本层层高：3.6米

图纸属性

【编　号】
JF20529
【层　数】
2层
【开　间】
14.45米
【进　深】
13.46米
【占地面积】
171.71平方米
【建筑面积】
321.03平方米

建房说

建房说 精英乡居生活规划师 jianfangshuo.com

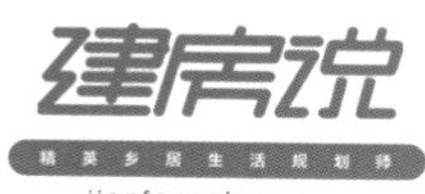

二层别墅设计 JF20541

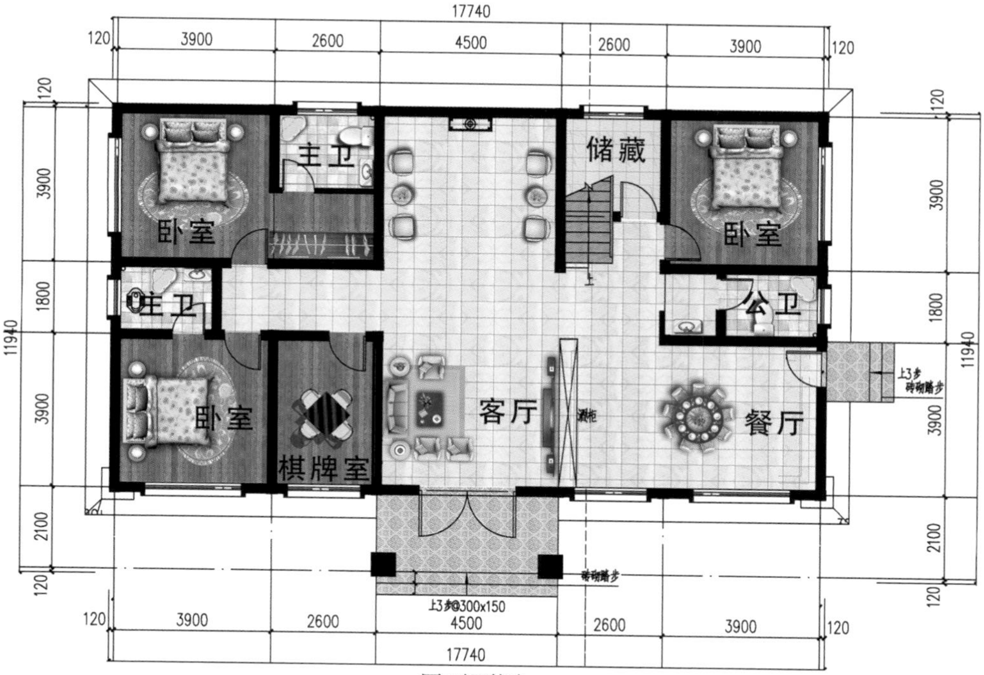

一层平面图 1:100

本层建筑面积：184平方米

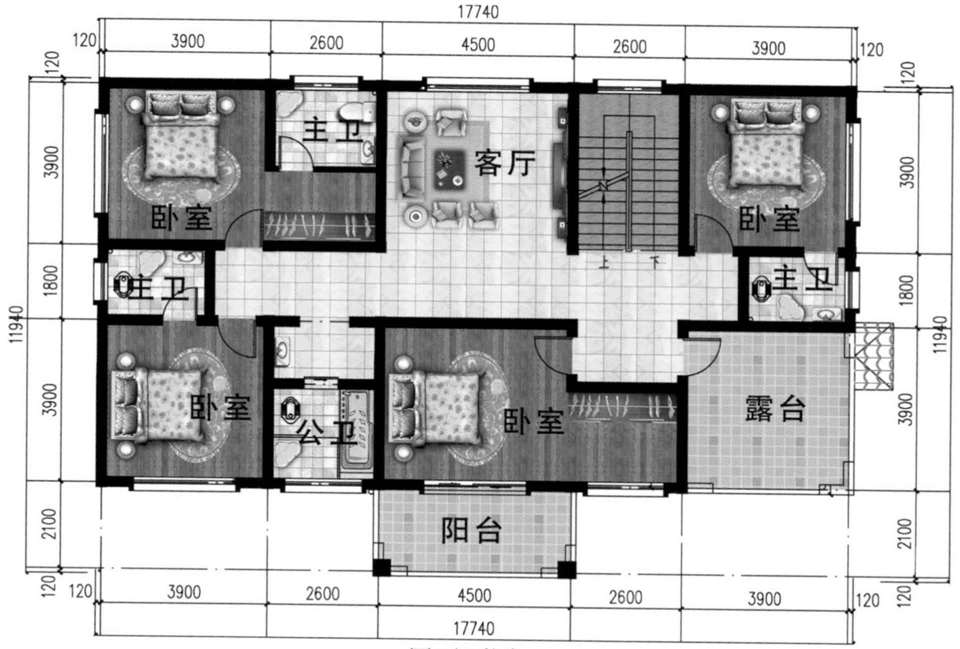

二层平面图 1:100

本层建筑面积：169平方米

图纸属性

【编　号】

JF20541

【层　数】

2层

【开　间】

17.74米

【进　深】

11.94米

【占地面积】

184平方米

【建筑面积】

353平方米

建房说
福禄迎门
建房说

二层别墅设计 JF20566

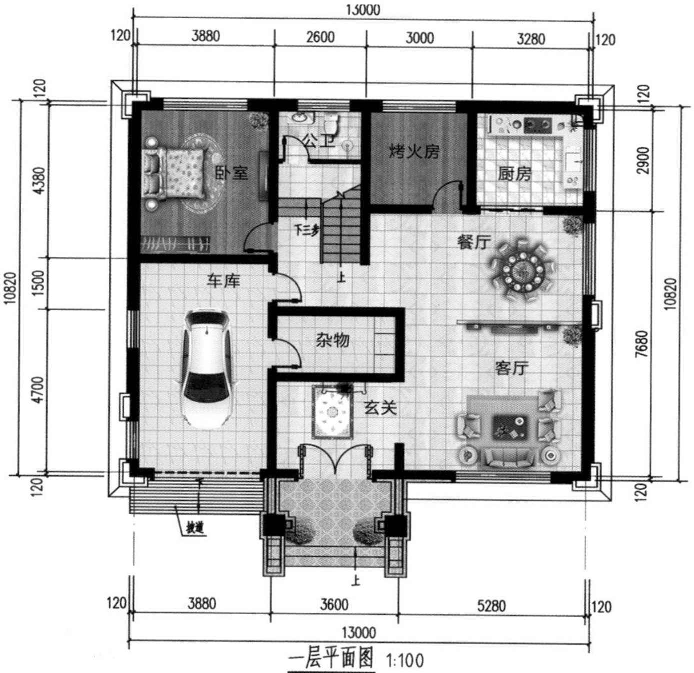

一层平面图 1:100

本层层高：3.6米

本层面积：147.78平方米

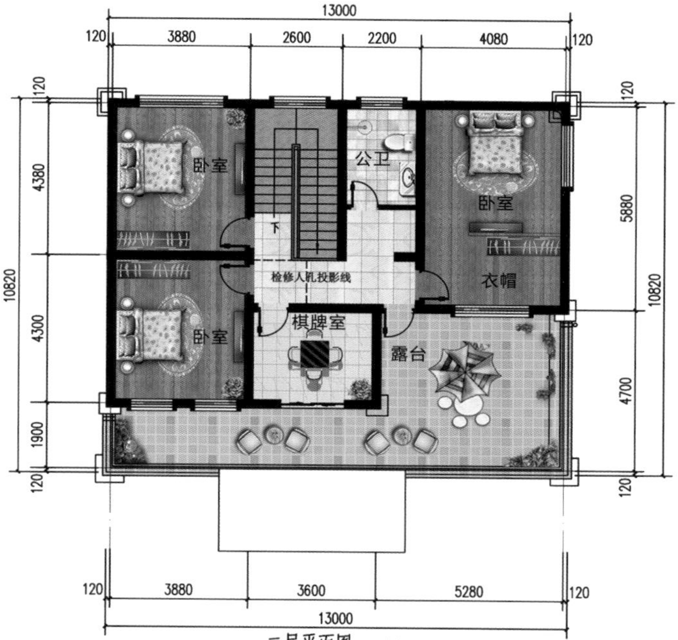

二层平面图 1:100

本层层高：3.2米

本层面积：101.18平方米

图纸属性

【编　号】

JF20566

【层　数】

2层

【开　间】

13米

【进　深】

10.82米

【占地面积】

147.78平方米

【建筑面积】

248.96平方米

建房说
精英乡居生活规划师
jianfangshuo.com

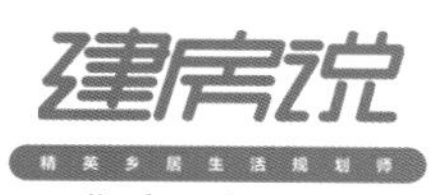

二层别墅设计 JF20626

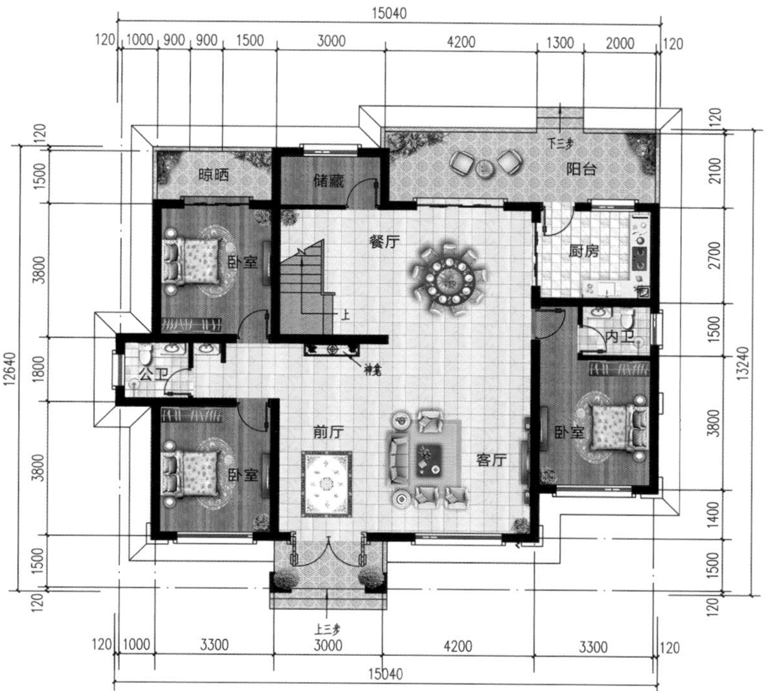

一层平面图 1:100

本层建筑面积137.63平方米

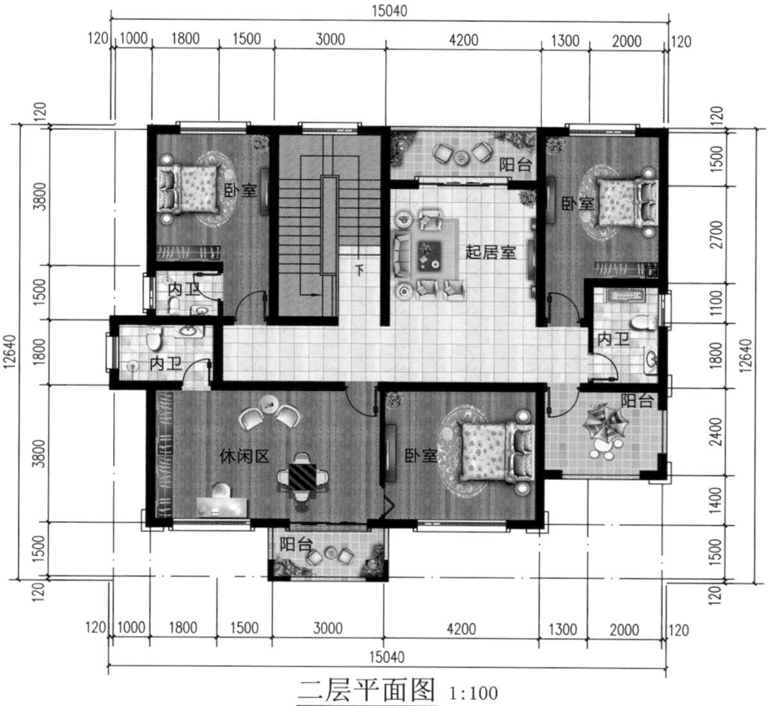

二层平面图 1:100

本层建筑面积147.80平方米

图纸属性

【编　　号】

JF20626

【层　　数】

2层

【开　　间】

15.04米

【进　　深】

13.24米

【占地面积】

137.63平方米

【建筑面积】

285.43平方米

建房说 精英乡居生活规划师 jianfangshuo.com

二层别墅设计 JF20688

图纸属性

【编　号】

JF20688

【层　数】

2层

【开　间】

12.5米

【进　深】

16.24米

【占地面积】

161平方米

【建筑面积】

297.1平方米

建房说

二层别墅设计 JF20700

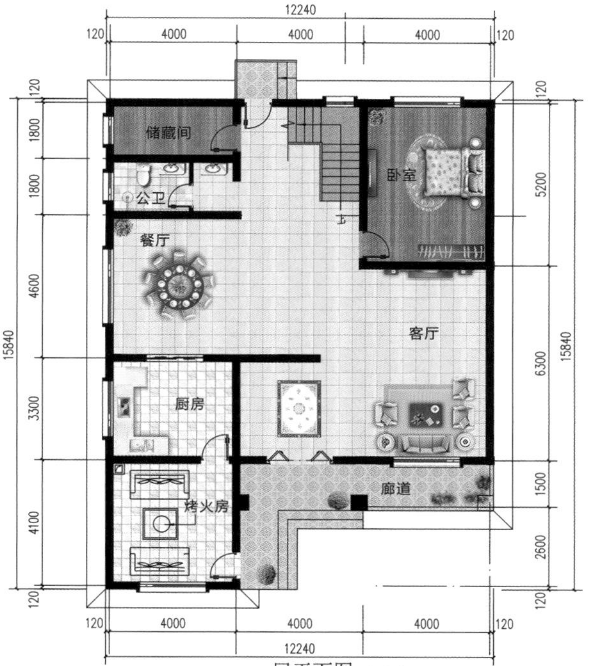

一层平面图 1:100

本层建筑面积：173.08平方米

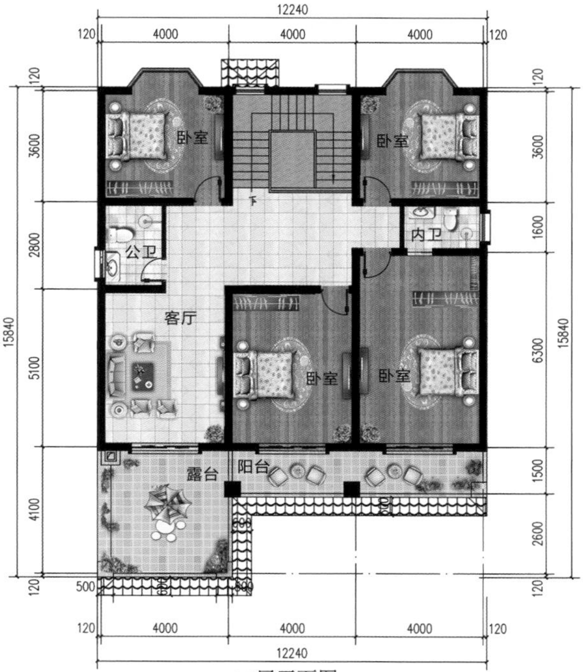

二层平面图 1:100

本层建筑面积：158.29平方米

图纸属性

【编　　号】

JF20700

【层　　数】

2层

【开　　间】

12.24米

【进　　深】

15.84米

【占地面积】

173.08平方米

【建筑面积】

331.37平方米

建房说

三层别墅设计

Three-storey Villa Design

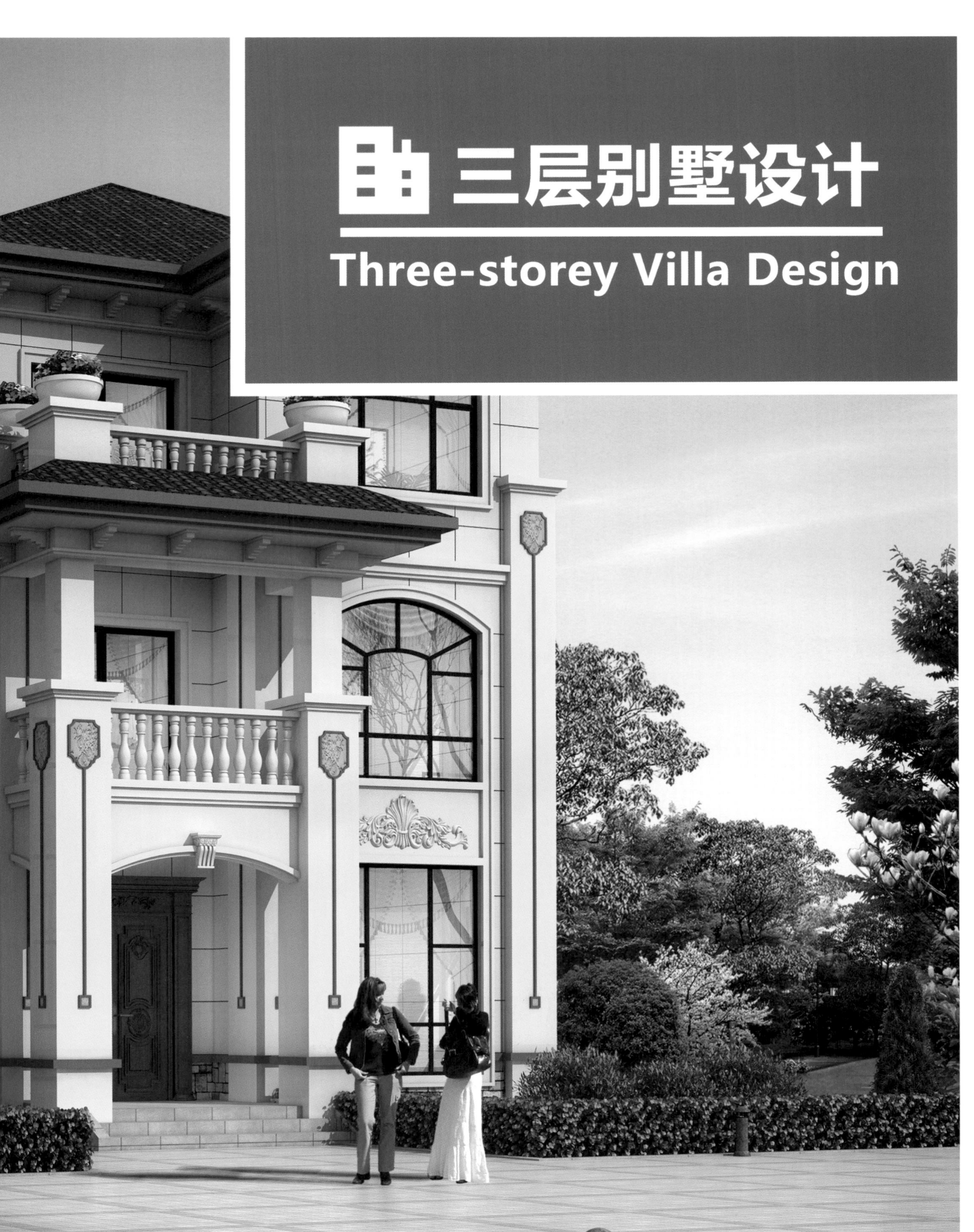

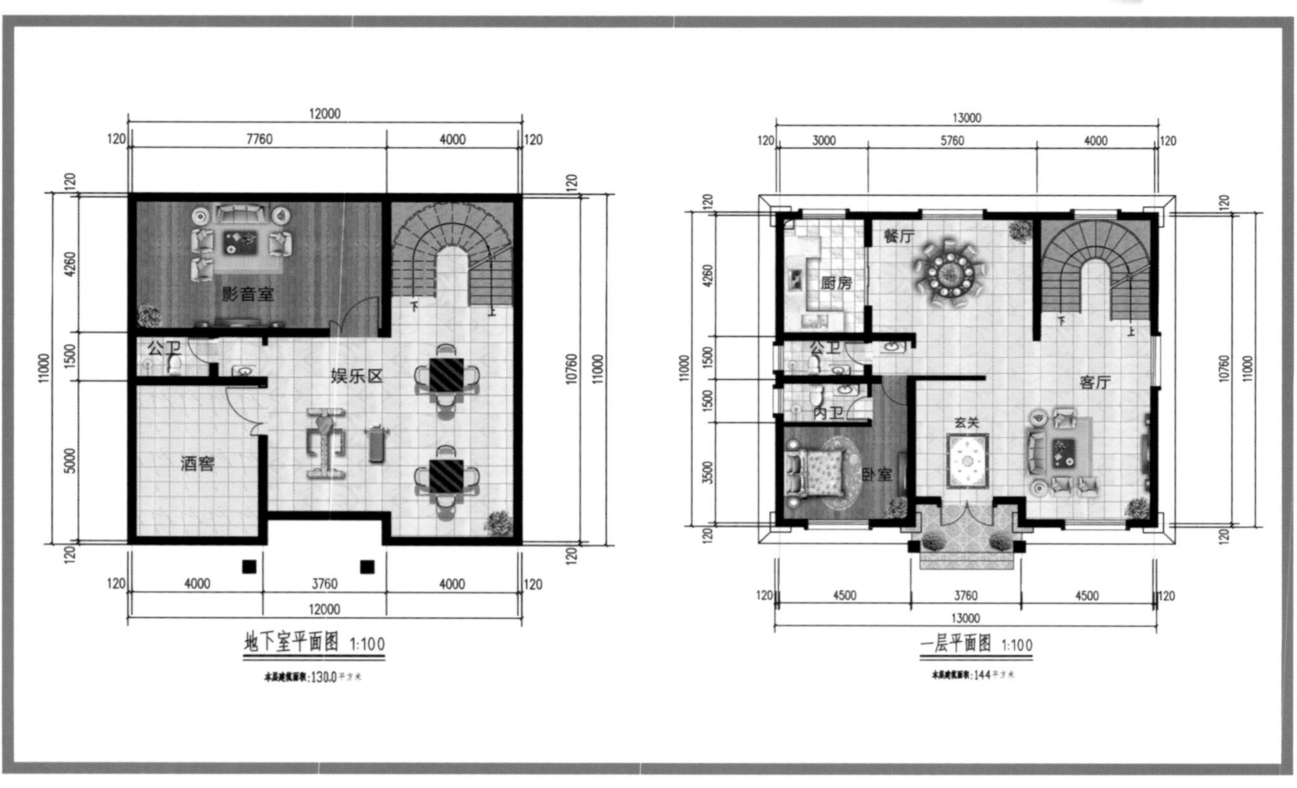
12000
120 7760 4000 120
影音室
公卫
娱乐区
酒窖
下
上
4260
1500
5000
11000
10760
120 4000 3760 4000 120
12000
地下室平面图 1:100
本层建筑面积:130.0平方米
13000
120 3000 5760 4000 120
餐厅
厨房
公卫
内卫
卧室
玄关
客厅
4260
1500
1500
3500
11000
10760
120 4500 3760 4500 120
13000
一层平面图 1:100
本层建筑面积:144平方米

建房说 精英乡居生活规划师 jianfangshuo.com

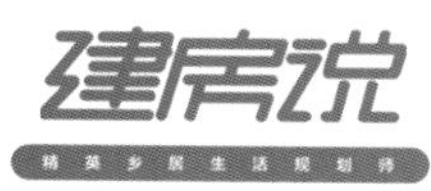

三层别墅设计 JF91007

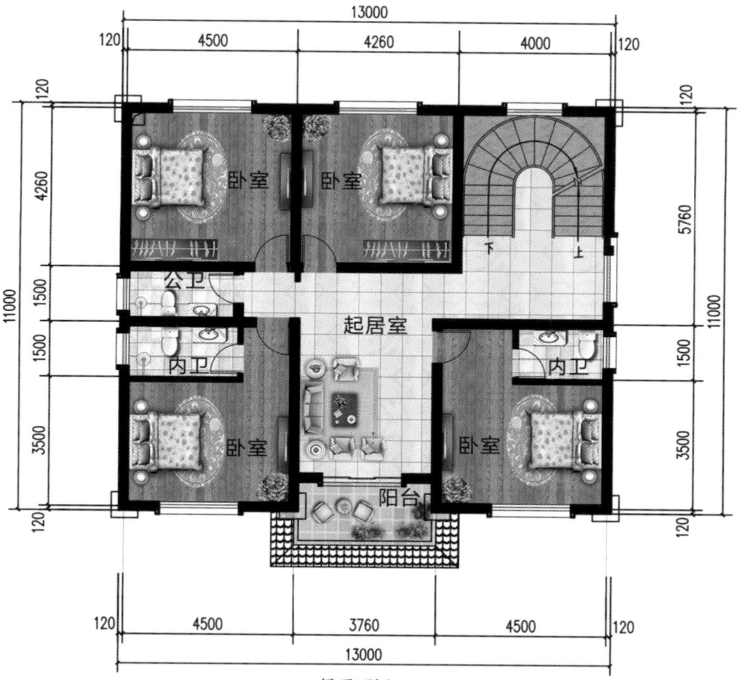

二层平面图 1:100

本层建筑面积：144平方米

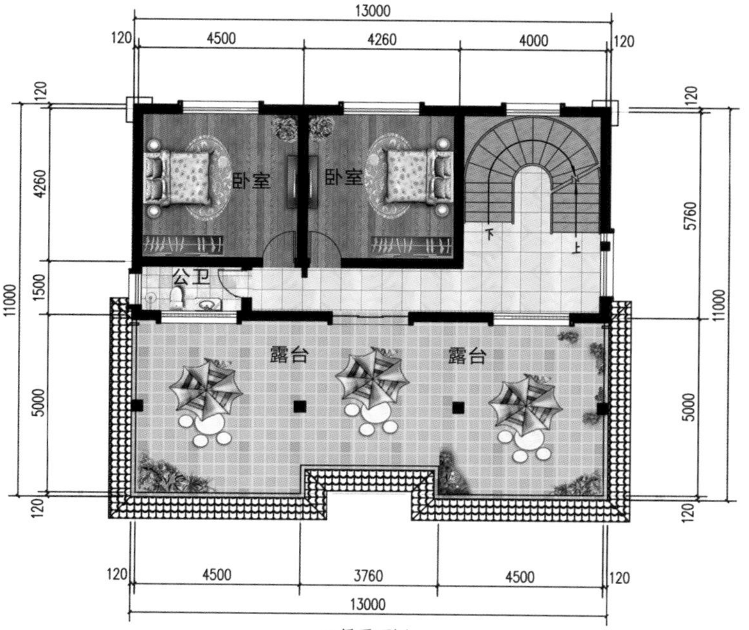

三层平面图 1:100

本层建筑面积：102平方米

图纸属性

【编　号】

JF91007

【层　数】

3层

【开　间】

13米

【进　深】

11米

【占地面积】

144平方米

【建筑面积】

520平方米

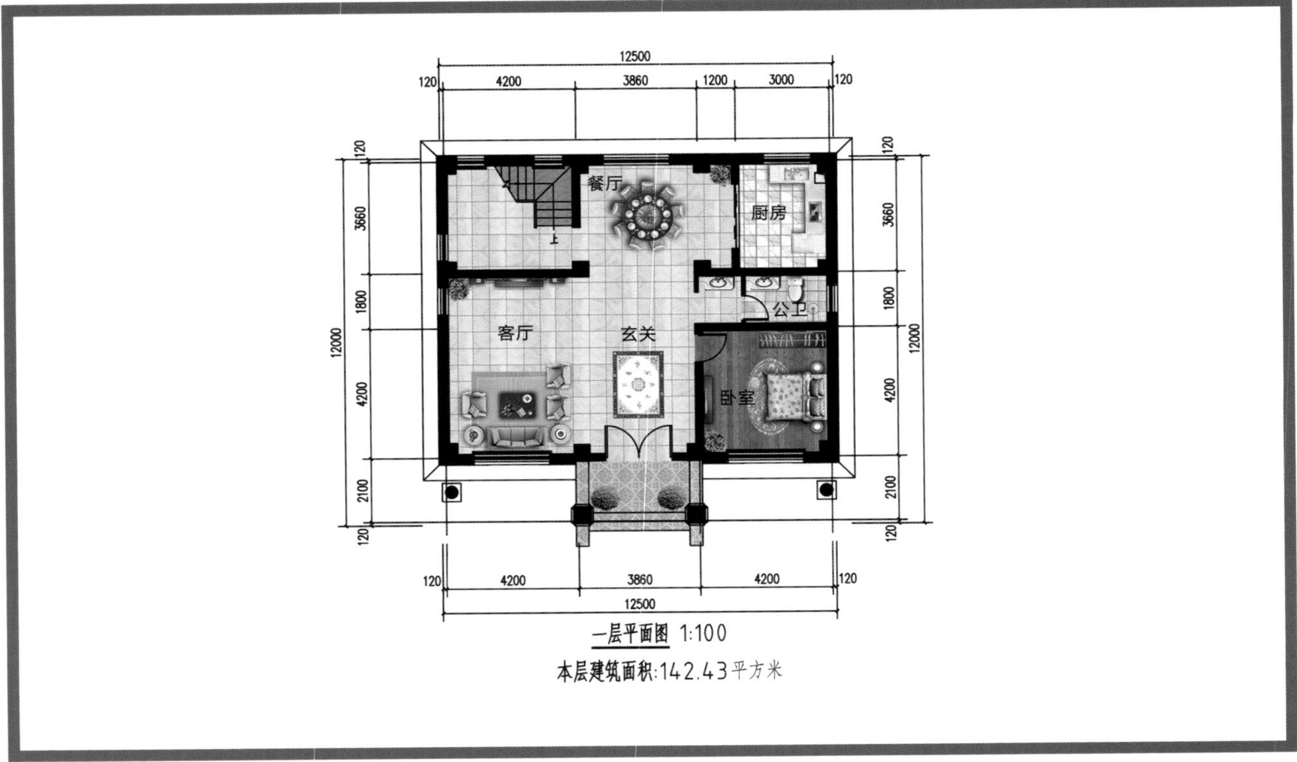

一层平面图 1:100

本层建筑面积:142.43平方米

建房说 精英乡居生活规划师 jianfangshuo.com

三层别墅设计 JF91066

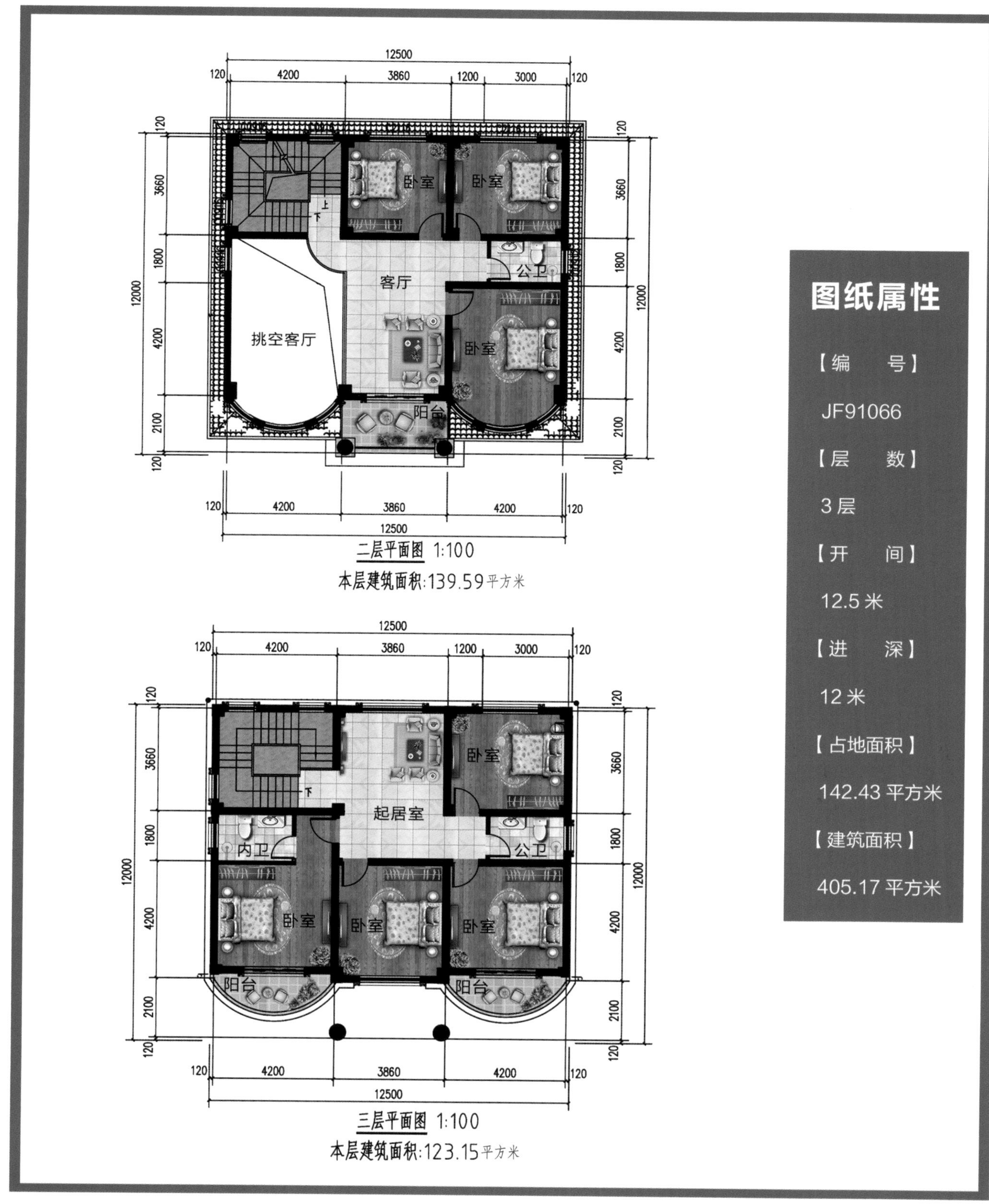

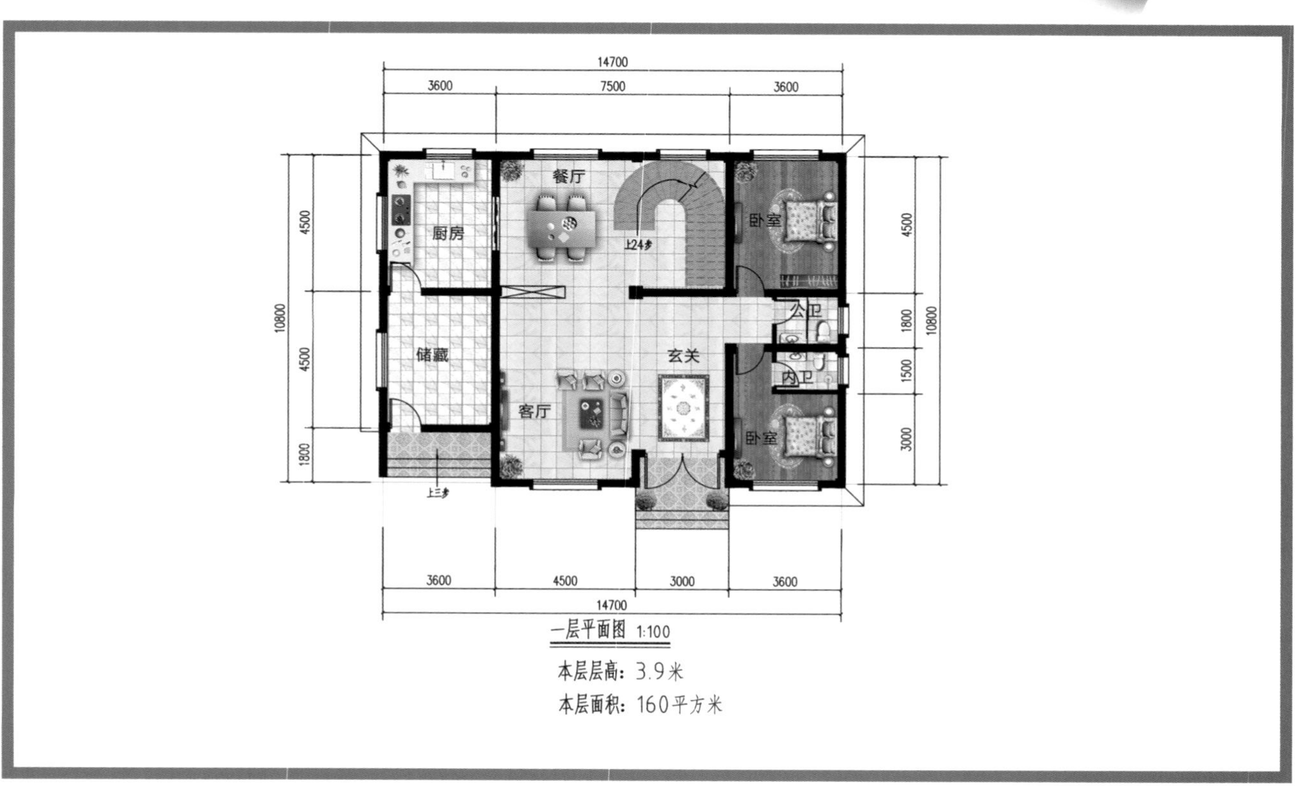

一层平面图 1:100

本层层高：3.9米

本层面积：160平方米

三层别墅设计 JF20083

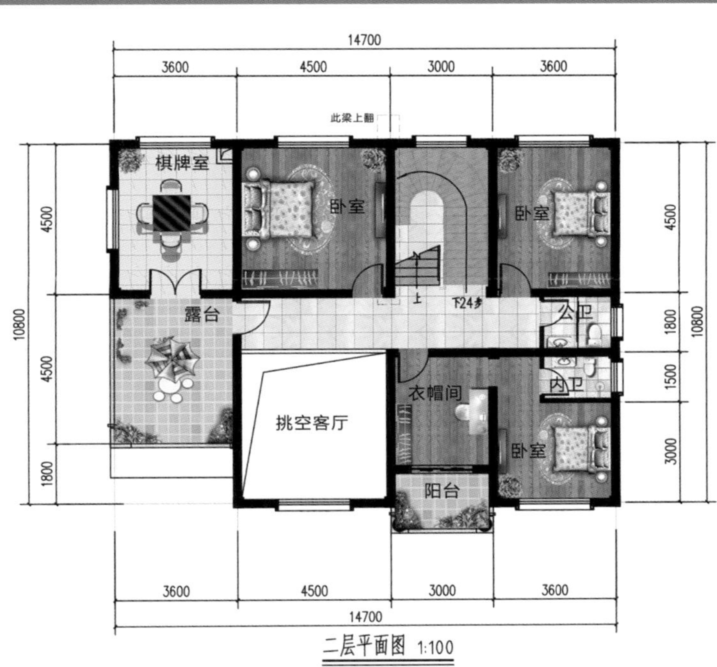

二层平面图 1:100

本层层高：3.6 米

本层面积：144 平方米

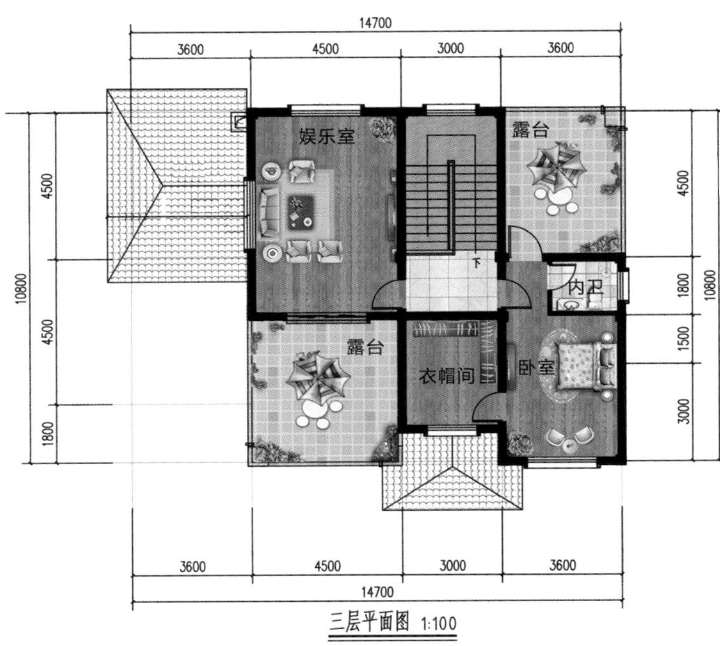

三层平面图 1:100

本层层高：3.3 米

本层面积：85 平方米

图纸属性

【编　　号】

JF20083

【层　　数】

3 层

【开　　间】

14.7 米

【进　　深】

10.8 米

【占地面积】

160 平方米

【建筑面积】

389 平方米

建汇说

13800
120
4380
4800
4380
120
120
2600
2860
1500
7200
5460
KTV室
上
酒品收藏室
地下一层平面图 1:100

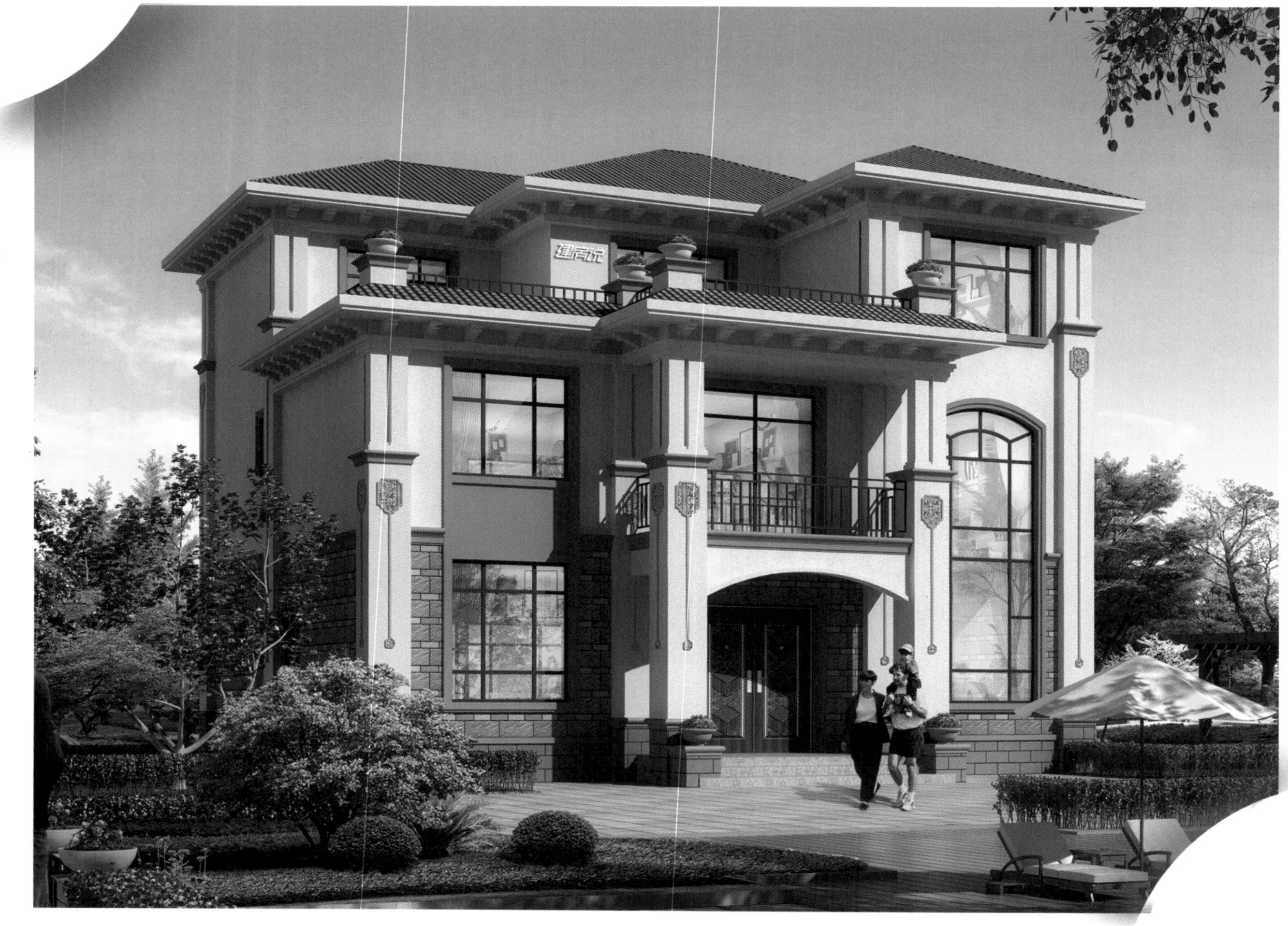

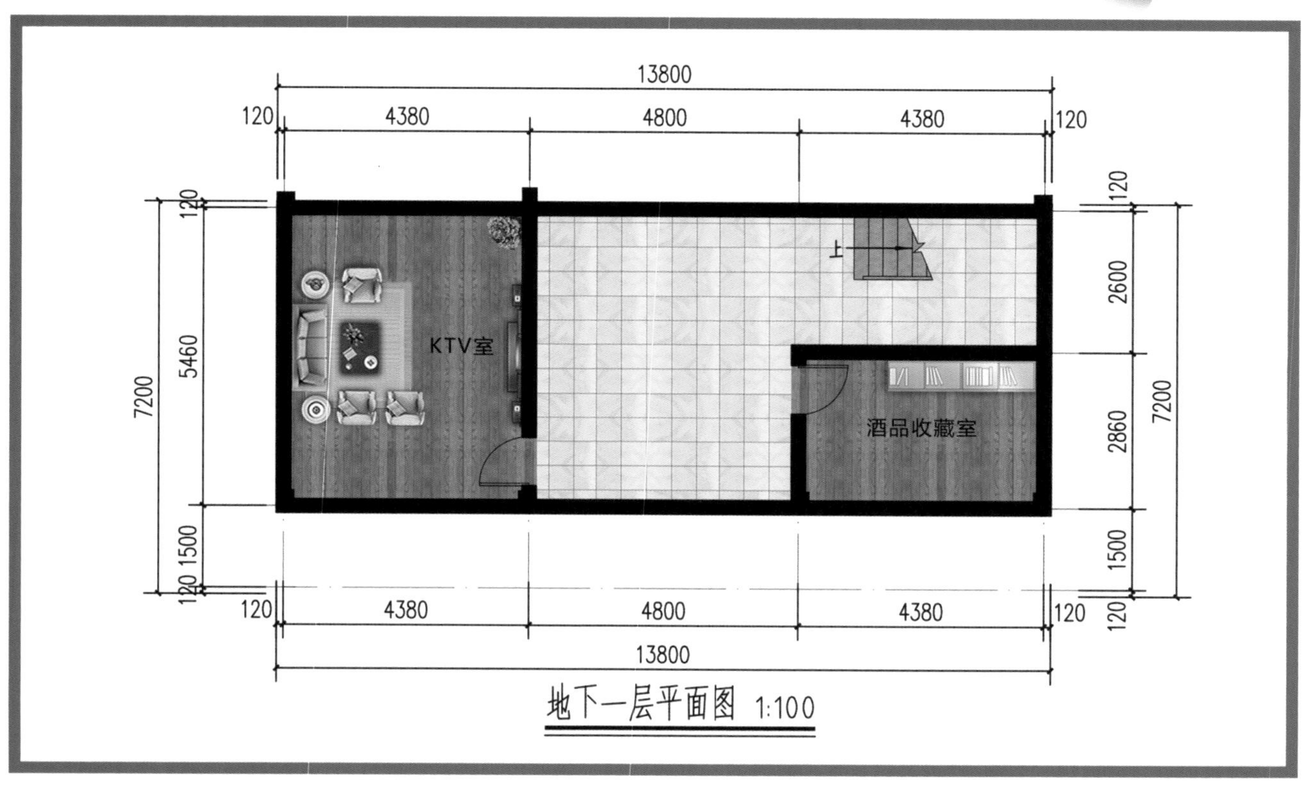

三层别墅设计 JF20087

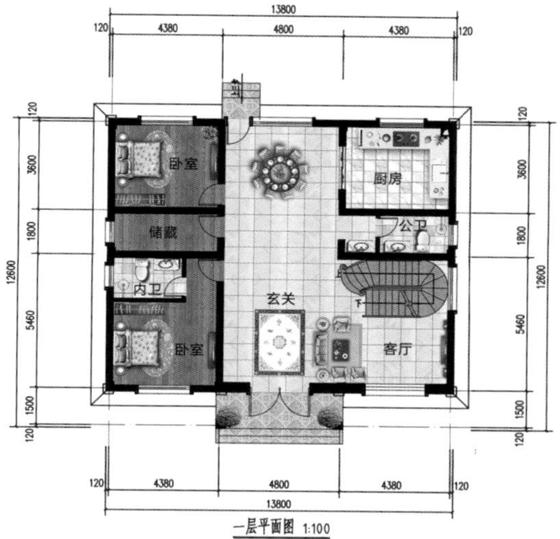

一层平面图 1:100

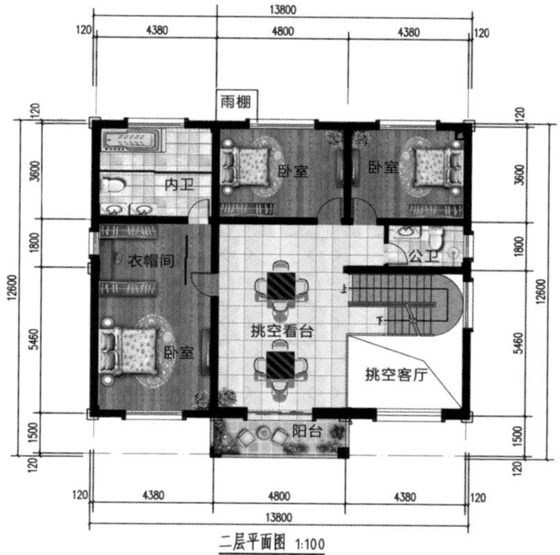

二层平面图 1:100

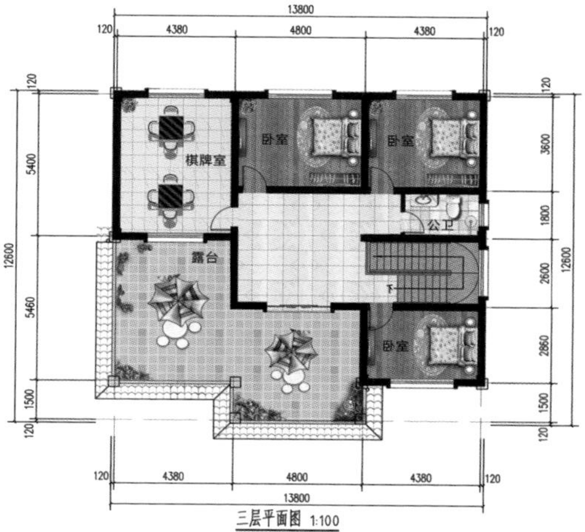

三层平面图 1:100

图纸属性

【编　　号】

JF20087

【层　　数】

3层

【开　　间】

13.8米

【进　　深】

12.6米

【占地面积】

174.68平方米

【建筑面积】

558.82平方米

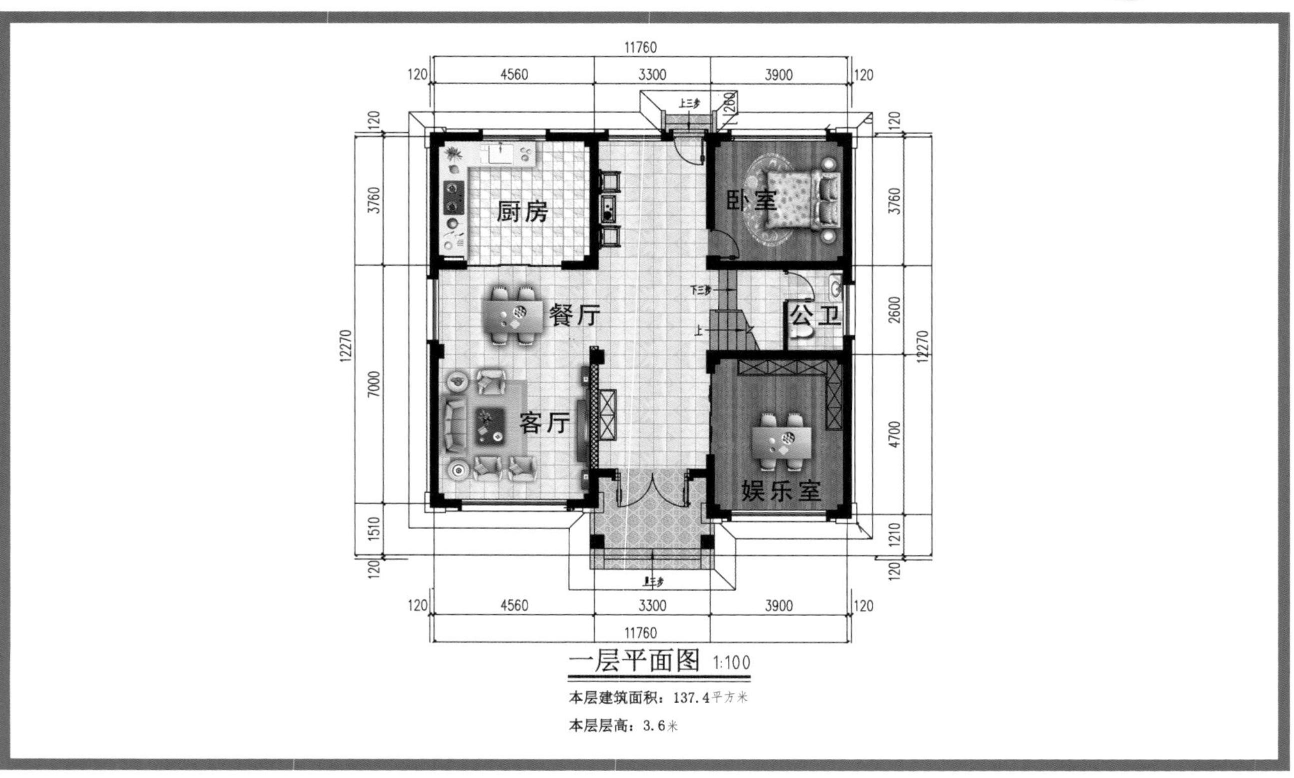

一层平面图 1:100

本层建筑面积：137.4平方米

本层层高：3.6米

三层别墅设计 JF20096

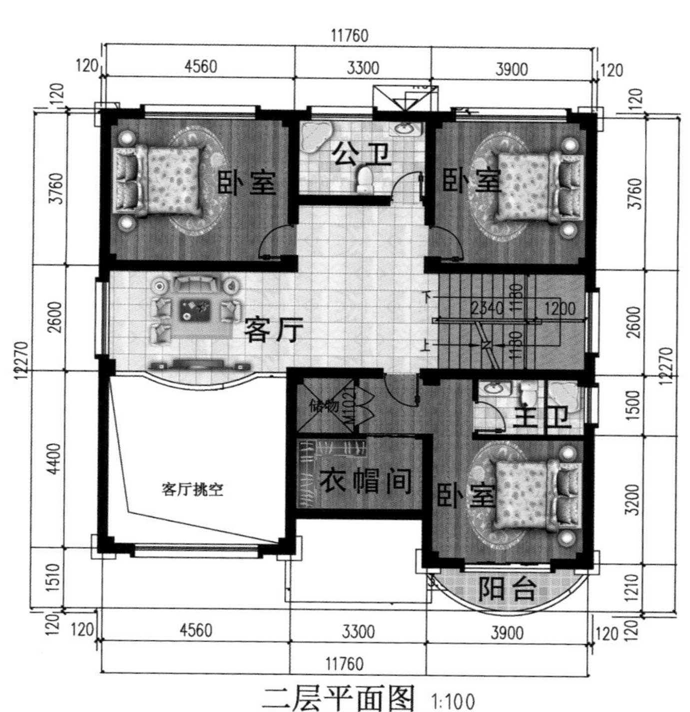

二层平面图 1:100

本层建筑面积：130.4平方米

本层层高：3.3米

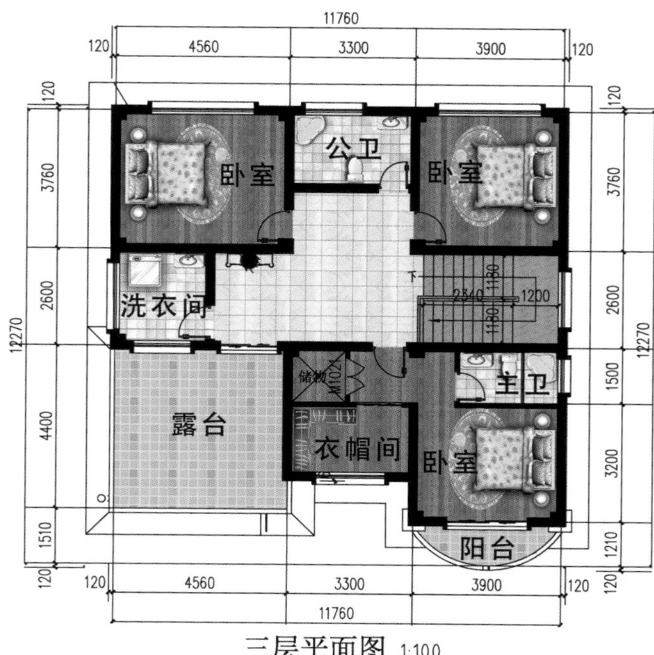

三层平面图 1:100

本层建筑面积：110.2平方米

本层层高：3.3米

图纸属性

【编　　号】

JF20096

【层　　数】

3层

【开　　间】

11.76米

【进　　深】

12.27米

【占地面积】

137.4平方米

【建筑面积】

378平方米

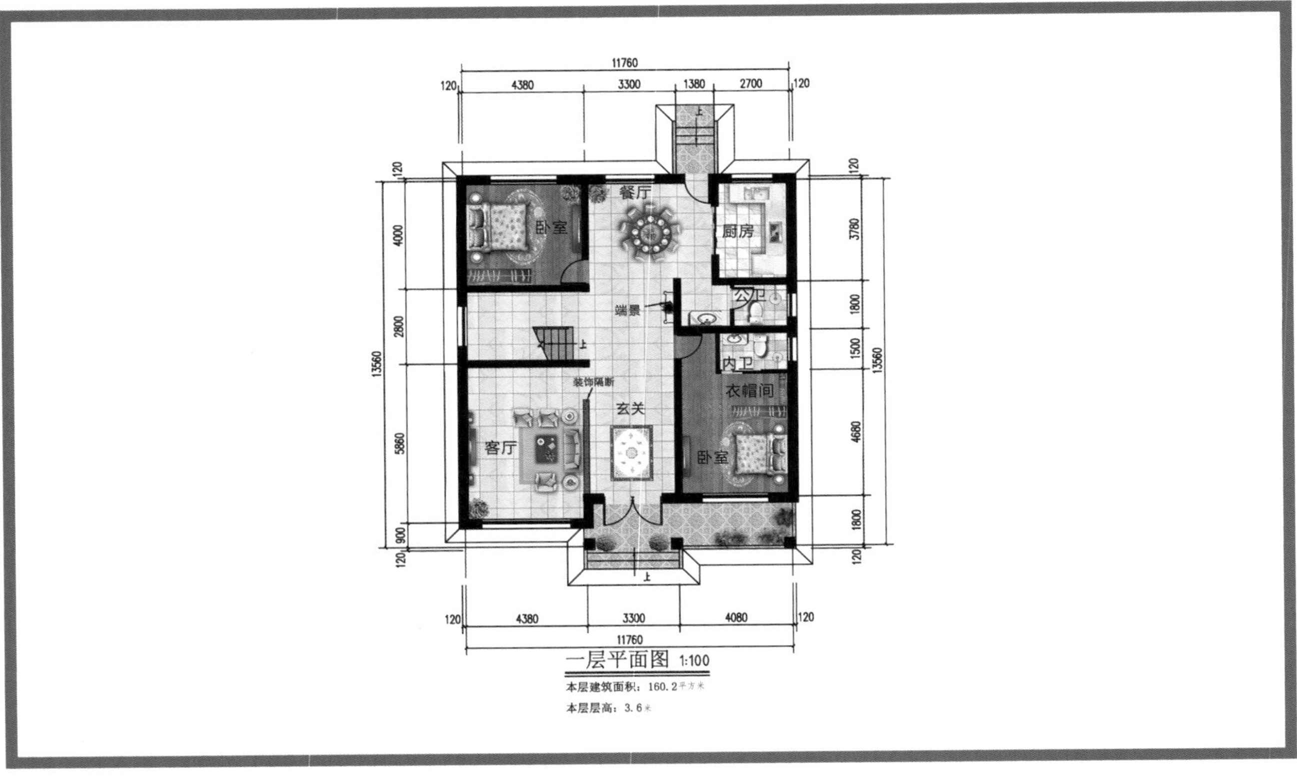

一层平面图 1:100

本层建筑面积：160.2平方米

本层层高：3.6米

建房说
精英乡居生活规划师
jianfangshuo.com

三层别墅设计 JF20120

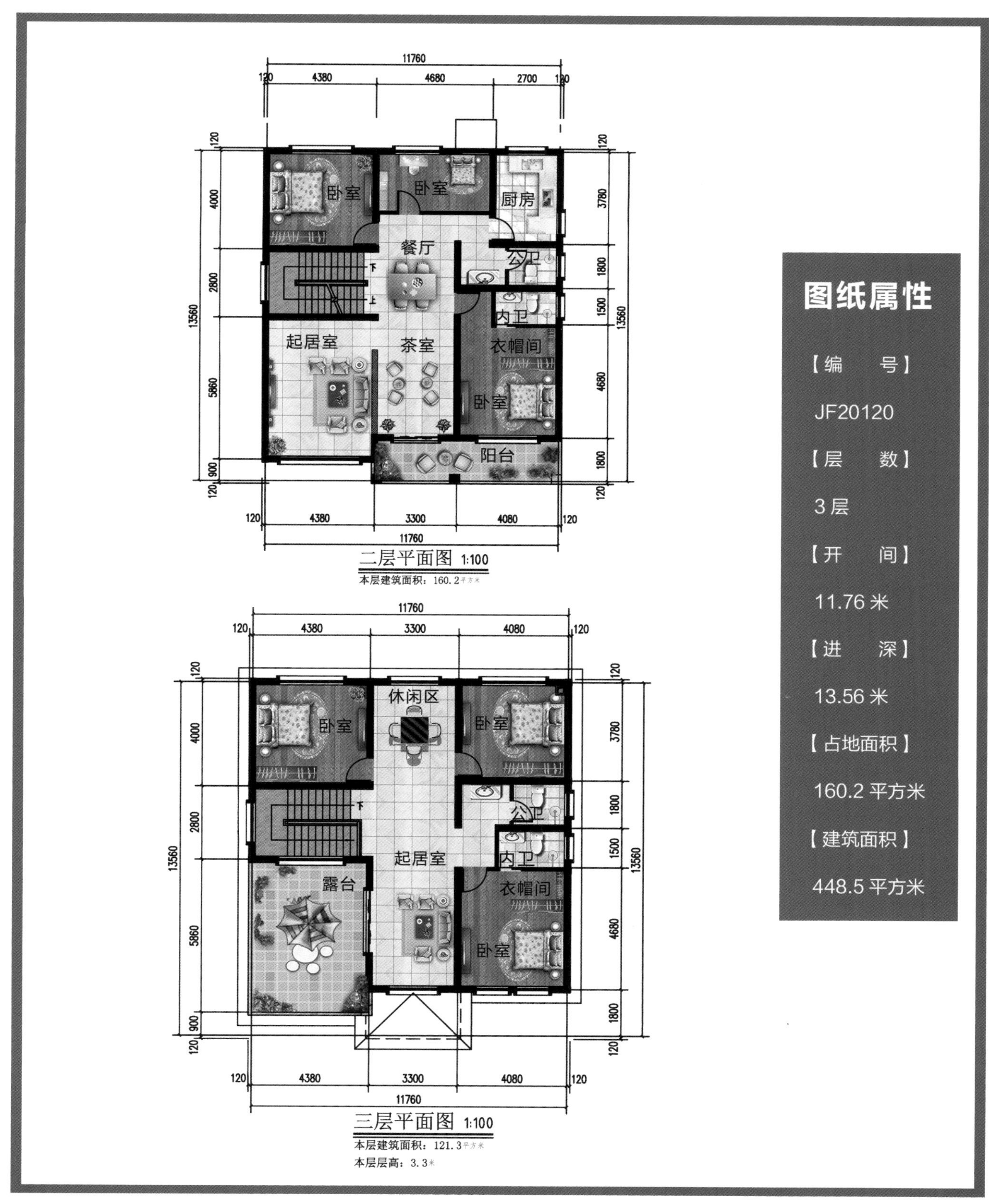

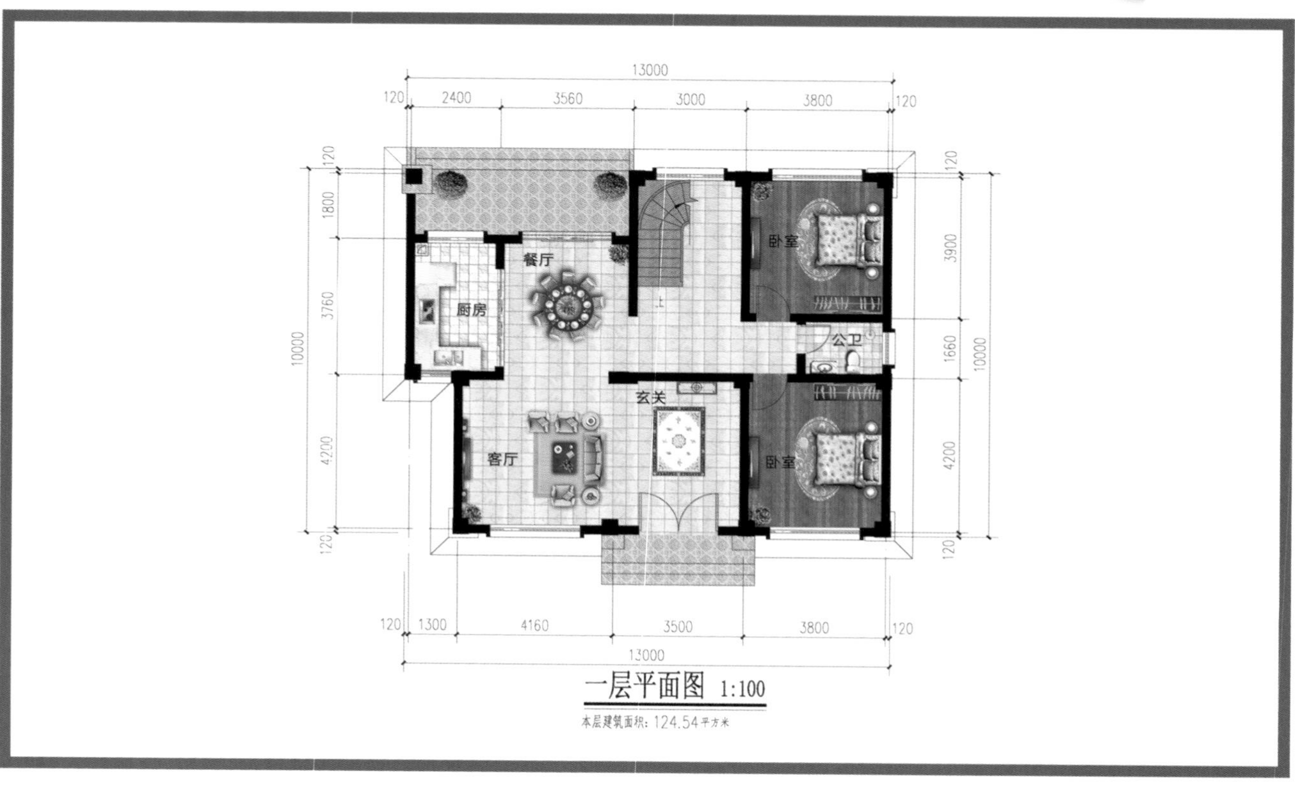

一层平面图 1:100

本层建筑面积：124.54平方米

建房说 精美乡居生活规划师 jianfangshuo.com

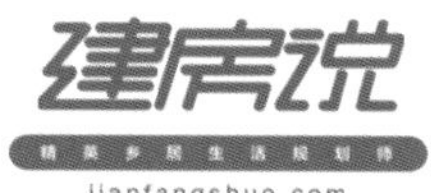

三层别墅设计 JF20199

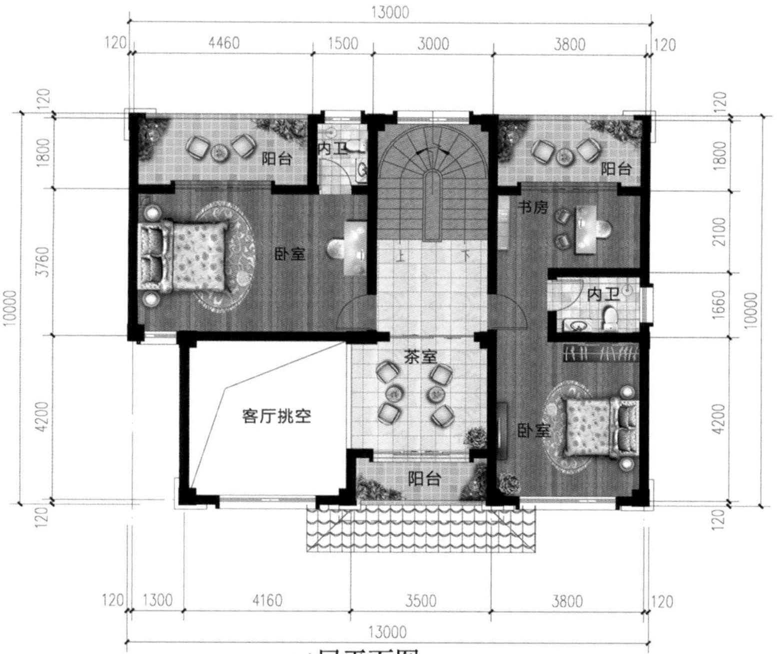

二层平面图 1:100

本层建筑面积：120.63平方米

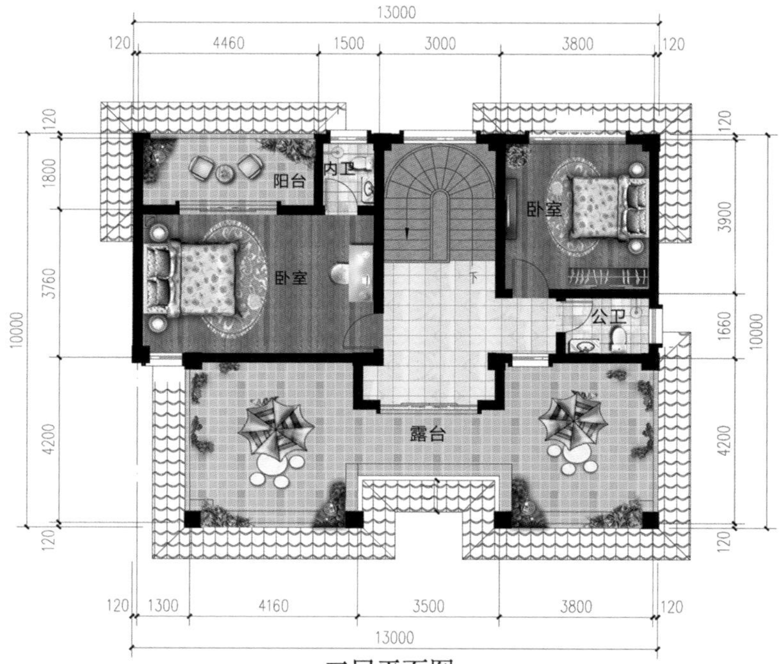

三层平面图 1:100

本层建筑面积：79.89平方米

图纸属性

【编　　号】

JF20199

【层　　数】

3层

【开　　间】

13米

【进　　深】

10米

【占地面积】

124.54平方米

【建筑面积】

325.06平方米

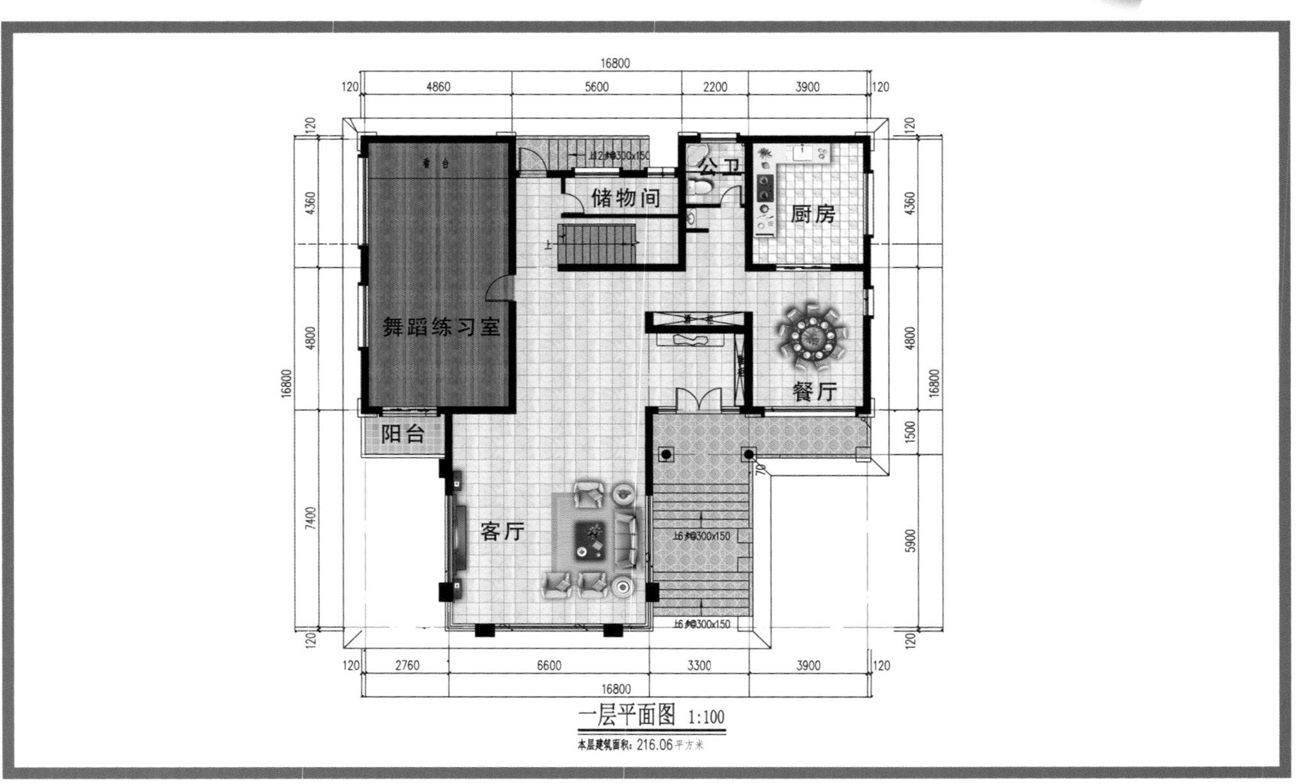

一层平面图 1:100

本层建筑面积：216.06平方米

建房说 精英乡居生活规划师 jianfangshuo.com

三层别墅设计 JF20252

图纸属性

【编　号】
JF20252

【层　数】
3层

【开　间】
16.8米

【进　深】
16.8米

【占地面积】
216.06平方米

【建筑面积】
600.87平方米

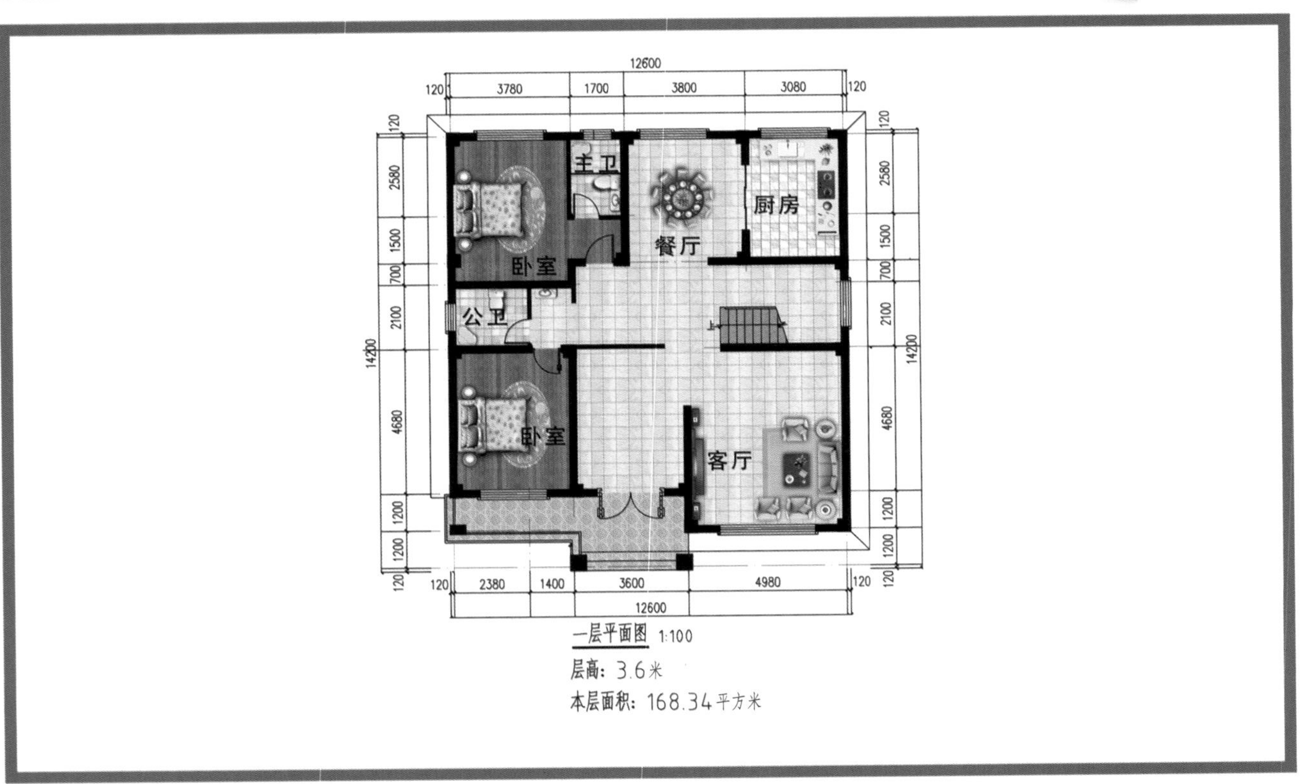

一层平面图 1:100

层高：3.6米

本层面积：168.34平方米

三层别墅设计 JF20254

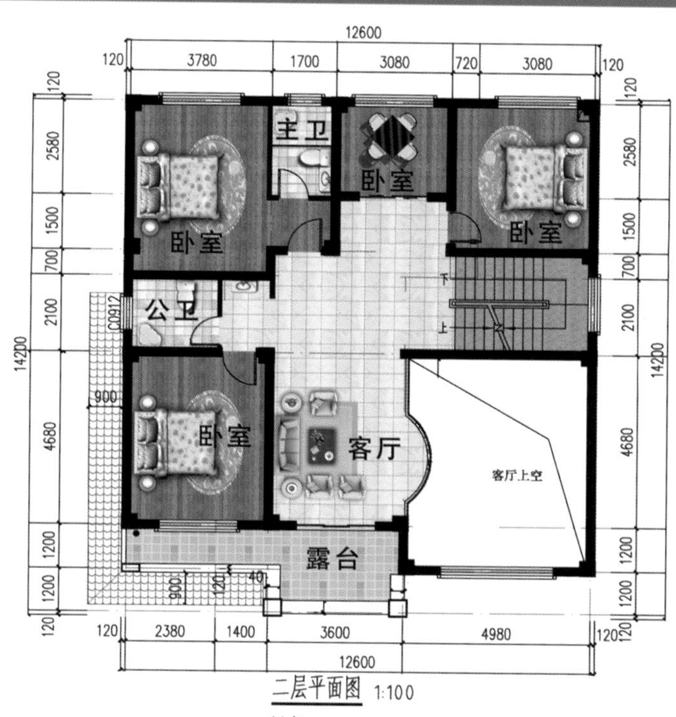

二层平面图 1:100

层高：3.3米

本层面积：154.72平方米

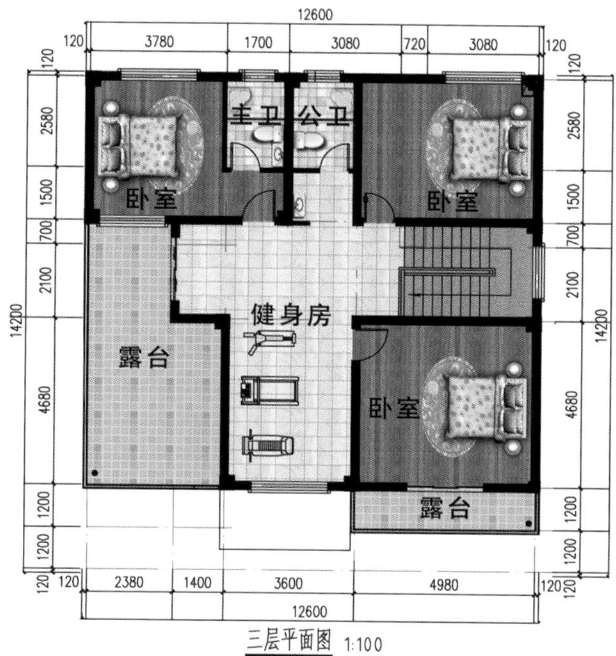

三层平面图 1:100

层高：3.3米

本层面积：126.40平方米

图纸属性

【编　号】

JF20254

【层　数】

3层

【开　间】

12.6米

【进　深】

14.2米

【占地面积】

168.34平方米

【建筑面积】

449.46平方米

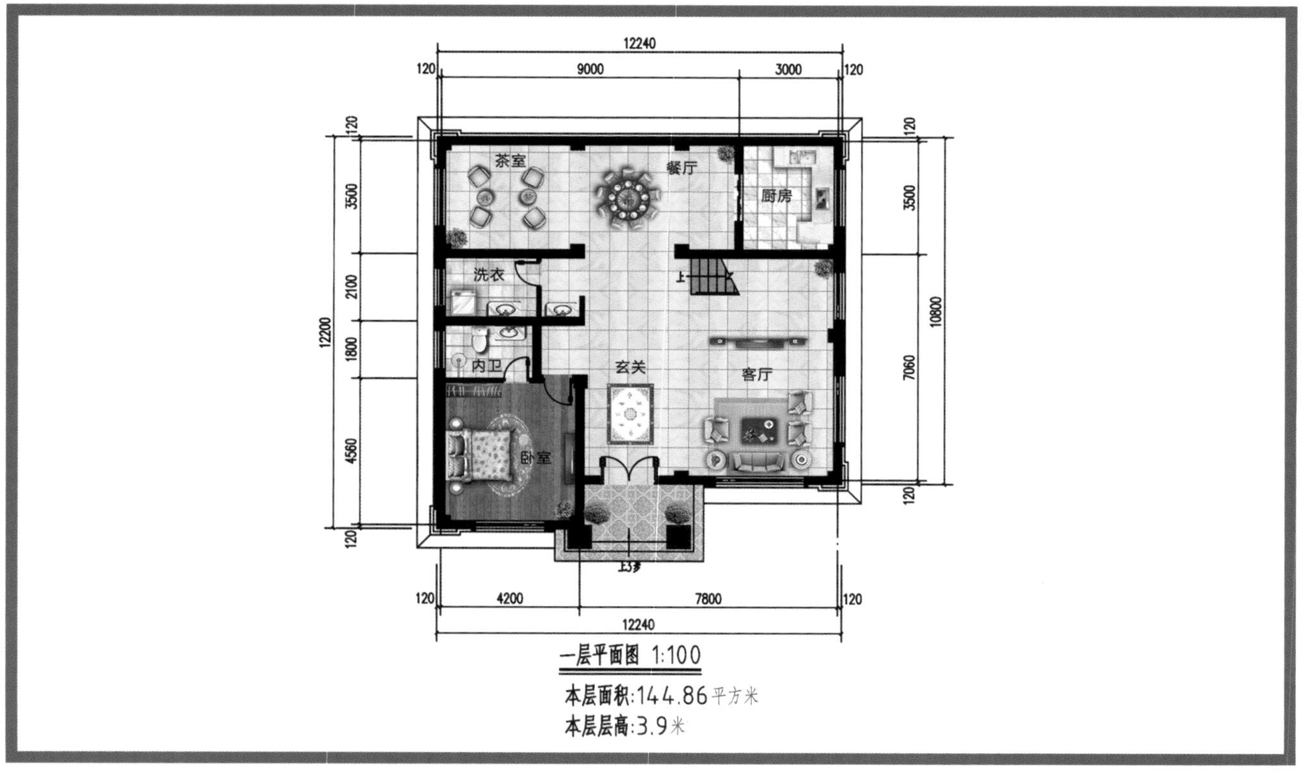

一层平面图 1:100

本层面积:144.86平方米

本层层高:3.9米

建房说 精美乡居生活规划师 jianfangshuo.com

三层别墅设计 JF20268

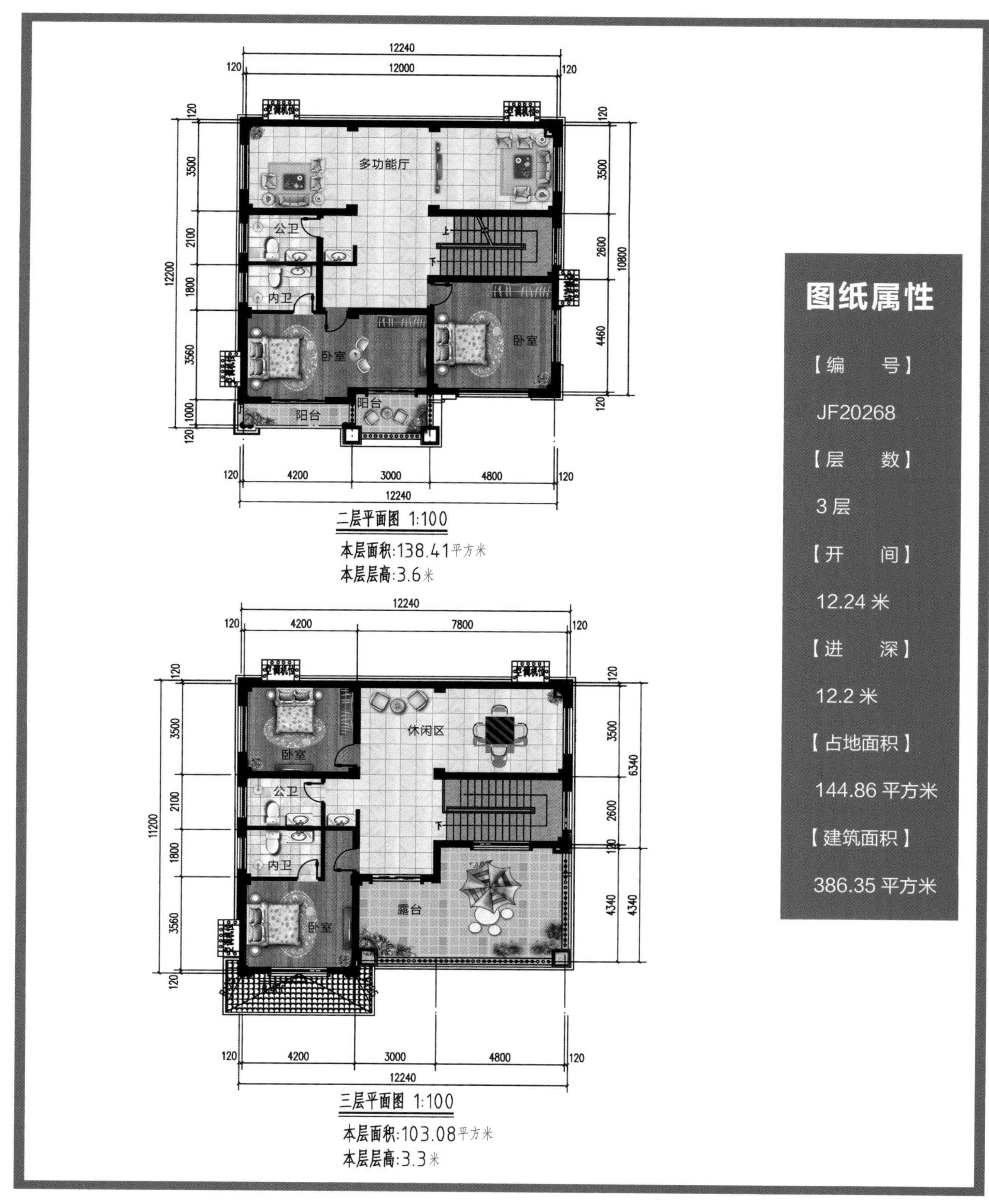

图纸属性

【编　号】
JF20268

【层　数】
3层

【开　间】
12.24米

【进　深】
12.2米

【占地面积】
144.86平方米

【建筑面积】
386.35平方米

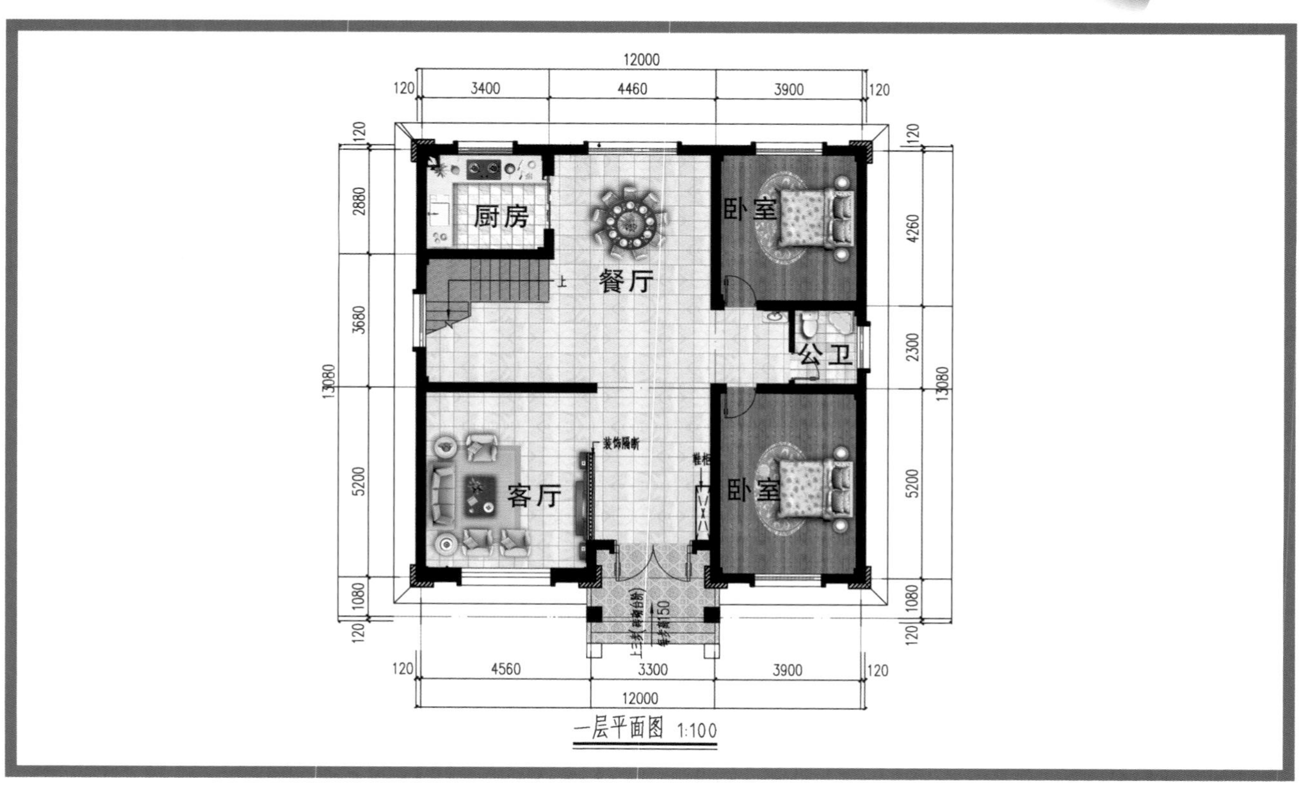
12000
120 3400 4460 3900 120
厨房
餐厅
卧室
公卫
客厅
卧室
装饰隔断
鞋柜
上
120 2880 3680 5200 1080 120
13080
120 4260 2300 5200 1080 120
13080
120 4560 3300 3900 120
12000

一层平面图 1:100

建房说 精美乡居生活规划师 jianfangshuo.com

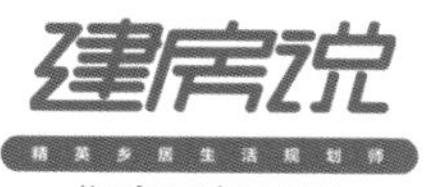

三层别墅设计 JF20289

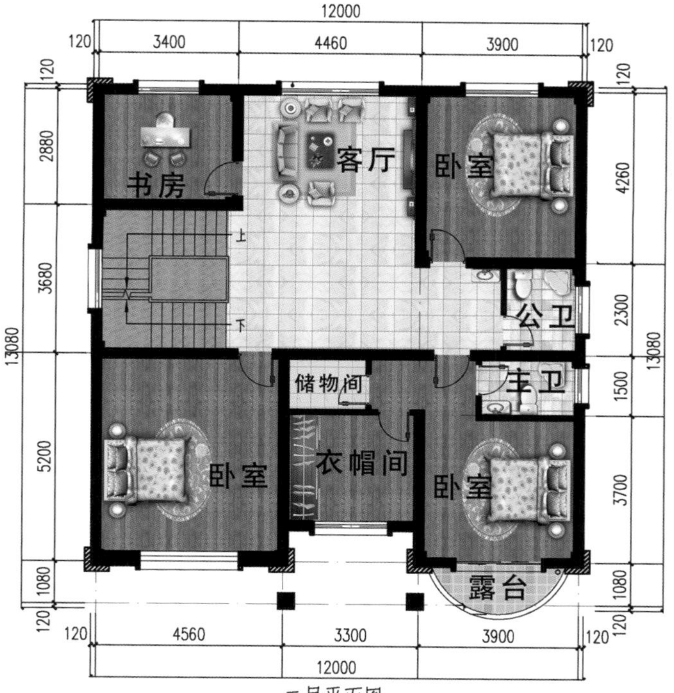

二层平面图 1:100

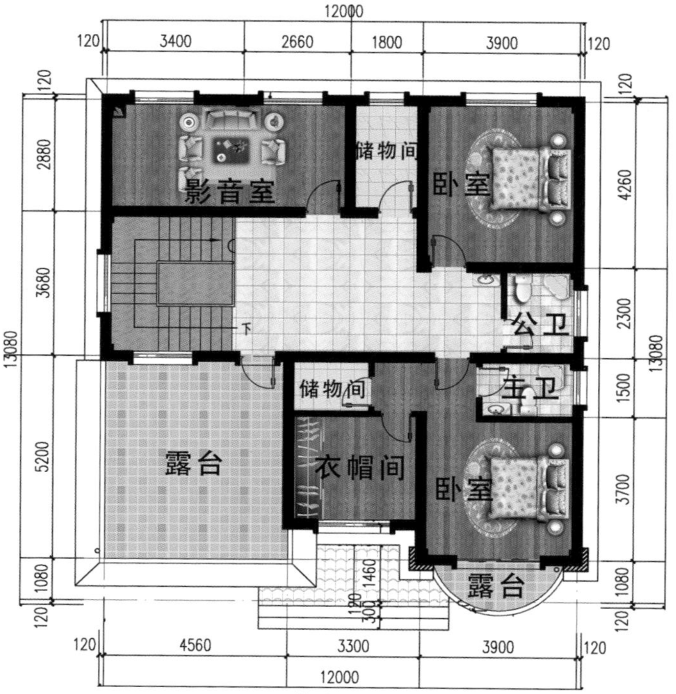

三层平面图 1:100

图纸属性

【编号】

JF20289

【层数】

3层

【开间】

12米

【进深】

13.08米

【占地面积】

147.82平方米

【建筑面积】

417.93平方米

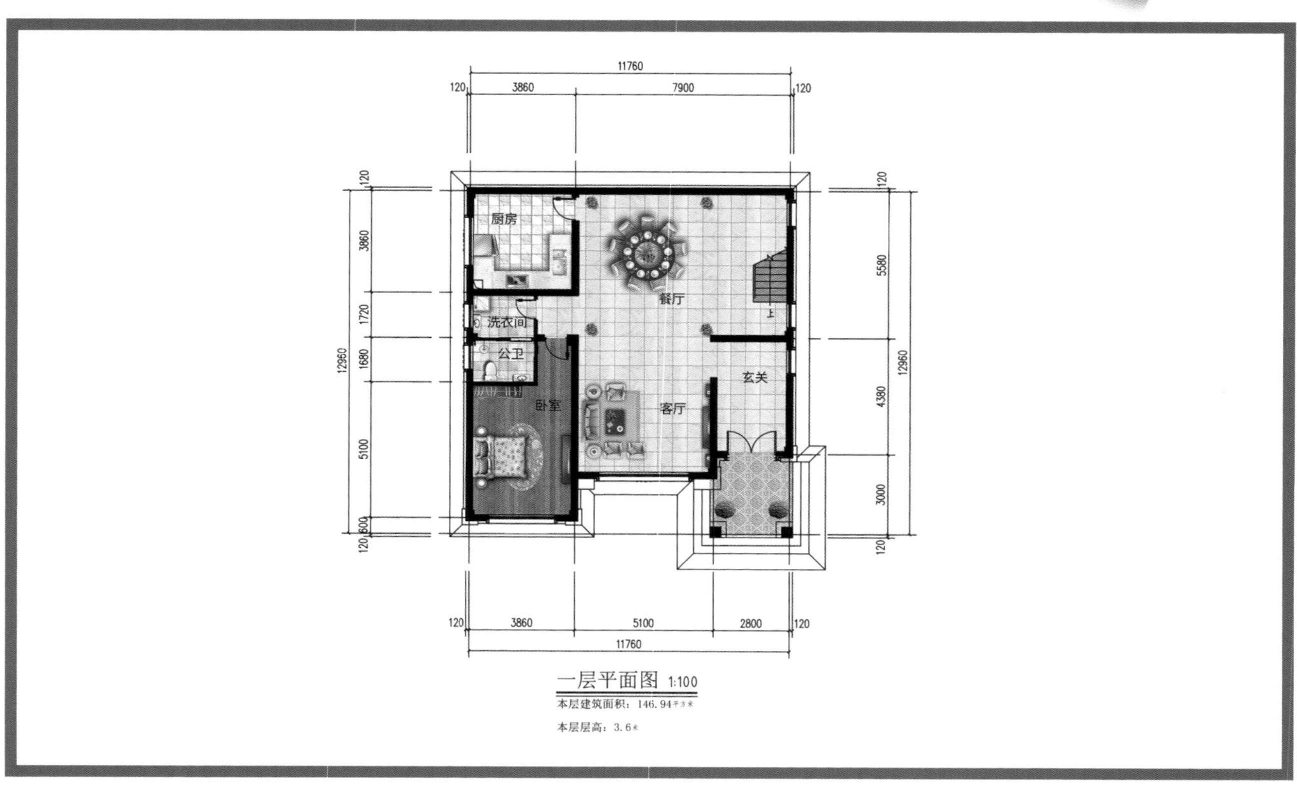

一层平面图 1:100

本层建筑面积：146.94平方米

本层层高：3.6米

建房说 精英乡居生活规划师 jianfangshuo.com

三层别墅设计 JF20310

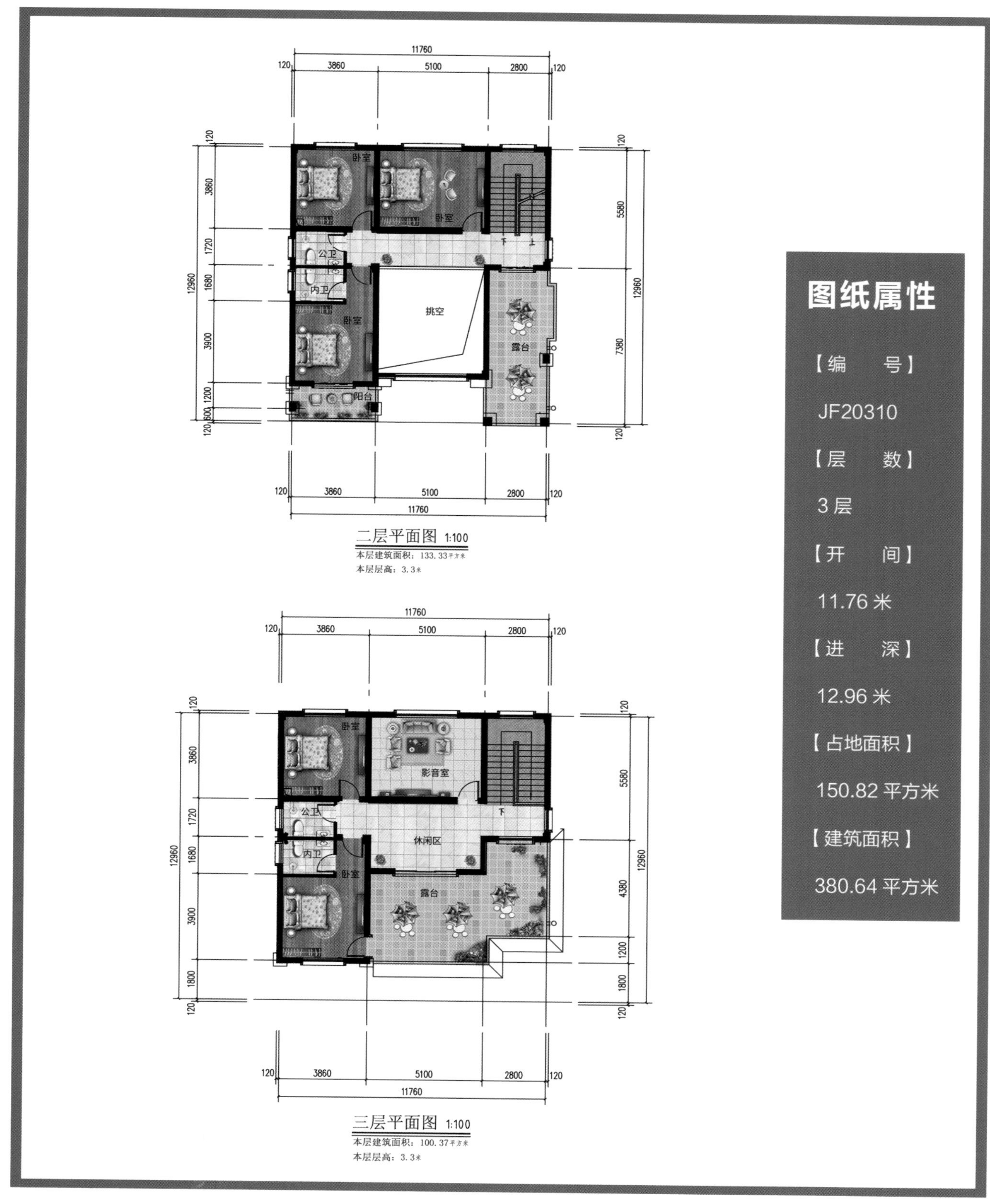

二层平面图 1:100
本层建筑面积：133.33平方米
本层层高：3.3米

三层平面图 1:100
本层建筑面积：100.37平方米
本层层高：3.3米

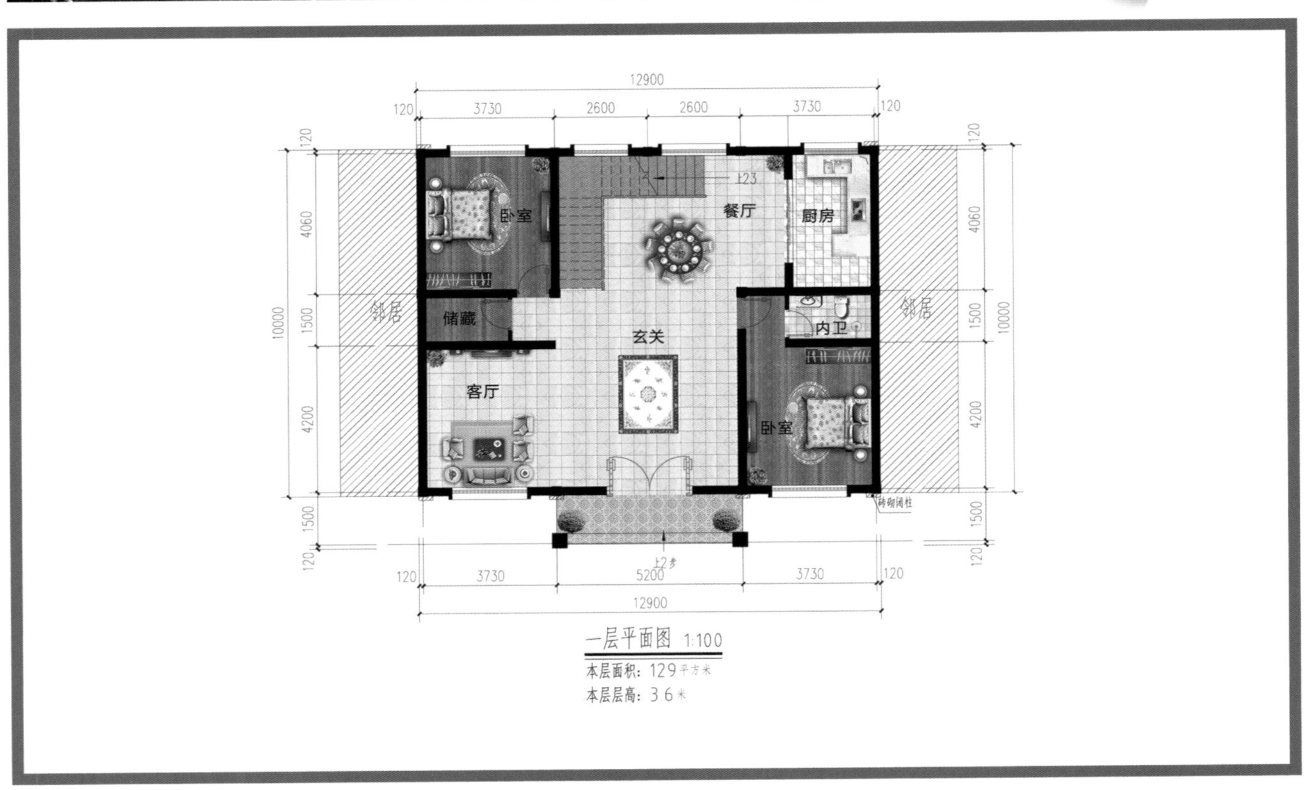

一层平面图 1:100

本层面积：129平方米

本层层高：3.6米

三层别墅设计 JF20312

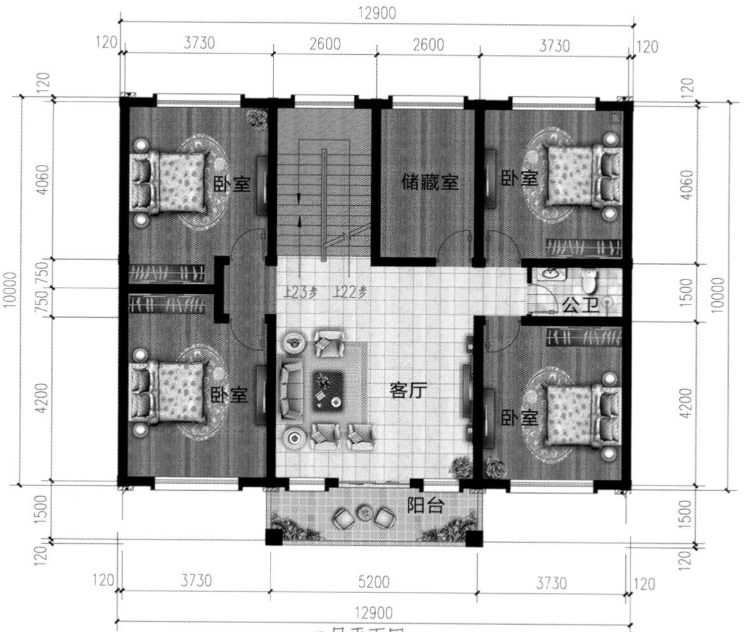

二层平面图 1:100

本层面积：129平方米

本层层高：3.3米

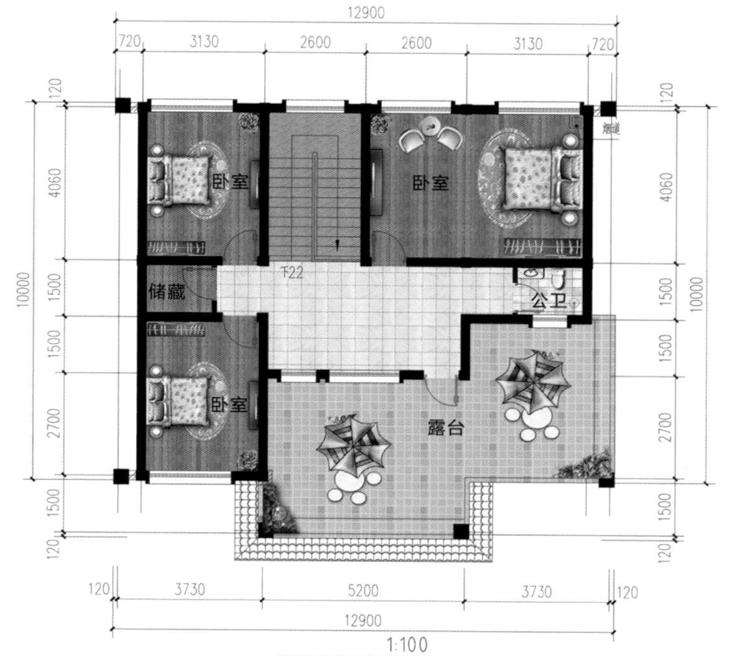

1:100

本层面积：89.81平方米

本层层高：3.2米

图纸属性

【编　号】

JF20312

【层　数】

3层

【开　间】

12.9米

【进　深】

10米

【占地面积】

129平方米

【建筑面积】

367.65平方米

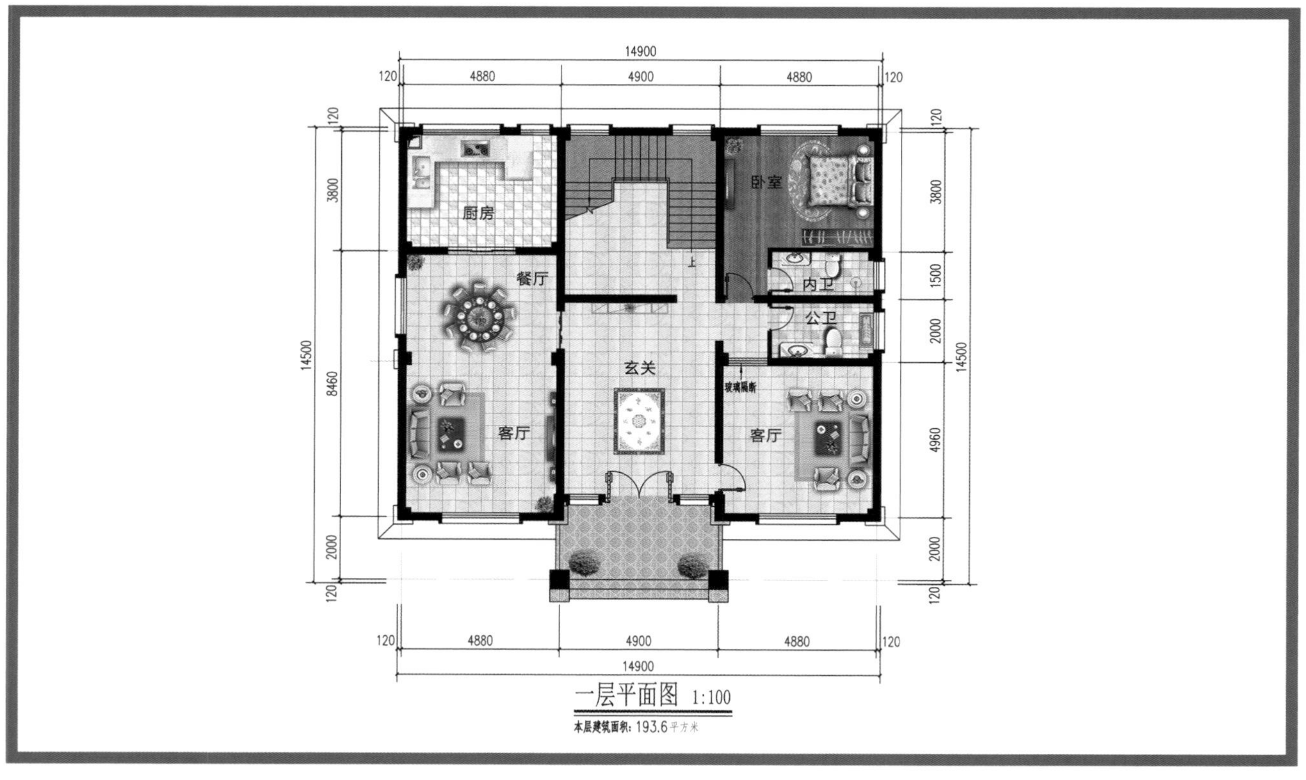

一层平面图 1:100

本层建筑面积：193.6平方米

建房说
精英乡居生活规划师
jianfangshuo.com

三层别墅设计 JF20356

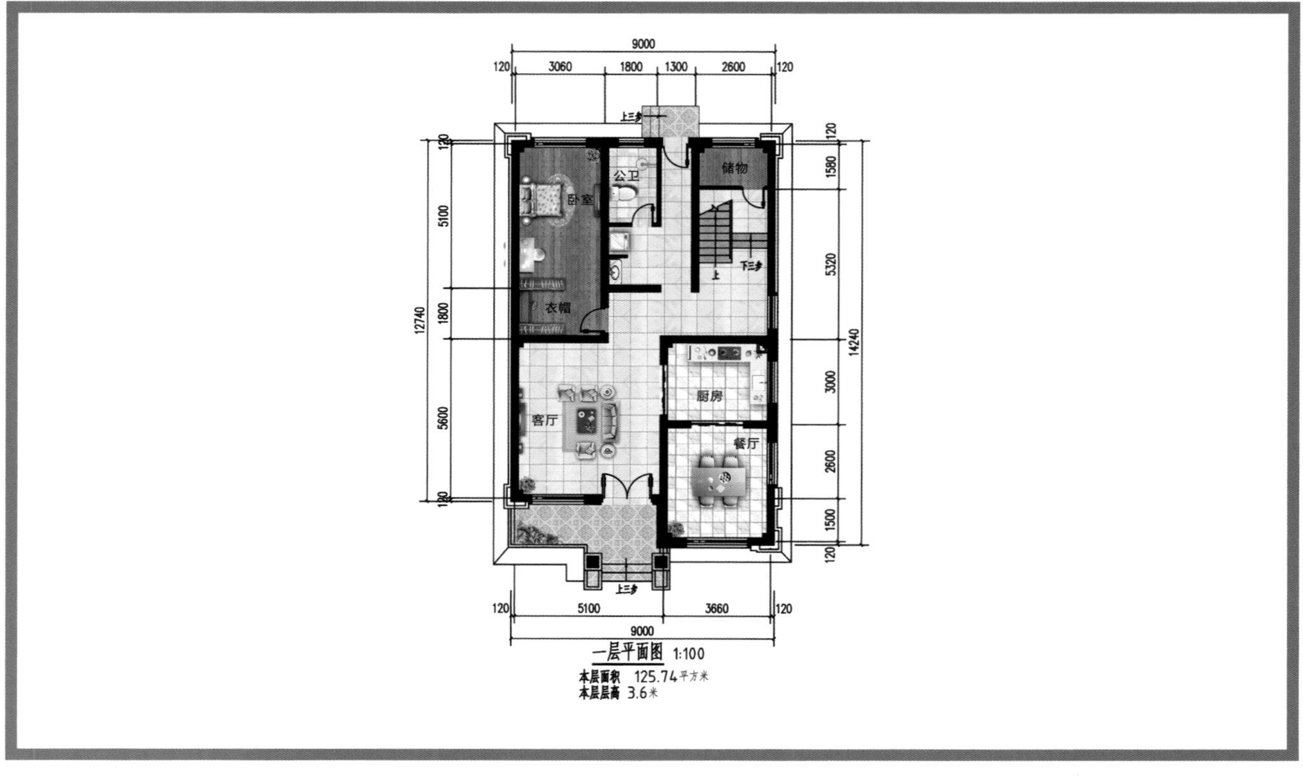

一层平面图 1:100
本层面积 125.74平方米
本层层高 3.6米

建房说
精英乡居生活规划师
jianfangshuo.com

三层别墅设计 JF20360

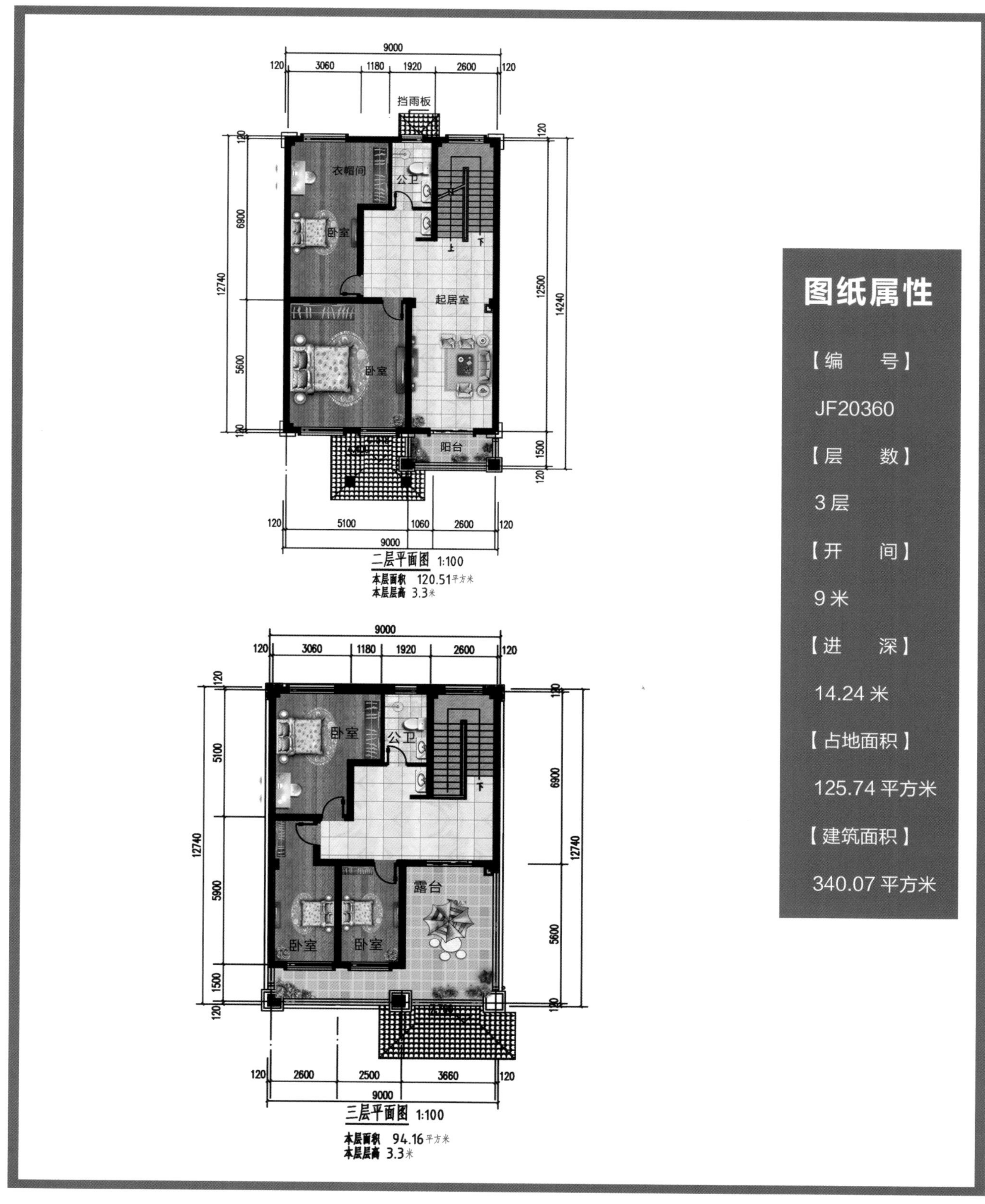

图纸属性

【编　号】

JF20360

【层　数】

3层

【开　间】

9米

【进　深】

14.24米

【占地面积】

125.74平方米

【建筑面积】

340.07平方米

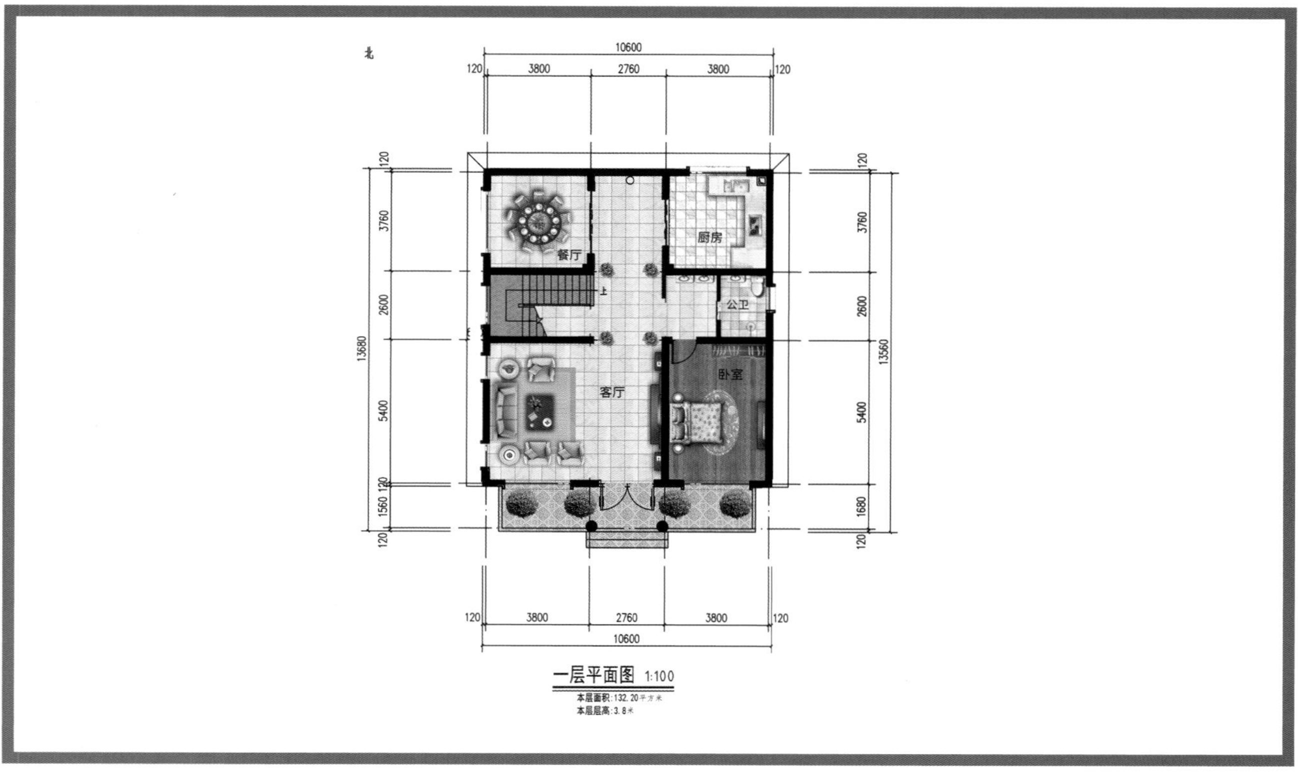

一层平面图 1:100

本层面积：132.20平方米
本层层高：3.8米

建房说 精美乡居生活规划师 jianfangshuo.com

三层别墅设计 JF20422

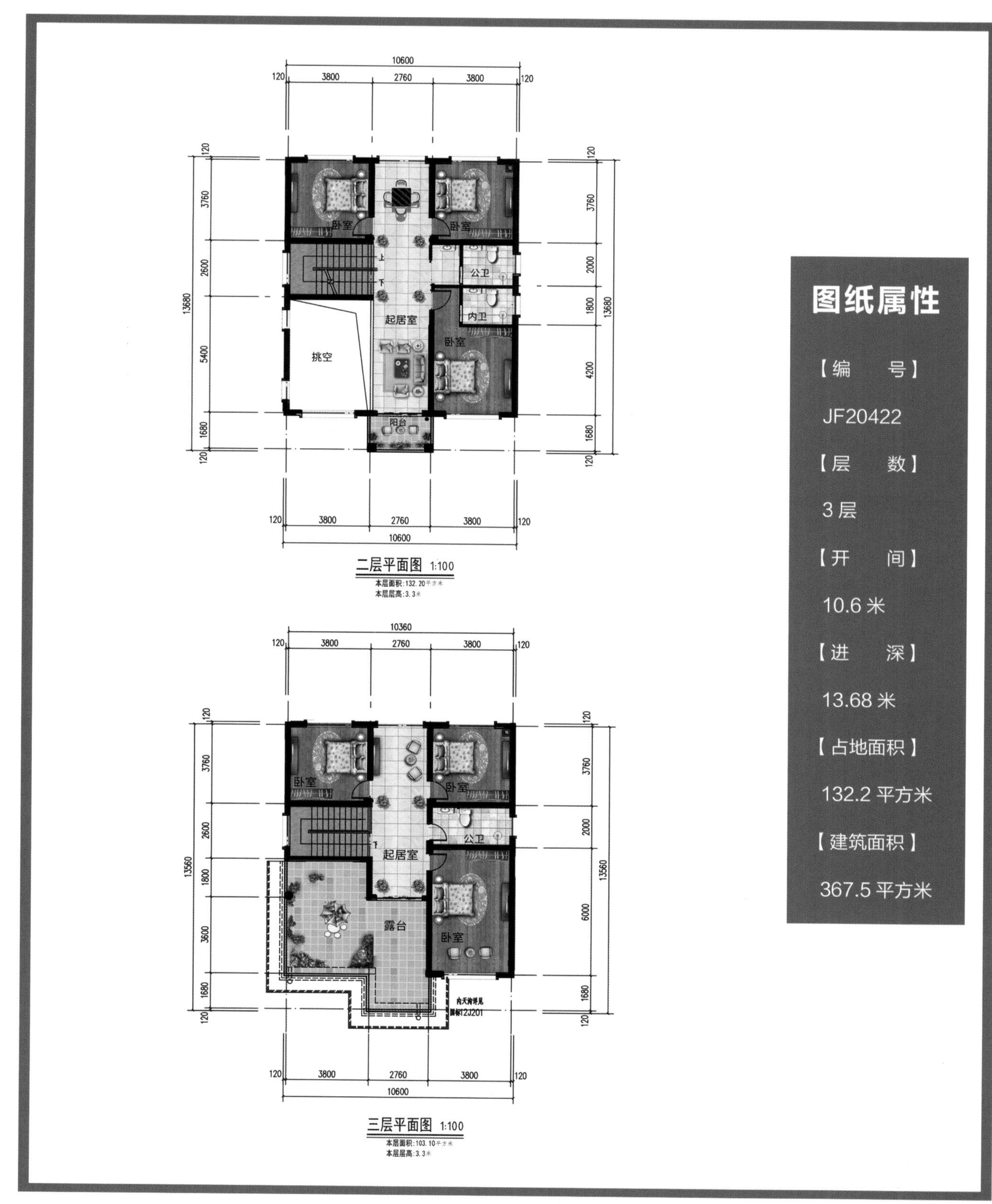

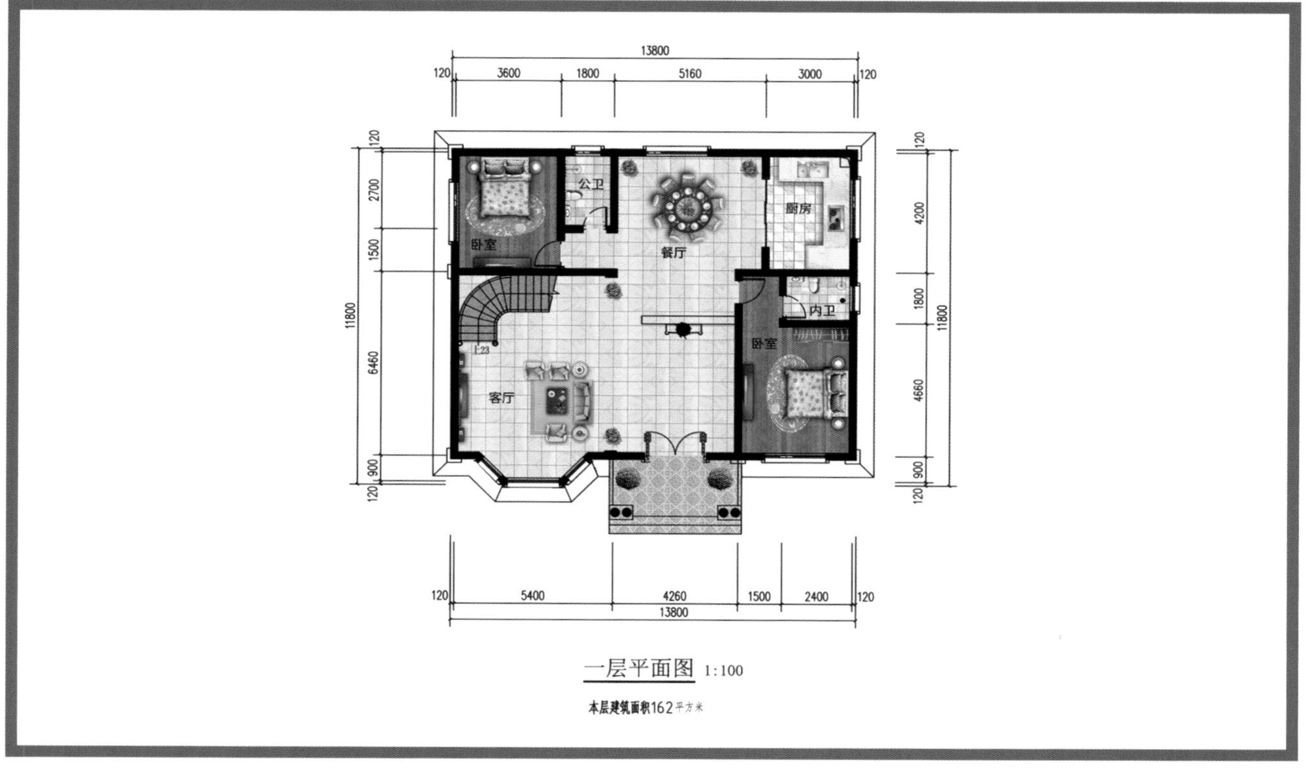

一层平面图 1:100

本层建筑面积162平方米

建房说
精英乡居生活规划师
jianfangshuo.com

三层别墅设计 JF20443

二层平面图 1:100

本层建筑面积168平方米

三层平面图 1:100

本层建筑面积113平方米

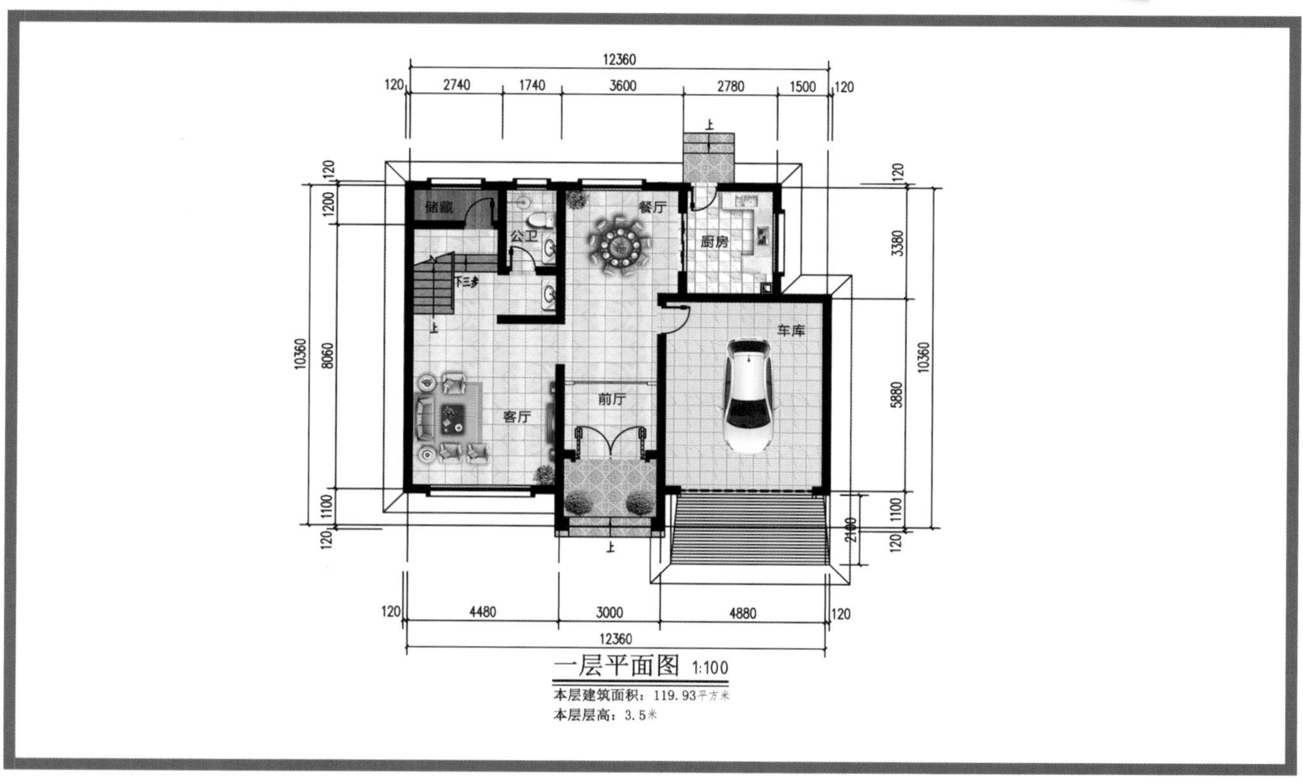

一层平面图 1:100

本层建筑面积：119.93平方米

本层层高：3.5米

建房说 精英乡居生活规划师 jianfangshuo.com

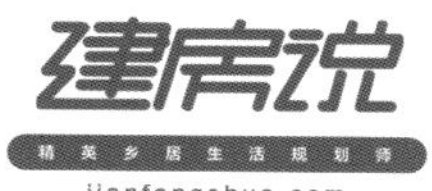

三层别墅设计 JF20468

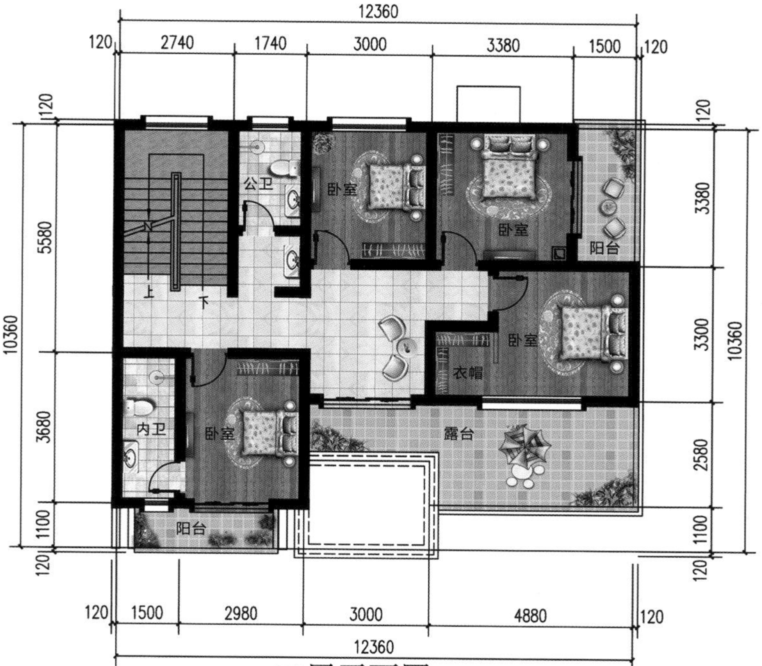

二层平面图 1:100

本层建筑面积：94.30平方米

本层层高：2.9米

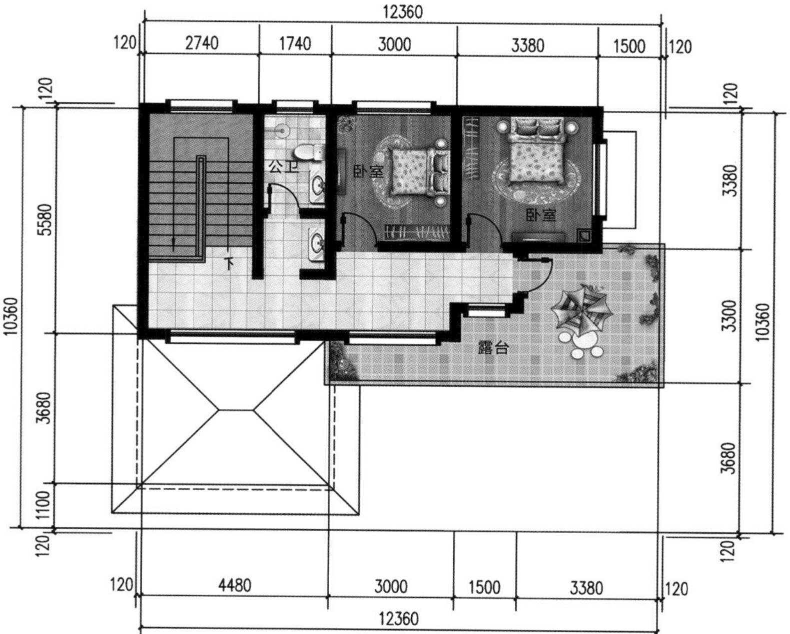

三层平面图 1:100

本层建筑面积：59.42平方米

本层层高：2.9米

图纸属性

【编　　号】

JF20468

【层　　数】

3层

【开　　间】

12.36米

【进　　深】

10.36米

【占地面积】

131.2平方米

【建筑面积】

273.66平方米

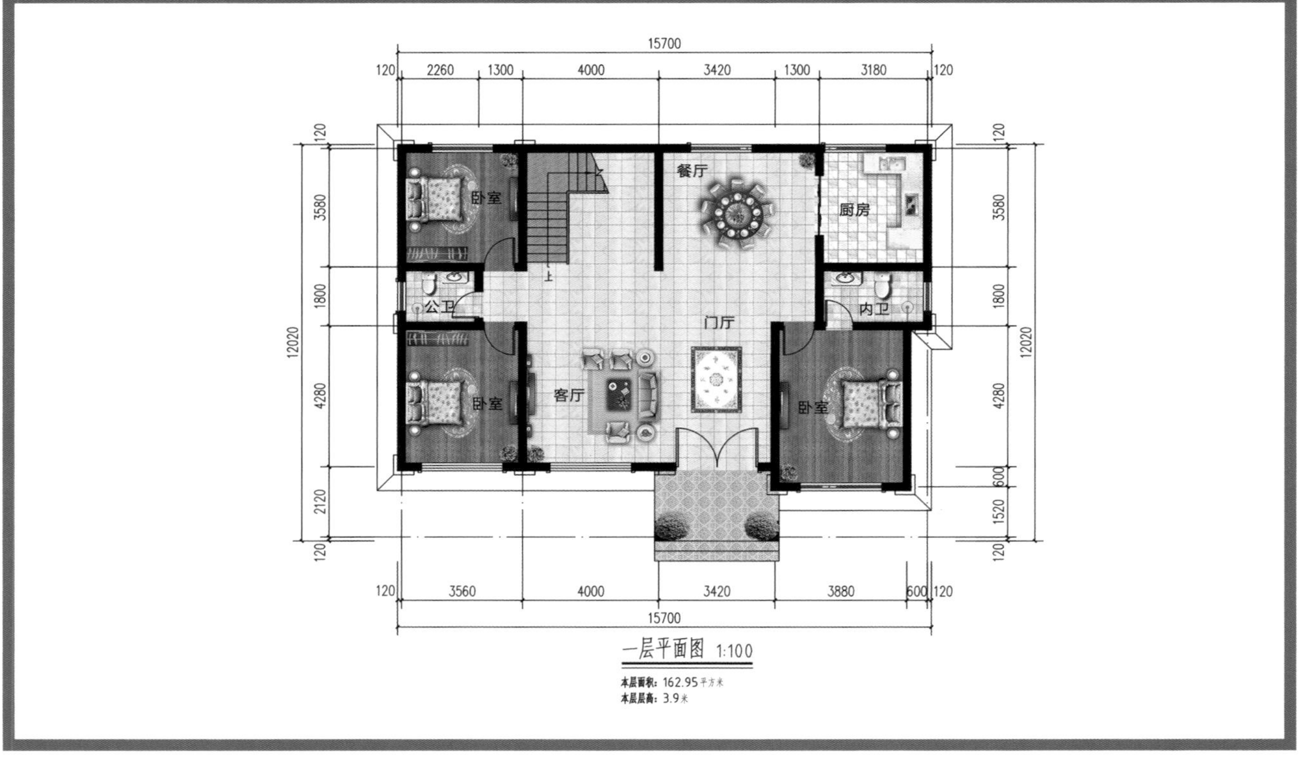

15700
120 2260 1300 4000 3420 1300 3180 120
120 3580 1800 4280 2120 120
12020
120 3580 1800 4280 600 1520 120
卧室
餐厅
厨房
上
公卫
门厅
内卫
卧室
客厅
卧室
120 3560 4000 3420 3880 600 120
15700
一层平面图 1:100
本层面积：162.95平方米
本层层高：3.9米

三层别墅设计 JF20531

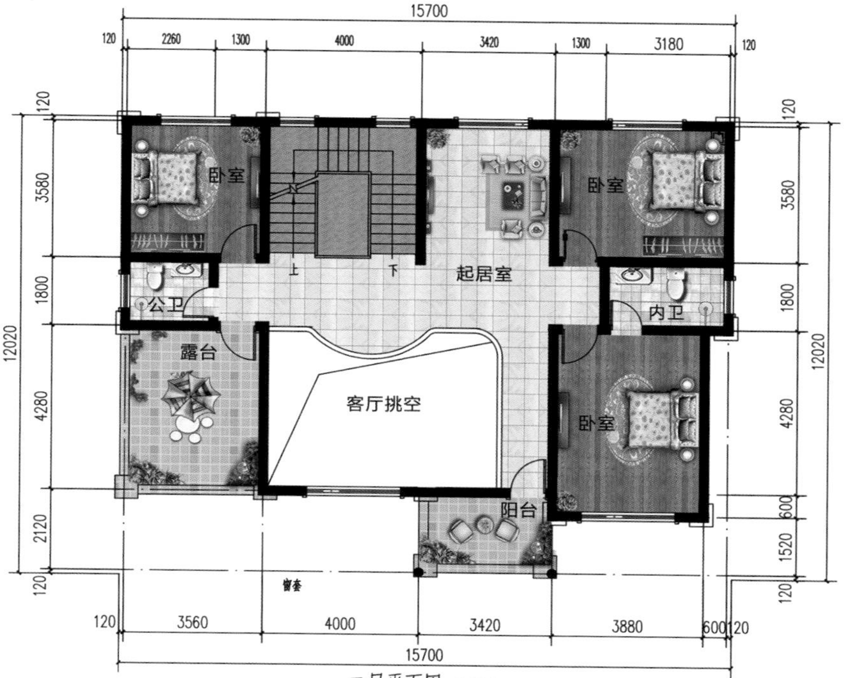

二层平面图 1:100

本层面积：162.95 平方米
本层层高：3.6 米

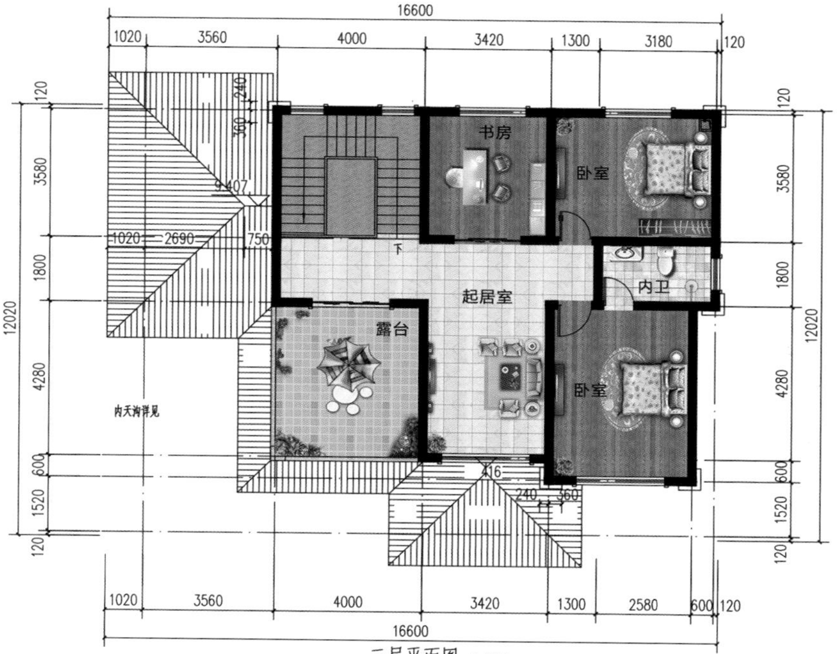

三层平面图 1:100

本层面积：102.98 平方米
本层层高：3.6 米

图纸属性

【编　号】
JF20531
【层　数】
3 层
【开　间】
15.7 米
【进　深】
12.02 米
【占地面积】
162.95 平方米
【建筑面积】
428.8 平方米

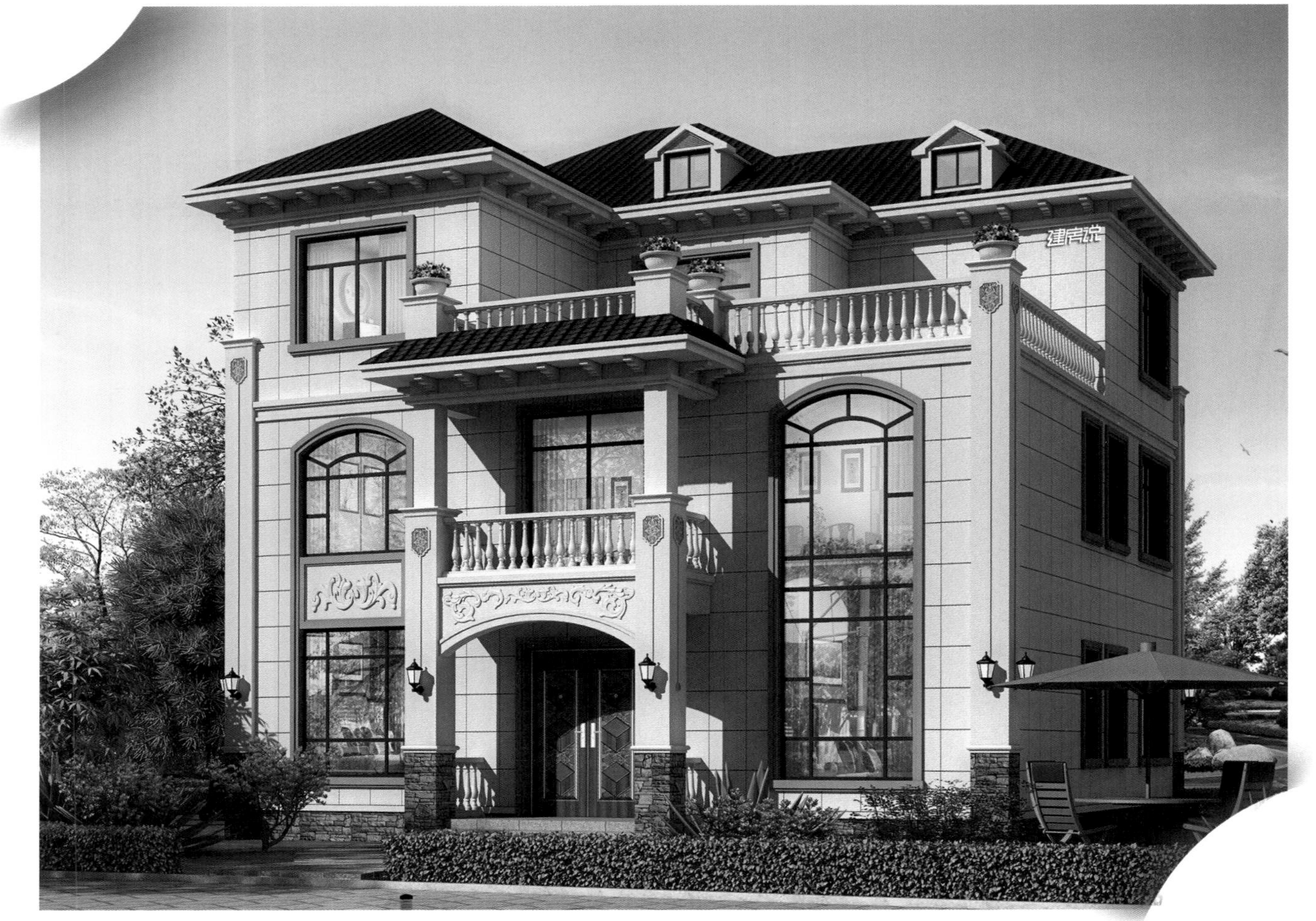

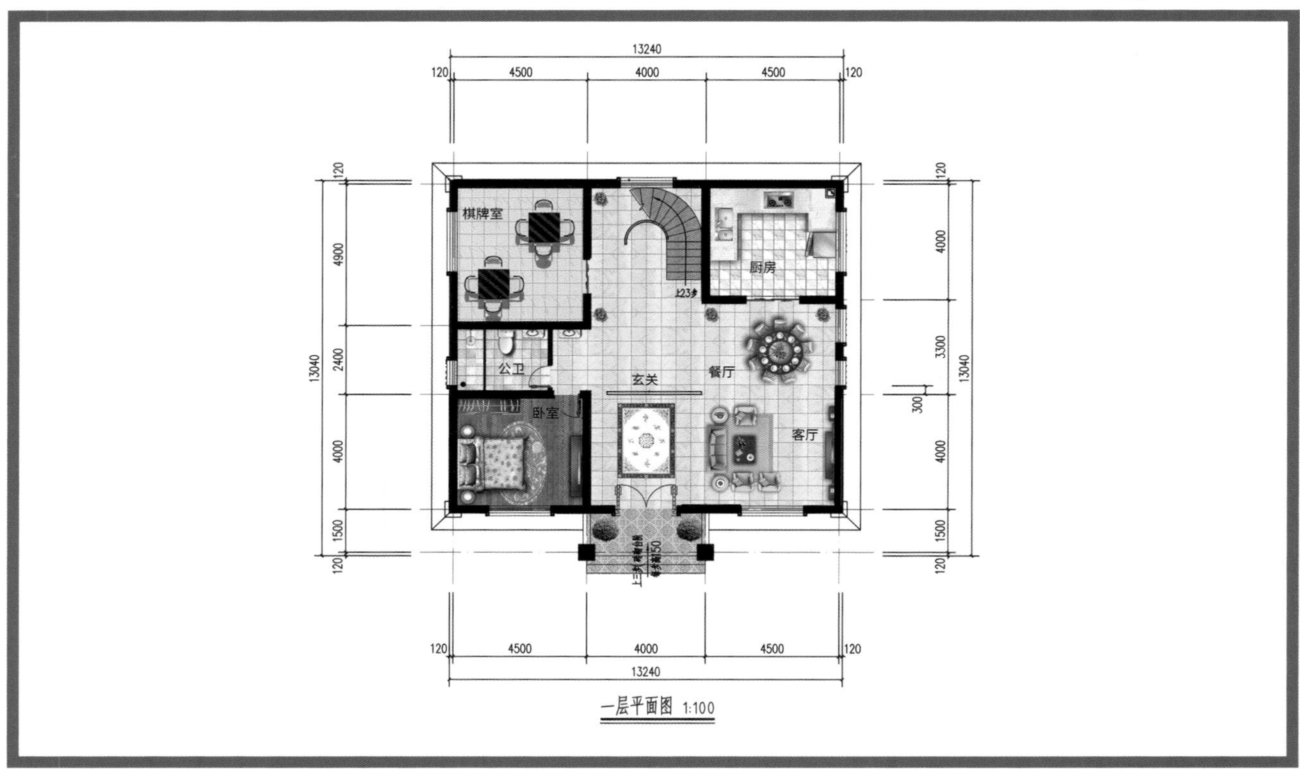
13240
120
4500
4000
4500
120
棋牌室
厨房
公卫
玄关
餐厅
卧室
客厅
4900
2400
4000
1500
13040
4000
3300
300
上23步

一层平面图 1:100

建房说 精英乡居生活规划师 jianfangshuo.com

三层别墅设计 JF20572

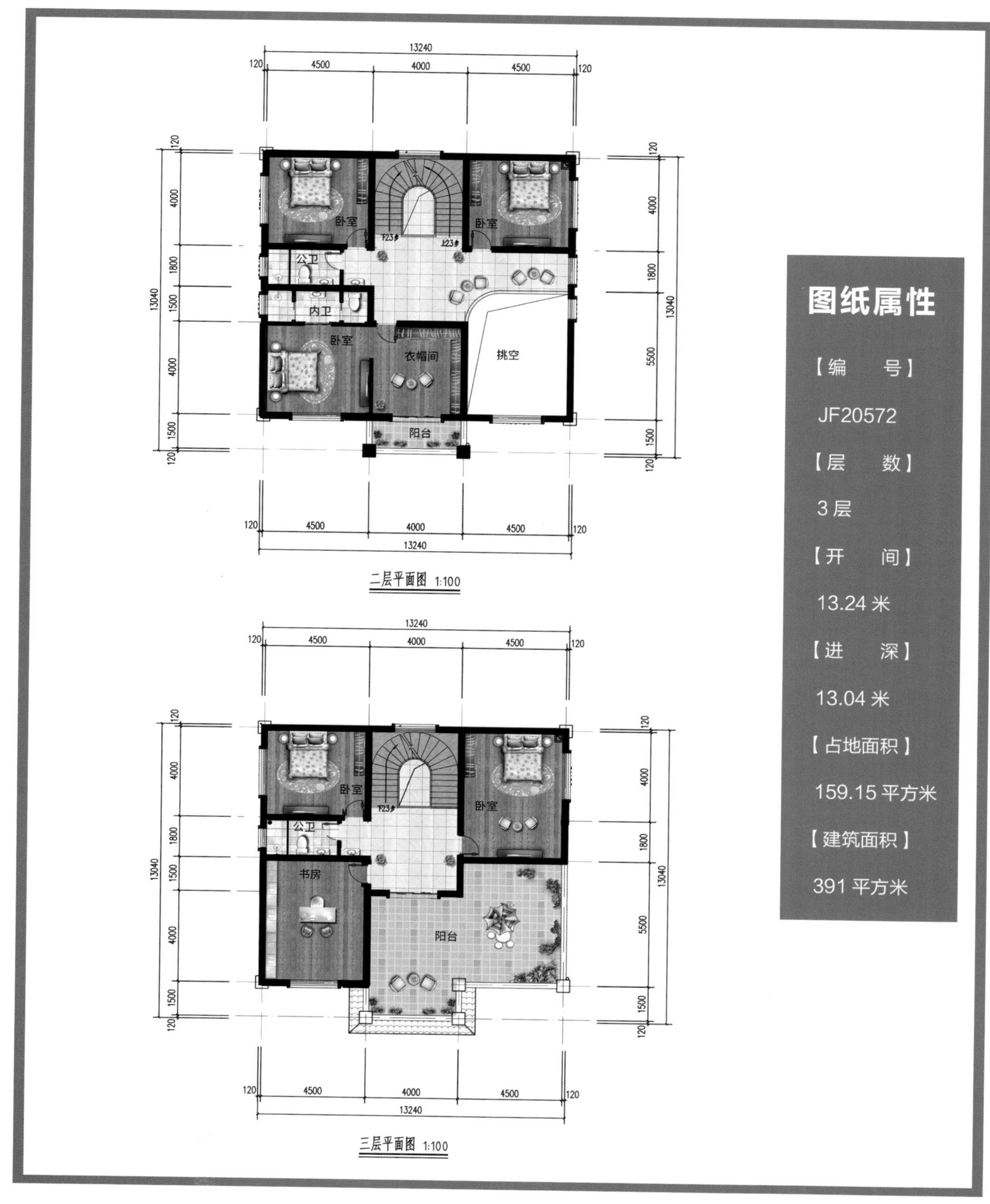

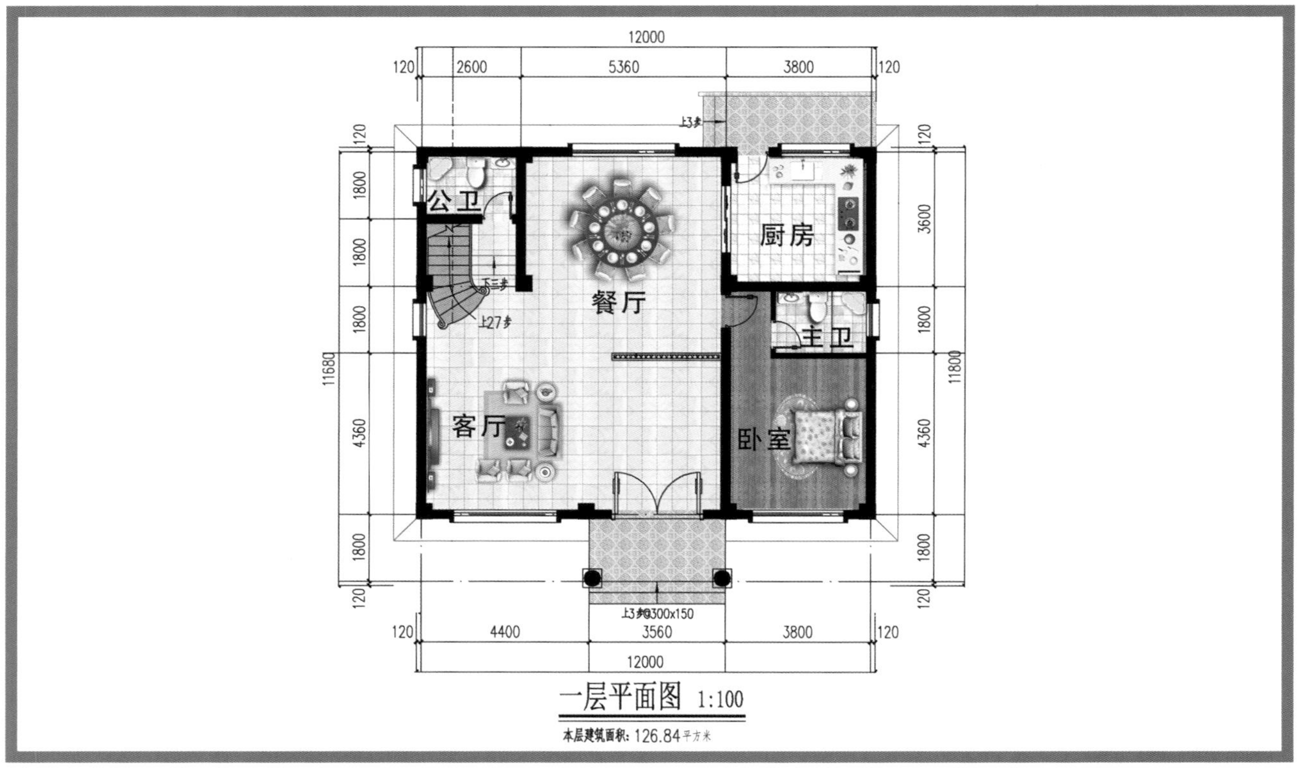

一层平面图 1:100

本层建筑面积：126.84平方米

建房说
精英乡居生活规划师
jianfangshuo.com

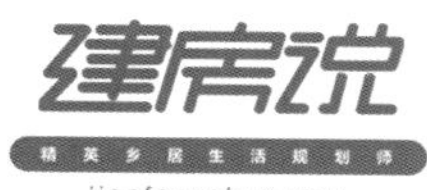

三层别墅设计 JF20576

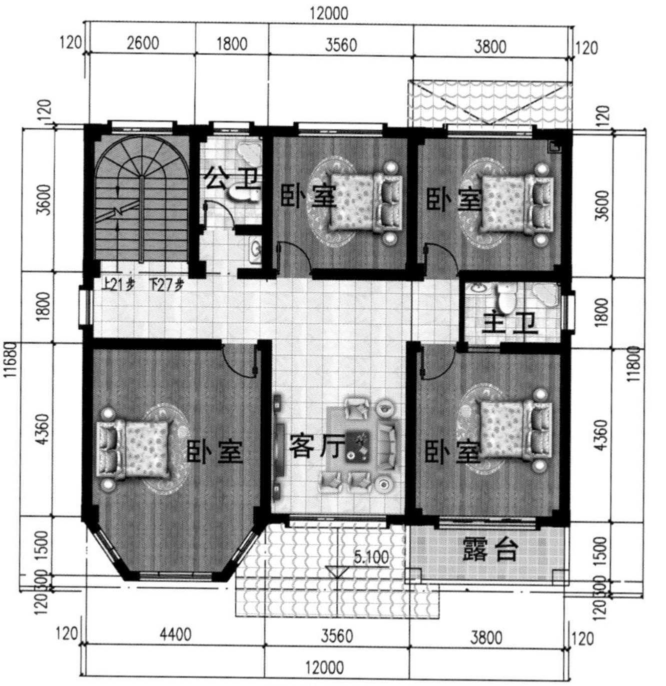

二层平面图 1:100

本层建筑面积: 131.35平方米

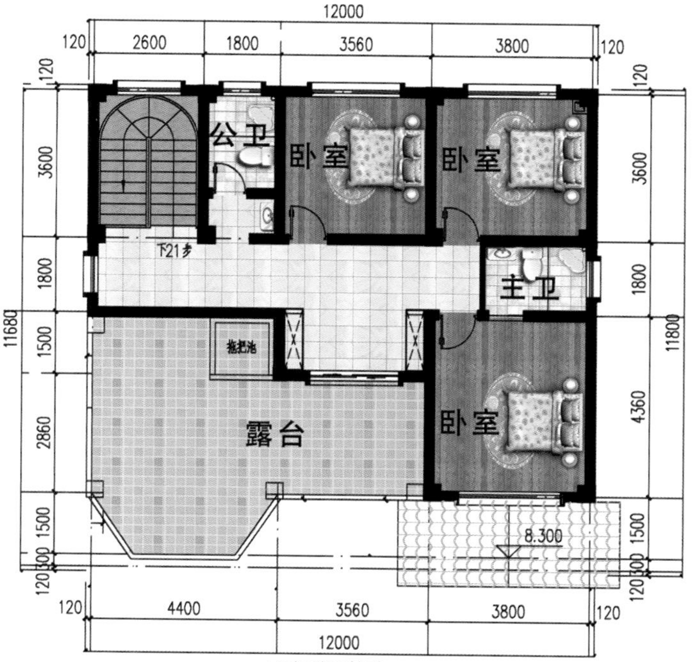

三层平面图 1:100

本层建筑面积: 90.63平方米

图纸属性

【编 号】

JF20576

【层 数】

3层

【开 间】

12米

【进 深】

11.8米

【占地面积】

126.84平方米

【建筑面积】

348.82平方米

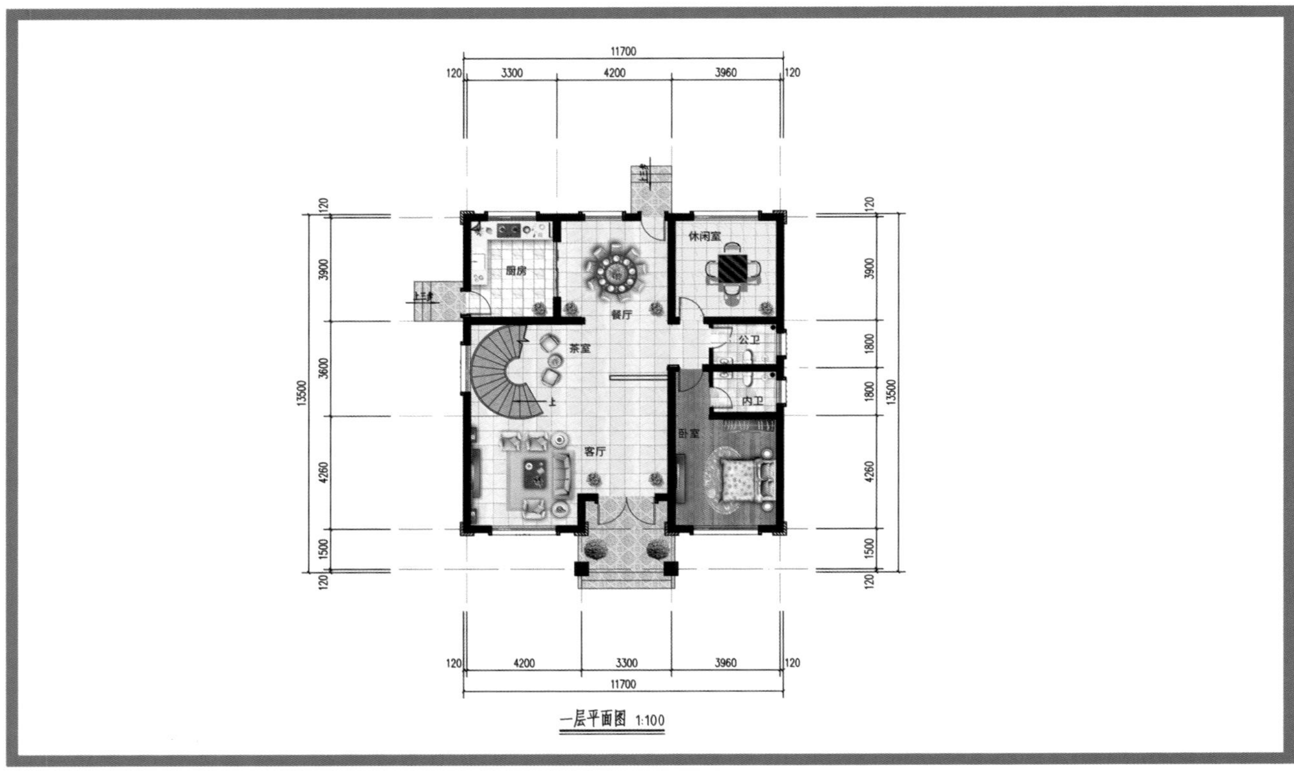
11700
120 3300 4200 3960 120
厨房
餐厅
休闲室
茶室
公卫
内卫
上
卧室
客厅
120 3900 3600 4260 1500 120
13500
120 3900 1800 1800 4260 1500 120
13500
120 4200 3300 3960 120
11700

一层平面图 1:100

建房说 精英乡居生活规划师 jianfangshuo.com

三层别墅设计 JF20593

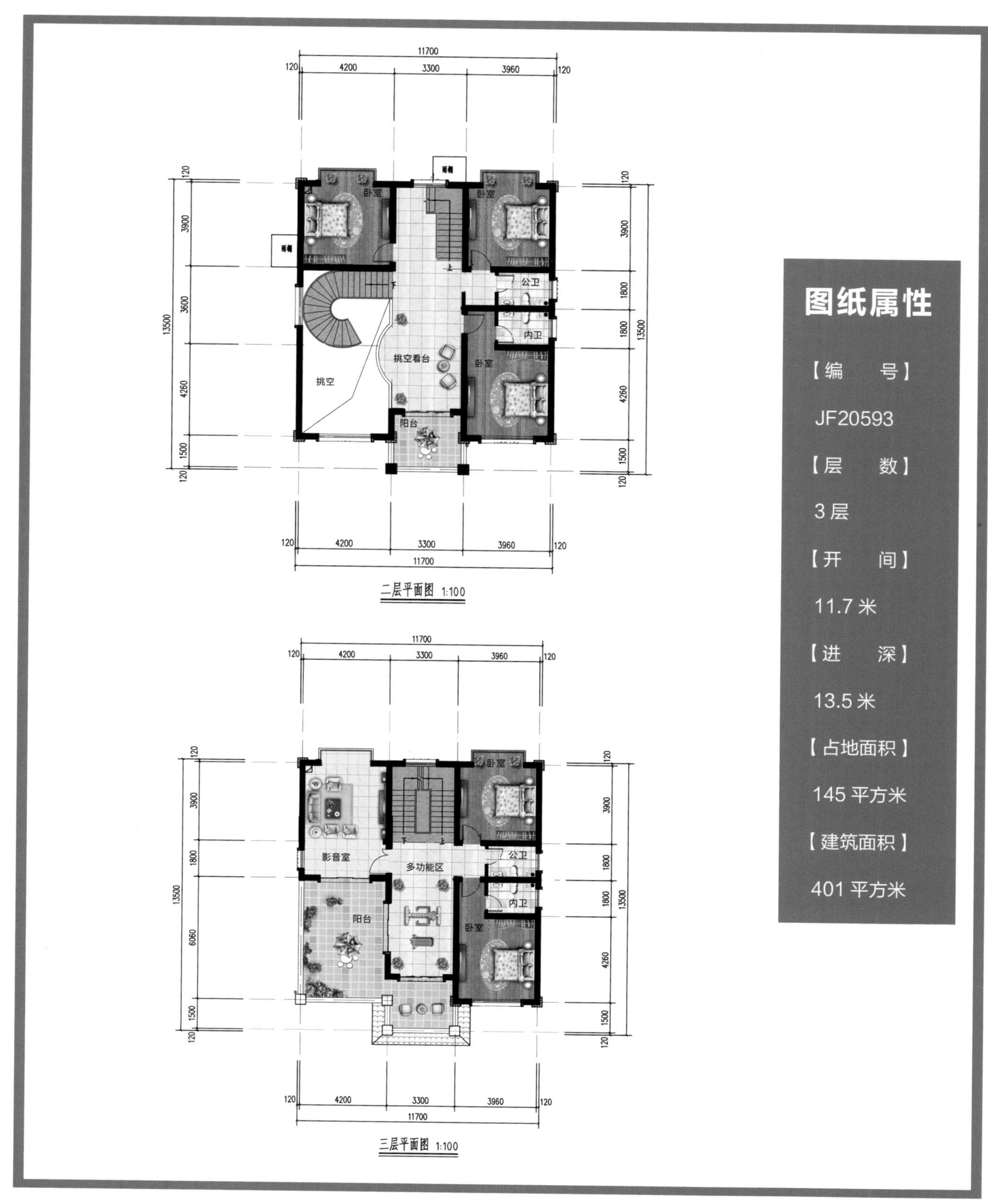

图纸属性

【编　号】
JF20593
【层　数】
3 层
【开　间】
11.7 米
【进　深】
13.5 米
【占地面积】
145 平方米
【建筑面积】
401 平方米

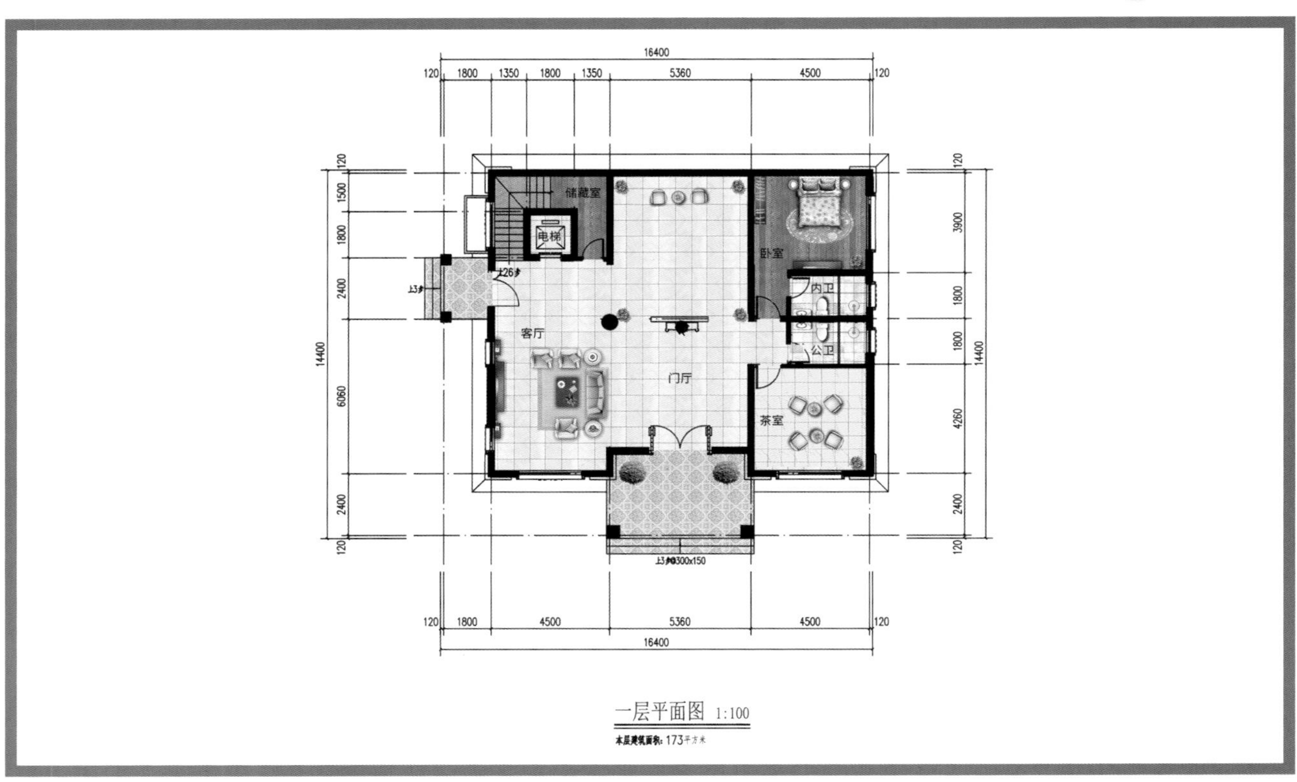

一层平面图 1:100

本层建筑面积: 173平方米

建房说 精英乡居生活规划师 jianfangshuo.com

三层别墅设计 JF20605

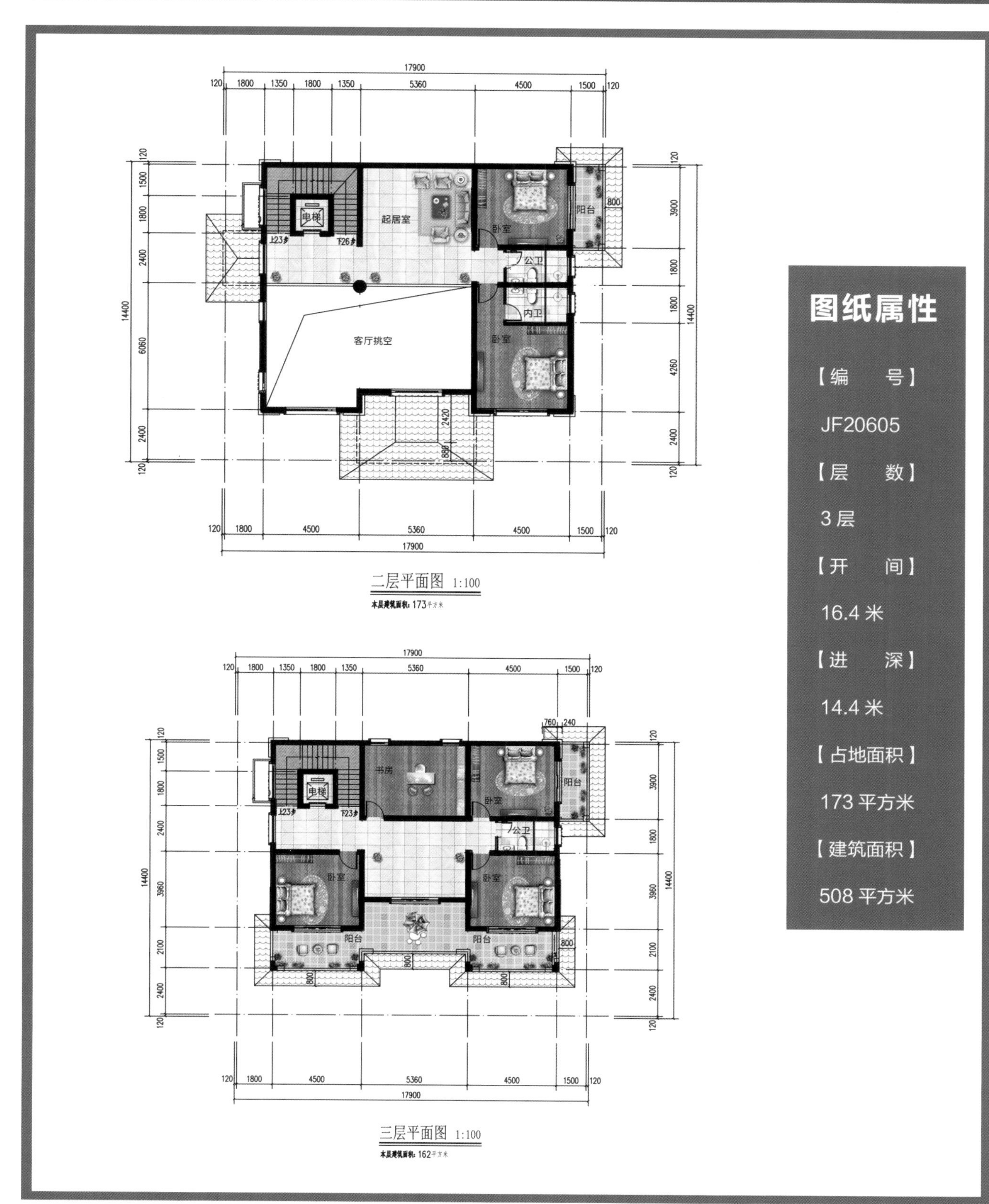

二层平面图 1:100

本层建筑面积：173平方米

三层平面图 1:100

本层建筑面积：162平方米

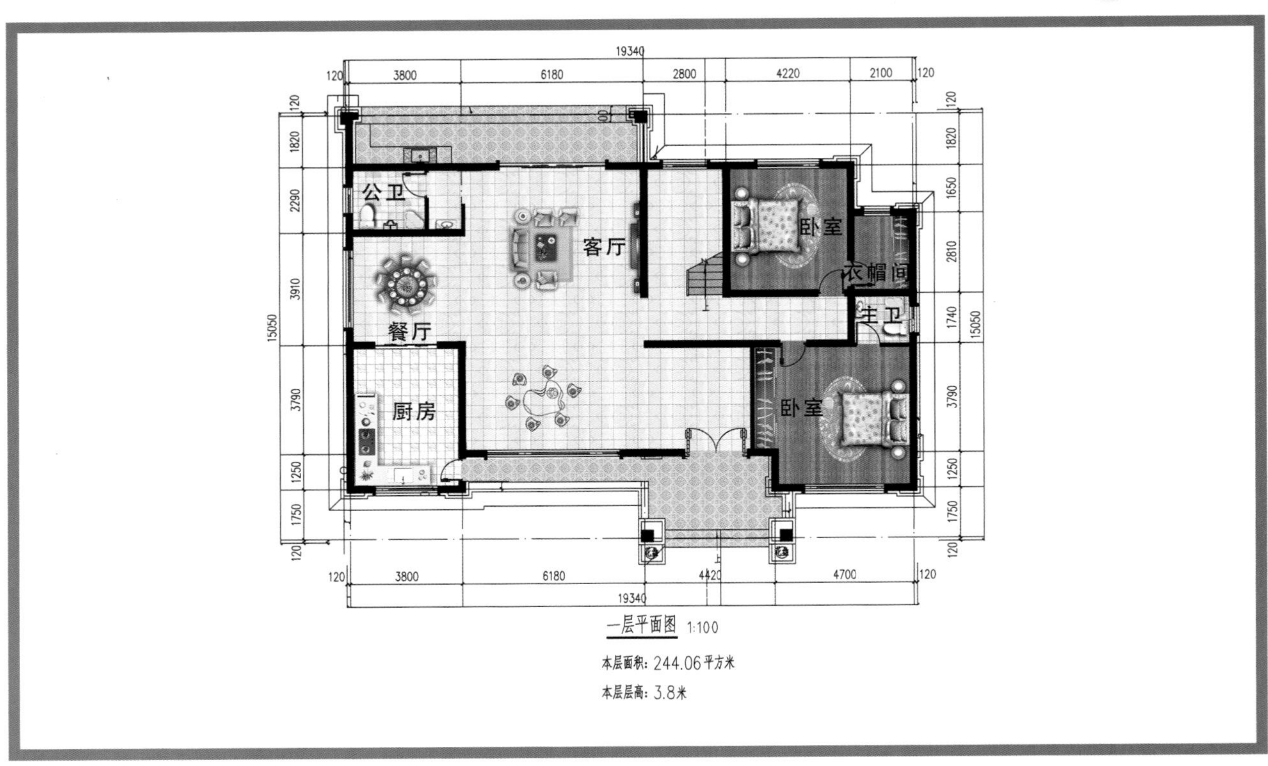

一层平面图 1:100

本层面积：244.06平方米

本层层高：3.8米

建房说
精英乡居生活规划师
jianfangshuo.com

三层别墅设计 JF20619

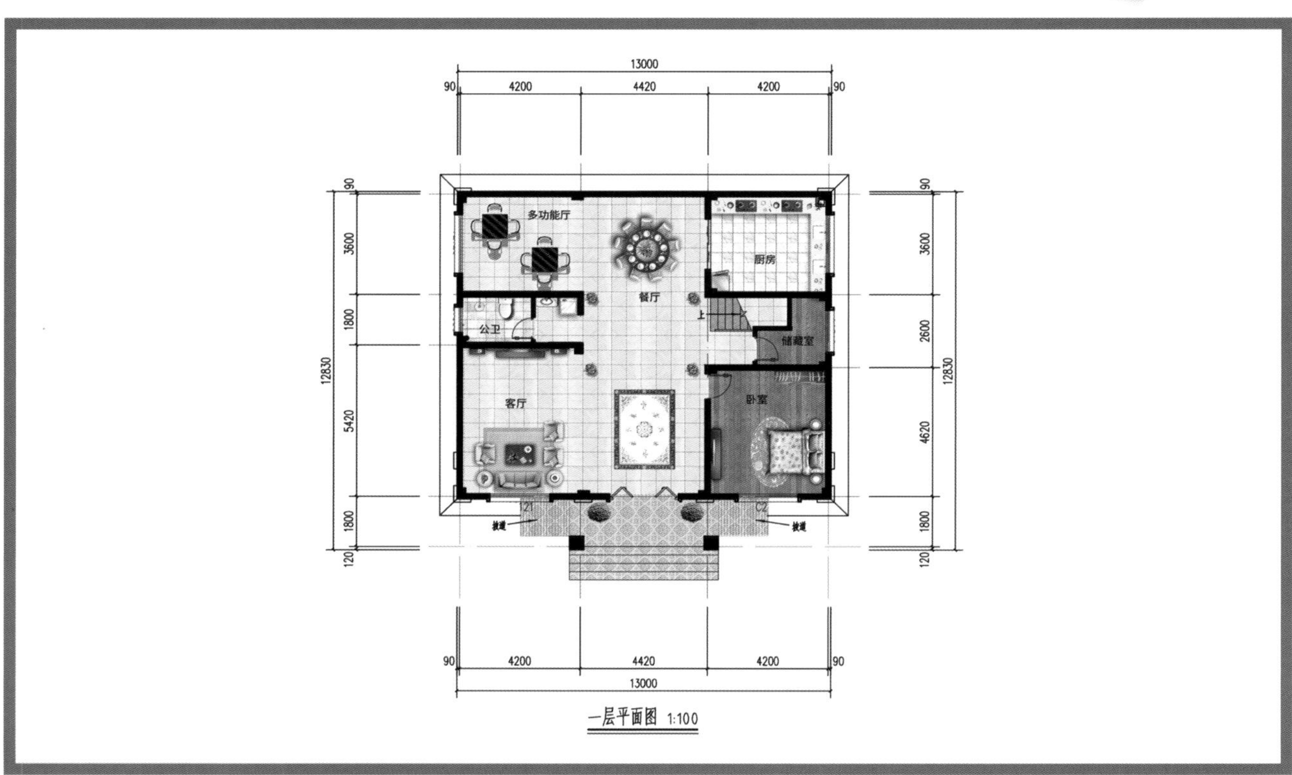
13000
90
4200
4420
4200
90
多功能厅
餐厅
厨房
公卫
上
储藏室
客厅
卧室
坡道
C1
C2
3600
1800
5420
1800
120
12830
2600
4620

一层平面图 1:100

建房说
精英乡居生活规划师
jianfangshuo.com

三层别墅设计 JF20628

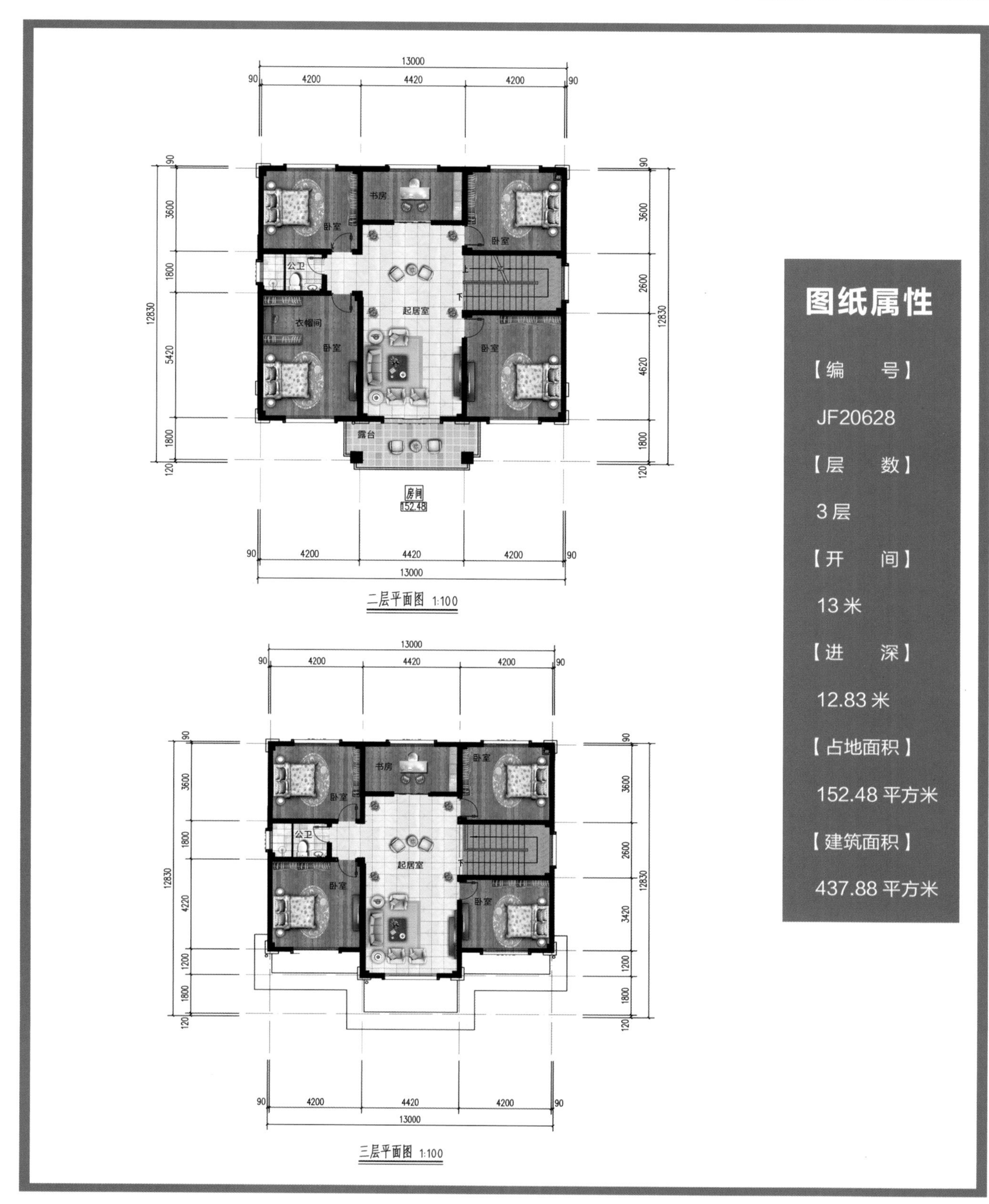

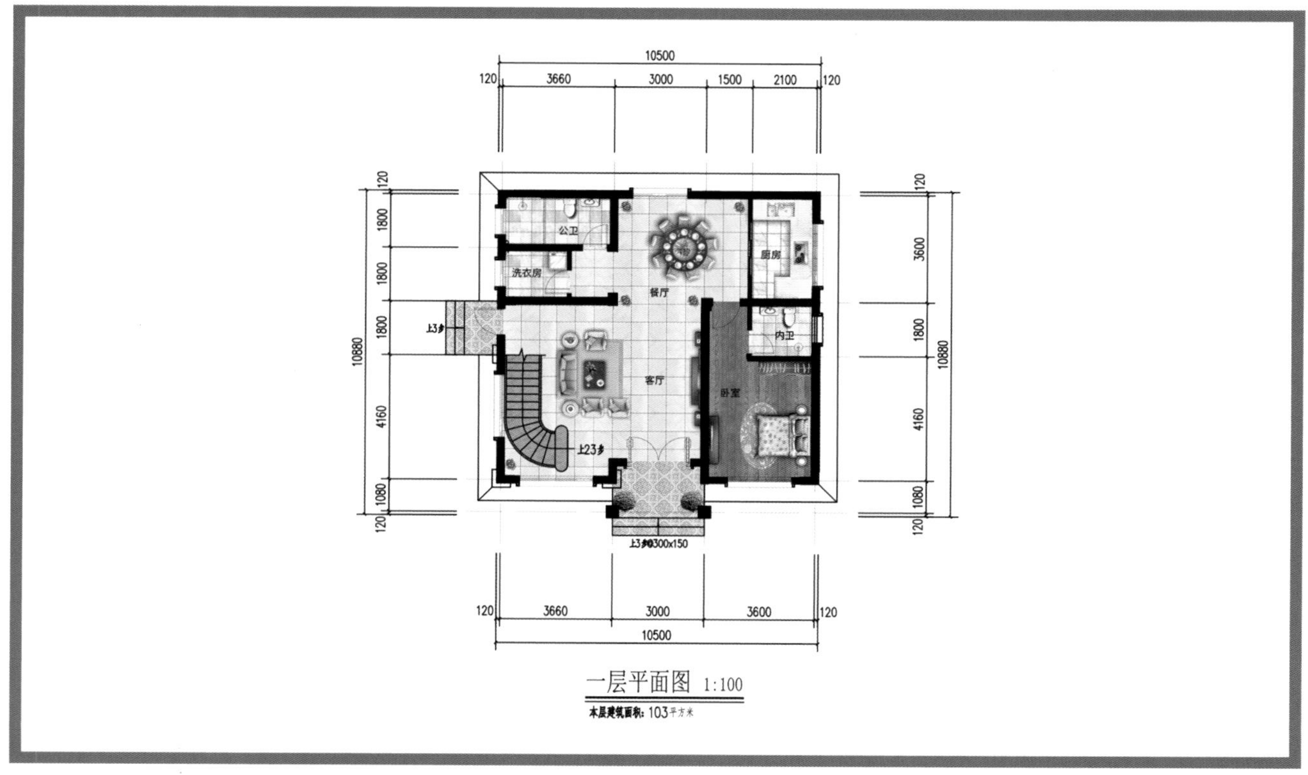

一层平面图 1:100

本层建筑面积：103平方米

建房说
精美乡居生活规划师
jianfangshuo.com

三层别墅设计 JF20629

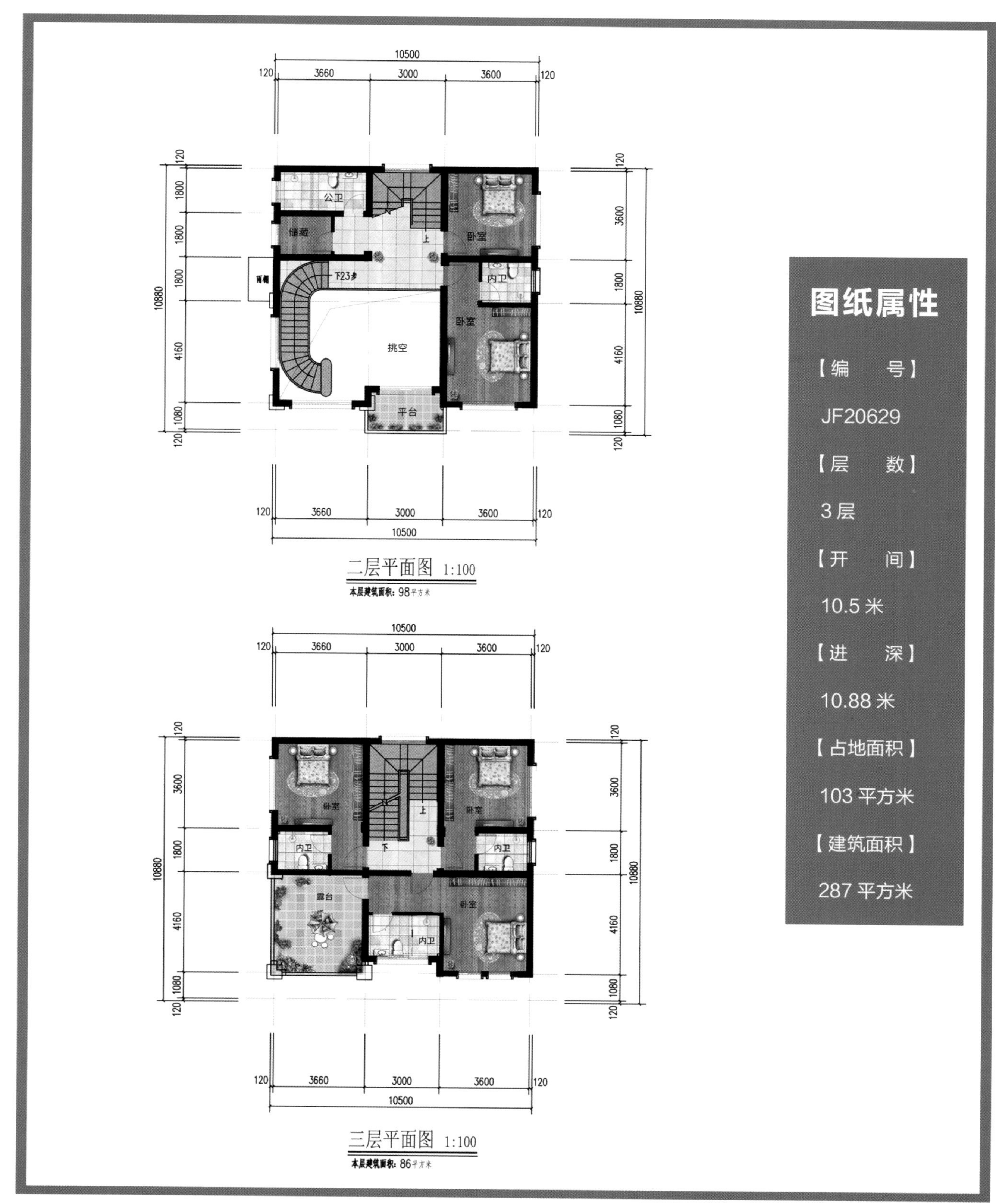

二层平面图 1:100

本层建筑面积：98平方米

三层平面图 1:100

本层建筑面积：86平方米

图纸属性

【编　号】

JF20629

【层　数】

3层

【开　间】

10.5米

【进　深】

10.88米

【占地面积】

103平方米

【建筑面积】

287平方米

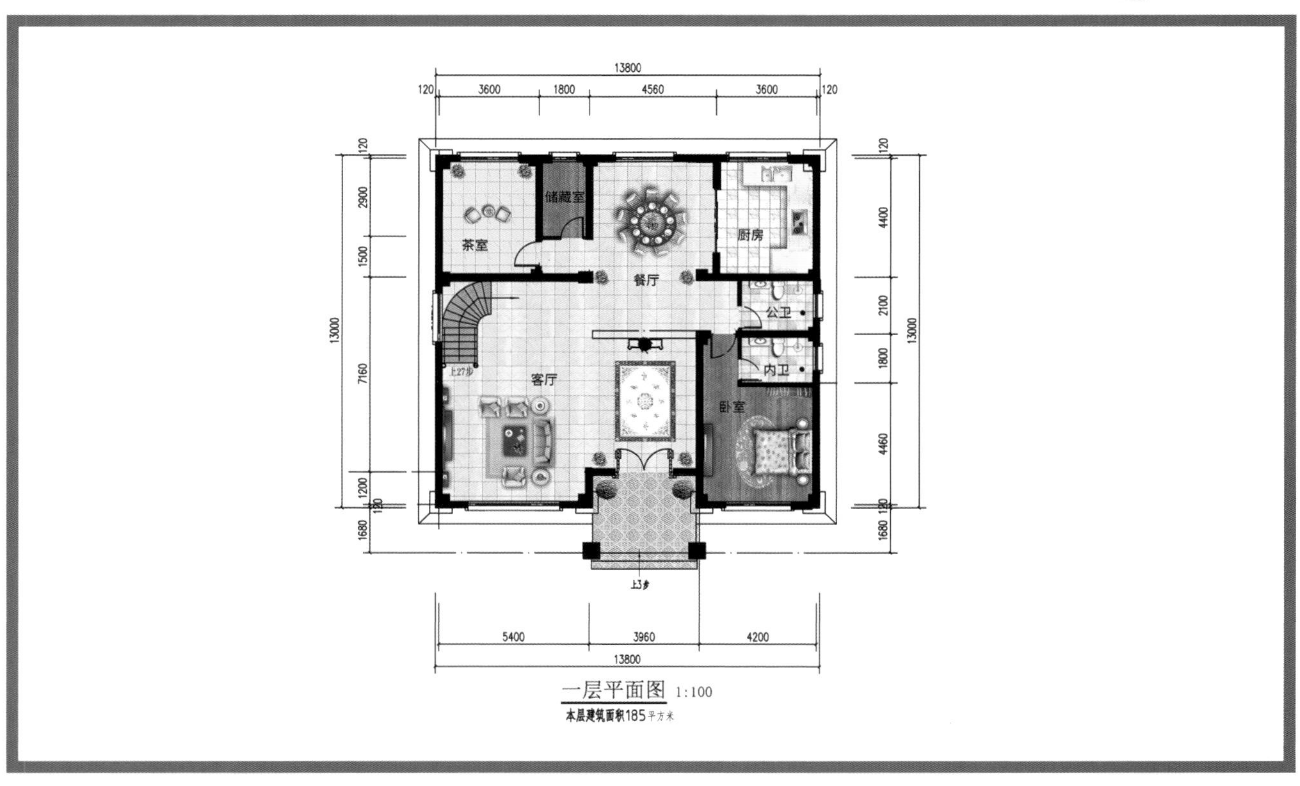

一层平面图 1:100

本层建筑面积185平方米

三层别墅设计 JF20680

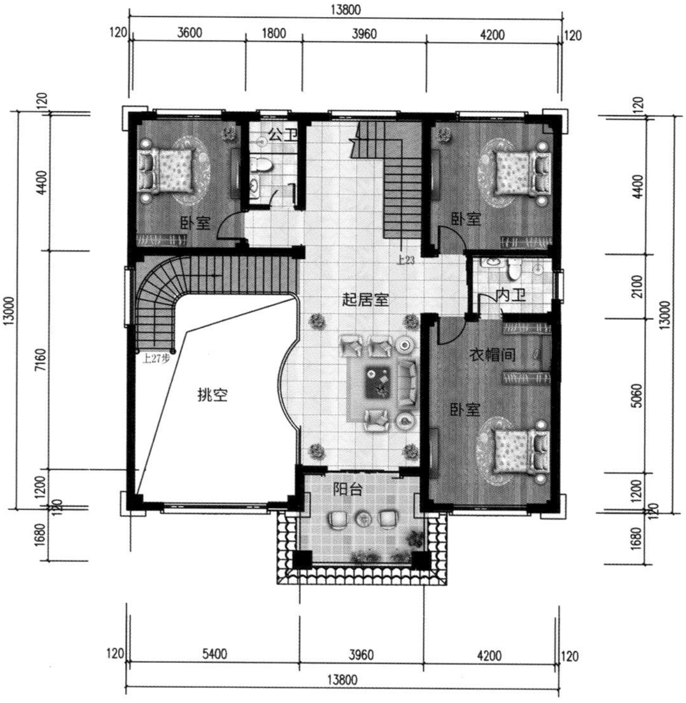

二层平面图 1:100

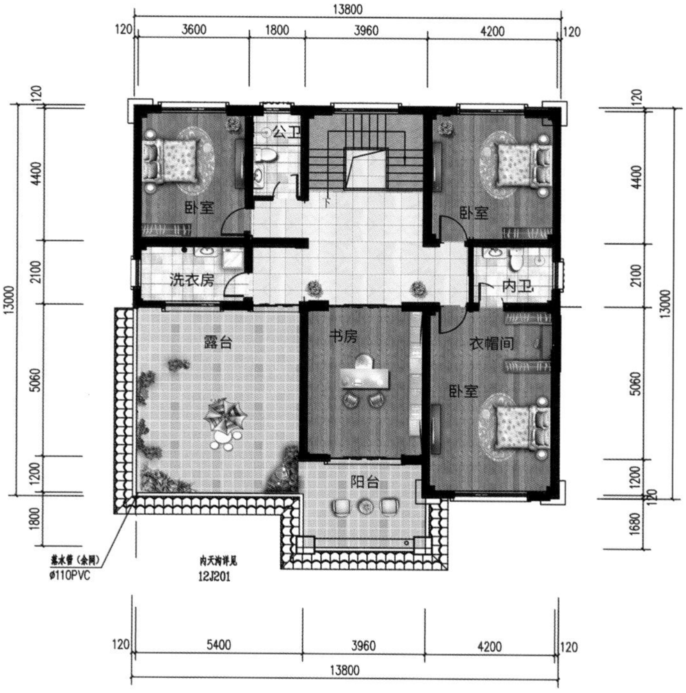

三层平面图 1:100

本层建筑面积150平方米

图纸属性

【编　号】

JF20680

【层　数】

3层

【开　间】

13.8米

【进　深】

13米

【占地面积】

185平方米

【建筑面积】

520平方米

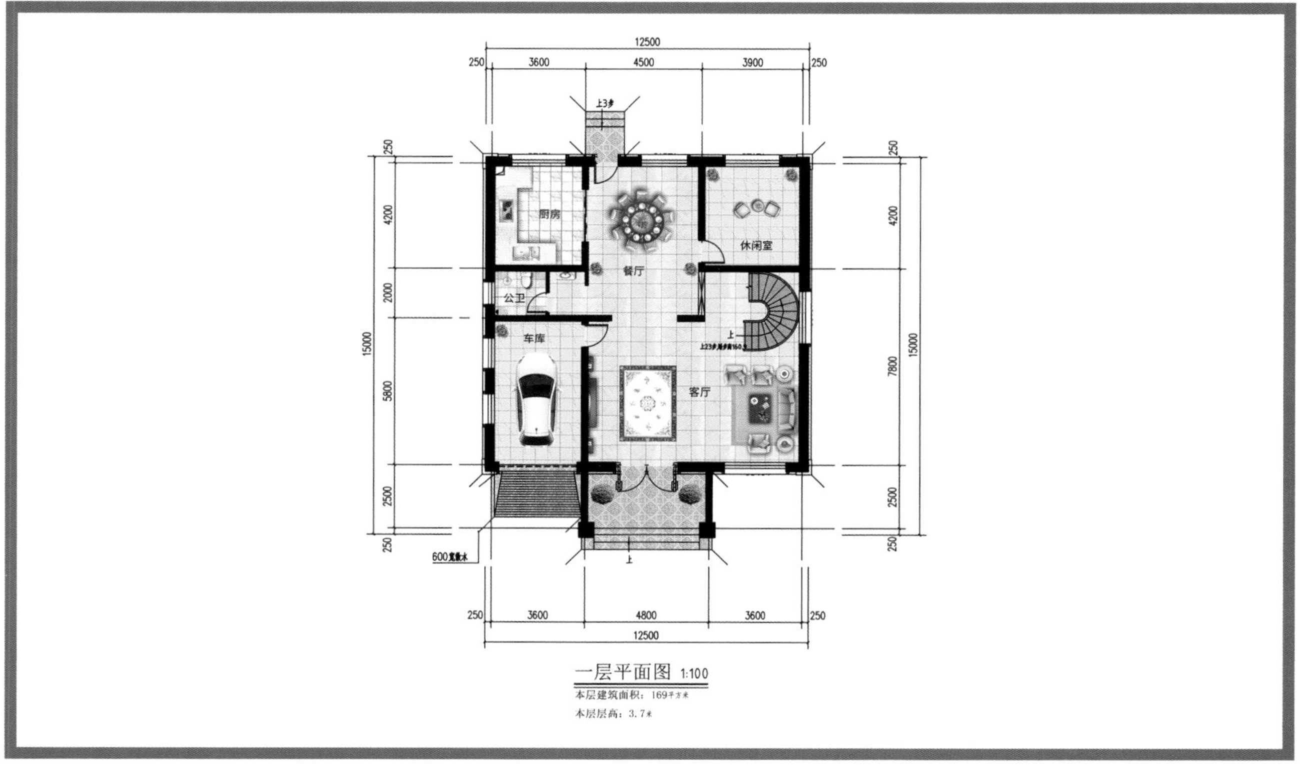

一层平面图 1:100

本层建筑面积：169平方米

本层层高：3.7米

建房说
精英乡居生活规划师
jianfangshuo.com

三层别墅设计 JF20686

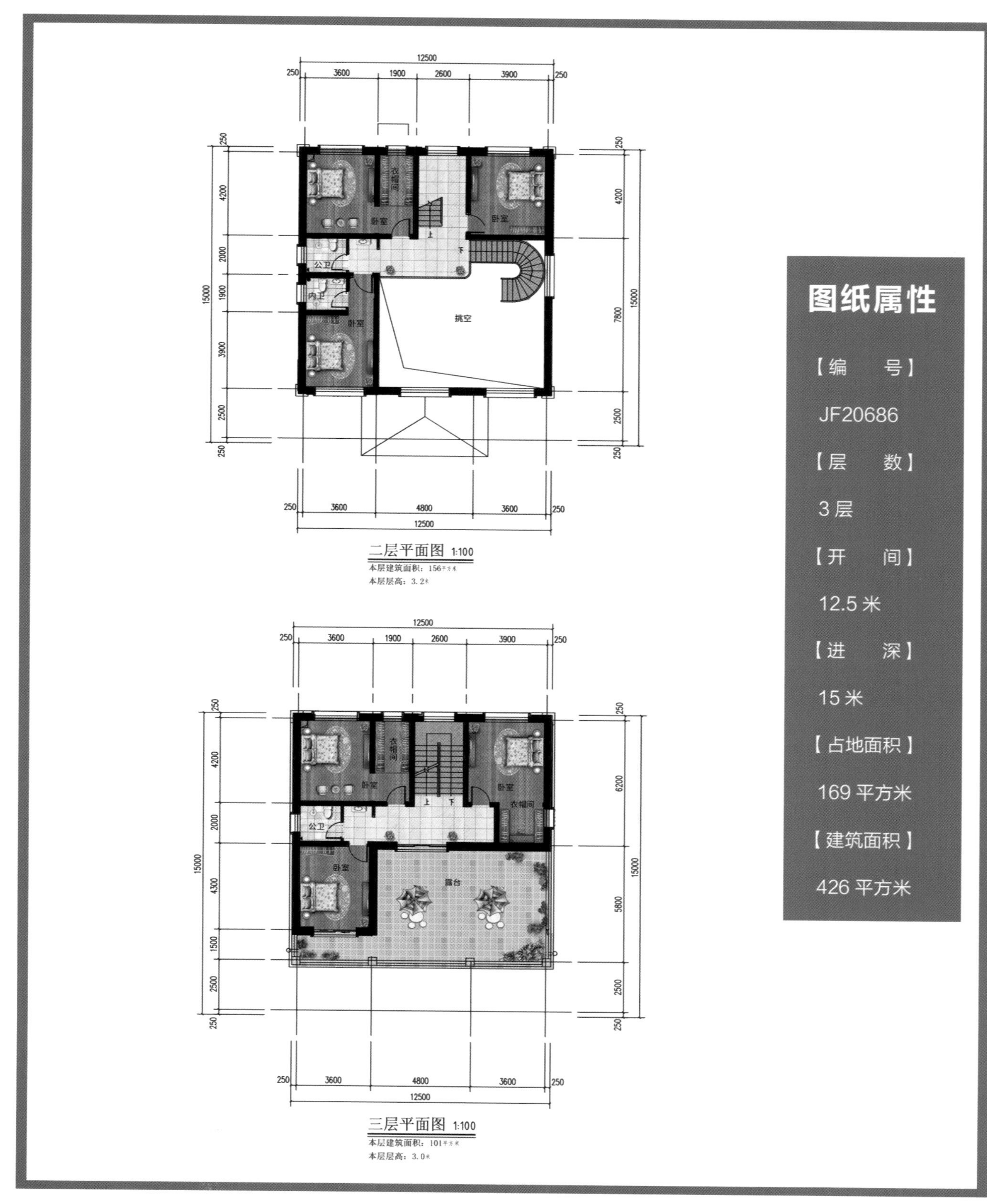

建房说

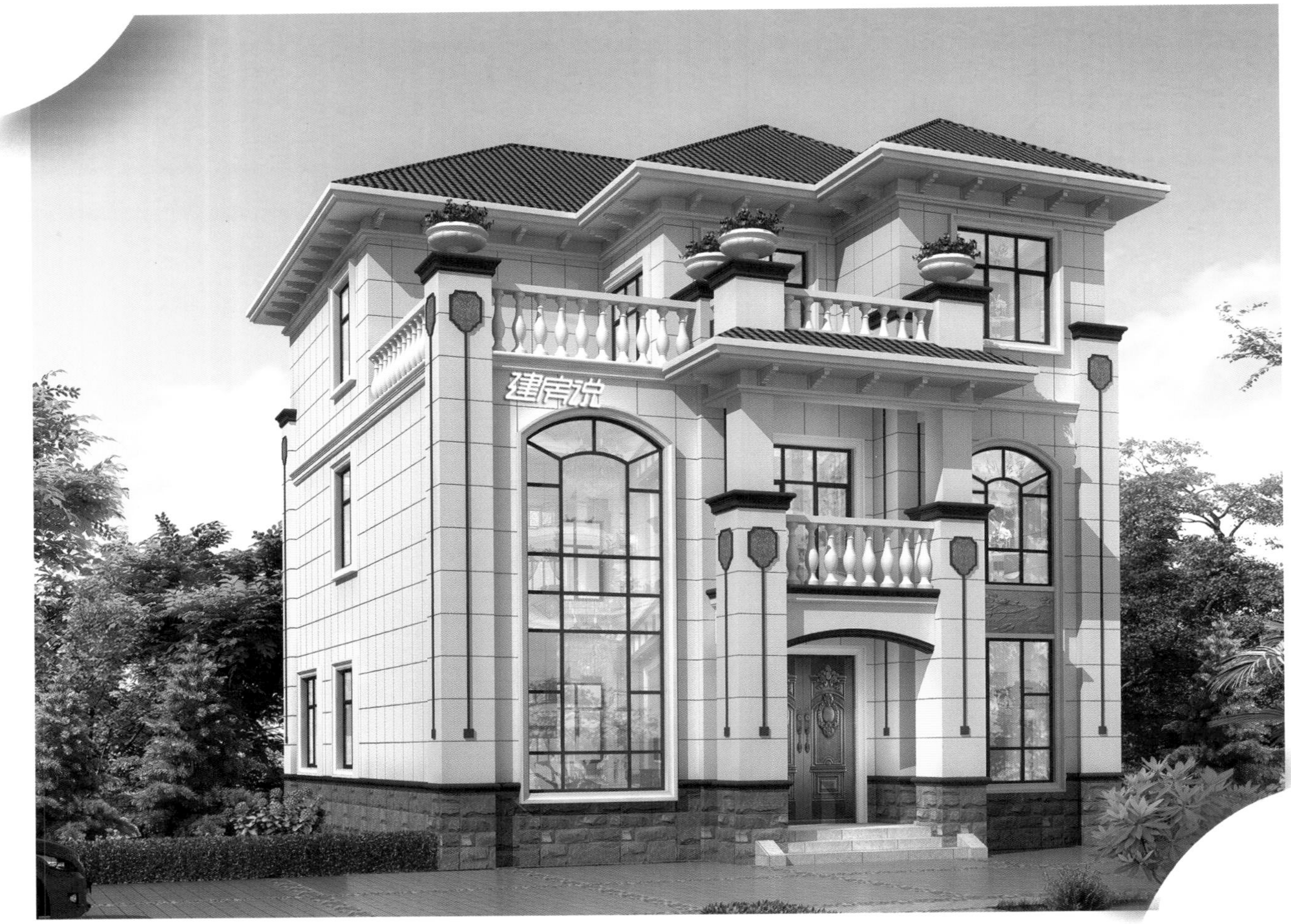

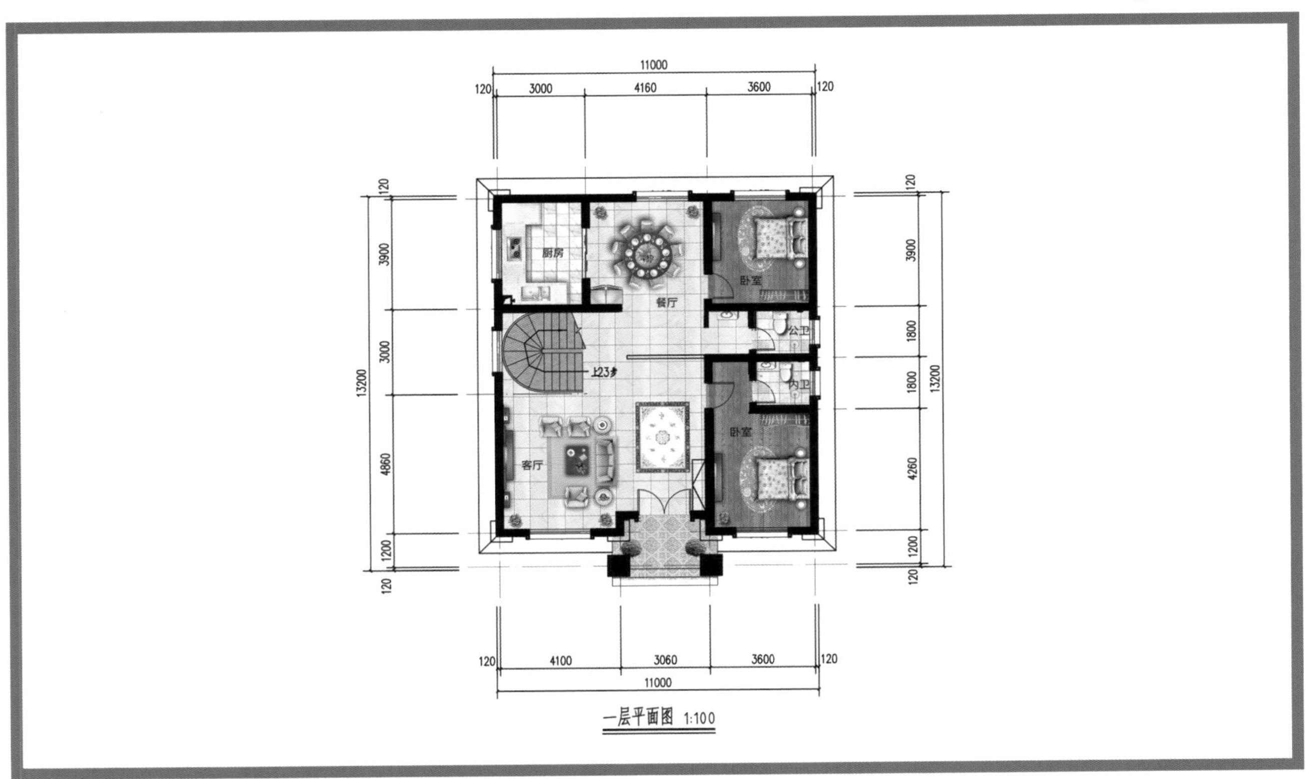

11000
120
3000
4160
3600
120
厨房
餐厅
卧室
公卫
内卫
客厅
卧室
3900
3000
4860
1200
13200
3900
1800
1800
4260
1200
13200
120
4100
3060
3600
120
11000

一层平面图 1:100

三层别墅设计 JF20691

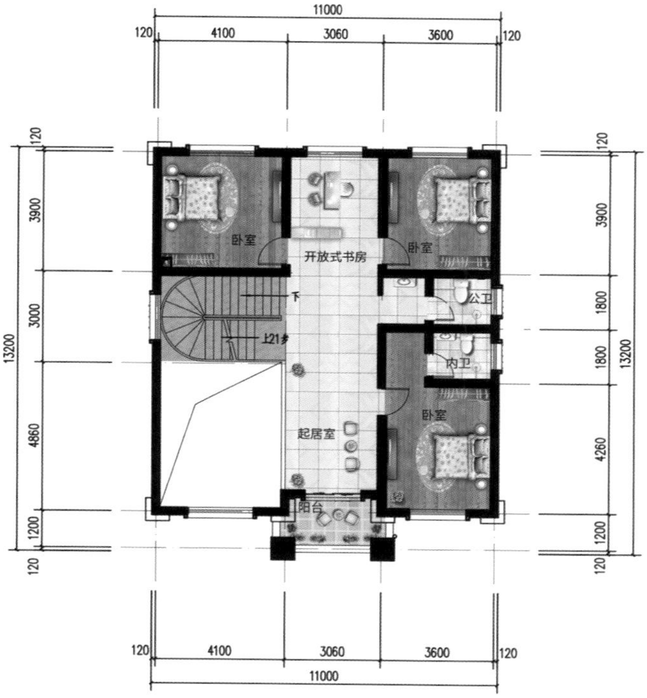

二层平面图 1:100

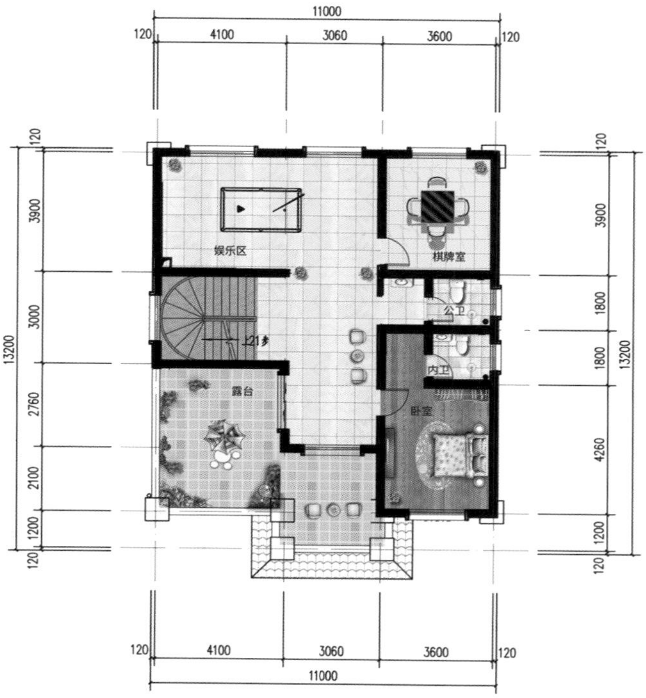

三层平面图 1:100

图纸属性

【编 号】

JF20691

【层 数】

3层

【开 间】

11米

【进 深】

13.2米

【占地面积】

136平方米

【建筑面积】

375平方米

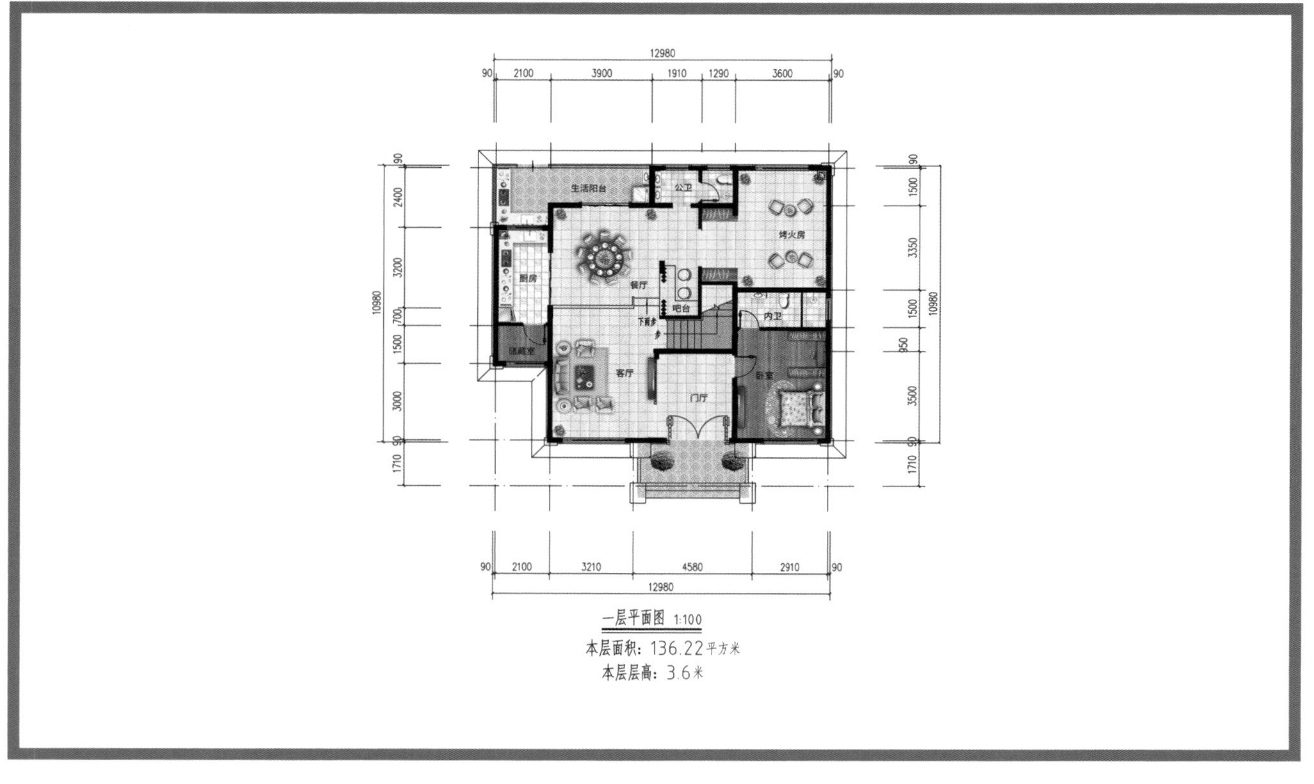

一层平面图 1:100

本层面积：136.22平方米

本层层高：3.6米

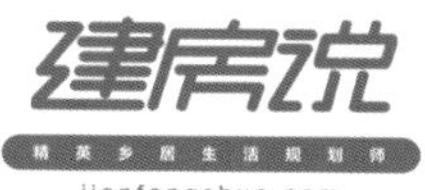

建房说 | 三层别墅设计 JF20702

精英乡居生活规划师
jianfangshuo.com

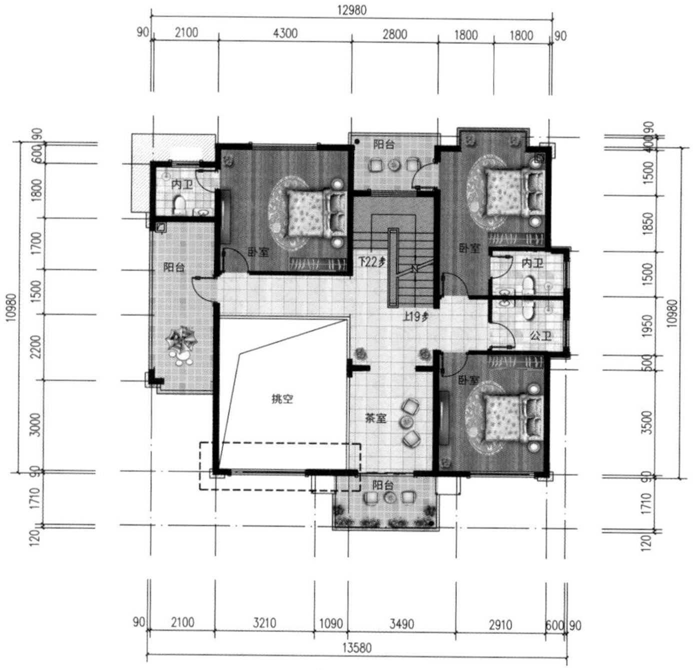

二层平面图 1:100
本层面积：138.85平方米
本层层高：3米

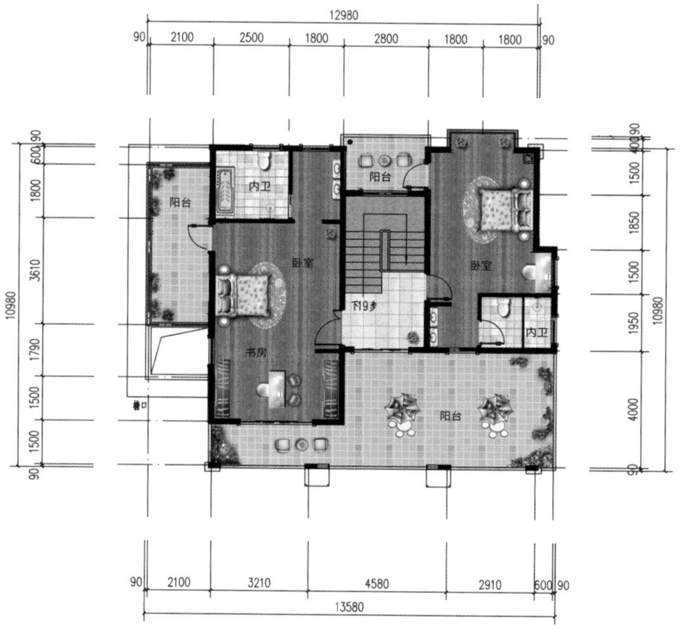

三层平面图 1:100
本层面积：125.15平方米
本层层高：3米

图纸属性

【编 号】
JF20702
【层 数】
3层
【开 间】
12.98米
【进 深】
10.98米
【占地面积】
136.22平方米
【建筑面积】
400.22平方米

建房说

高层别墅设计

High-rise Villa Design

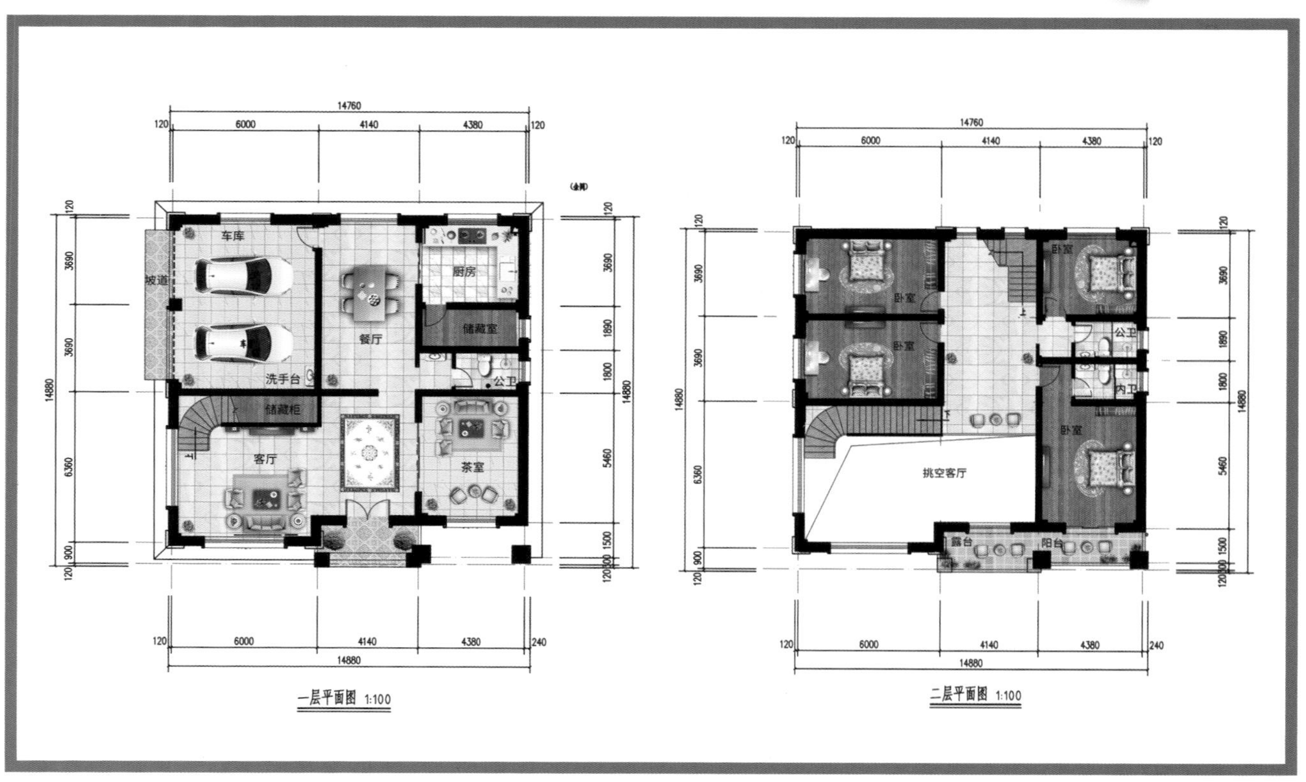

一层平面图 1:100

二层平面图 1:100

建房说 精英乡居生活规划师 jianfangshuo.com

高层别墅设计 JF20166

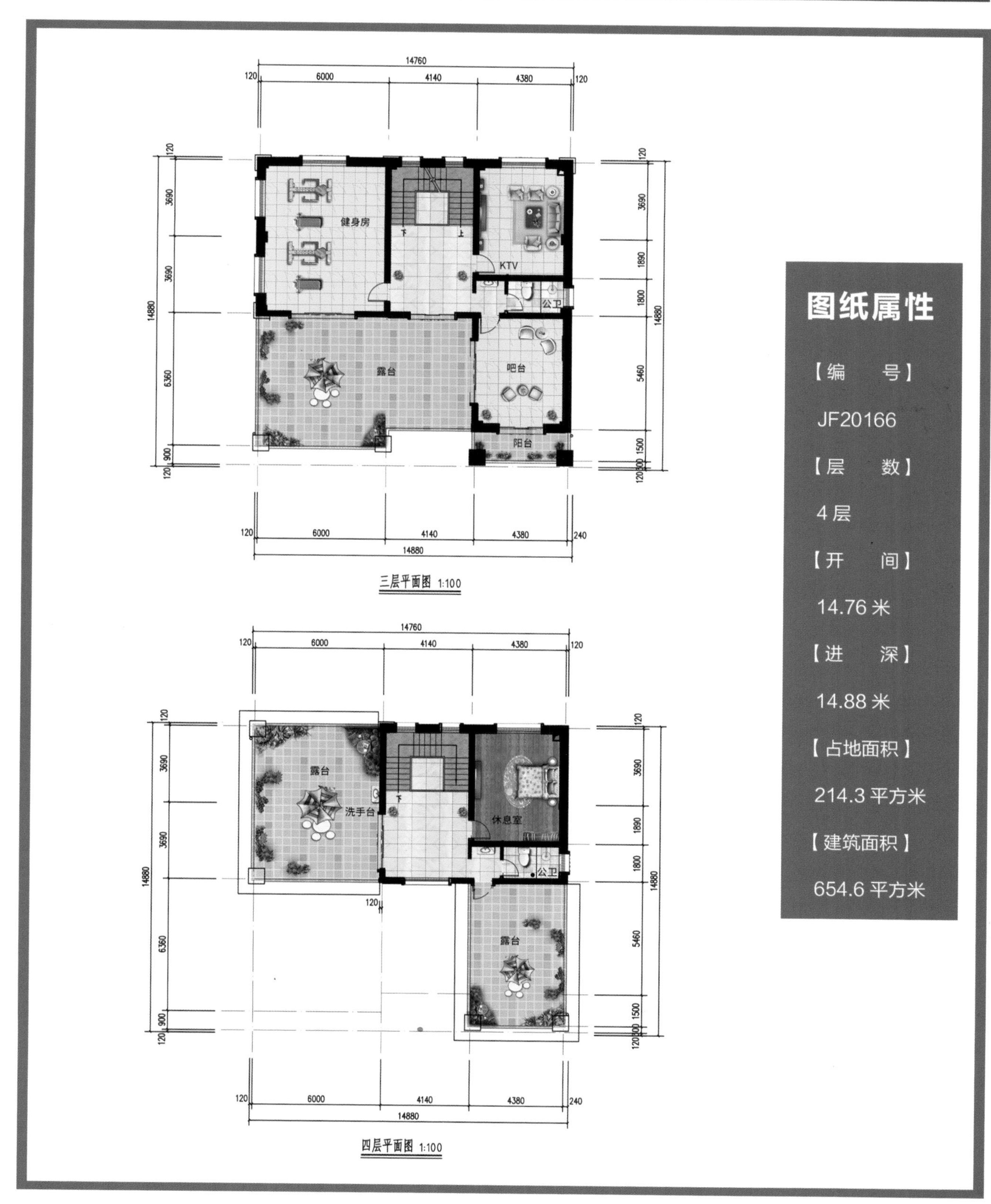

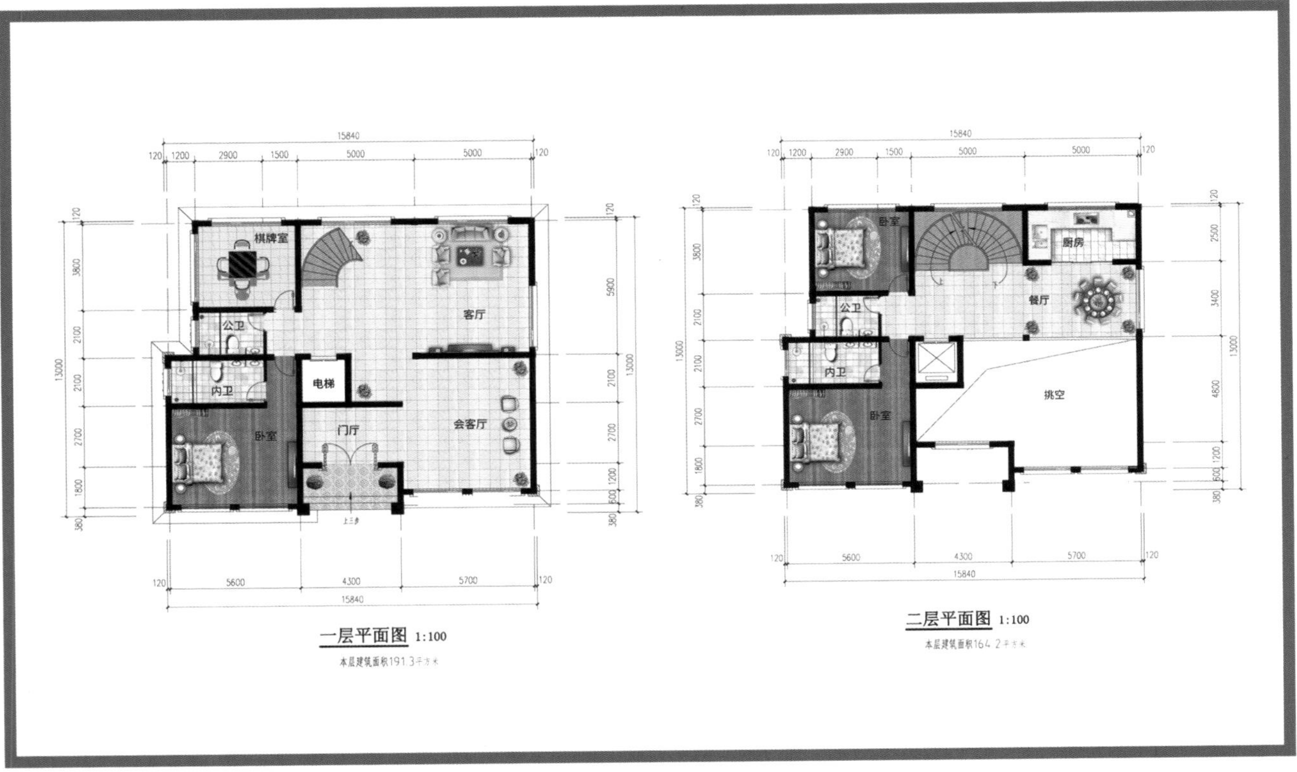

一层平面图 1:100

本层建筑面积191.3平方米

二层平面图 1:100

本层建筑面积164.2平方米

高层别墅设计 JF20265

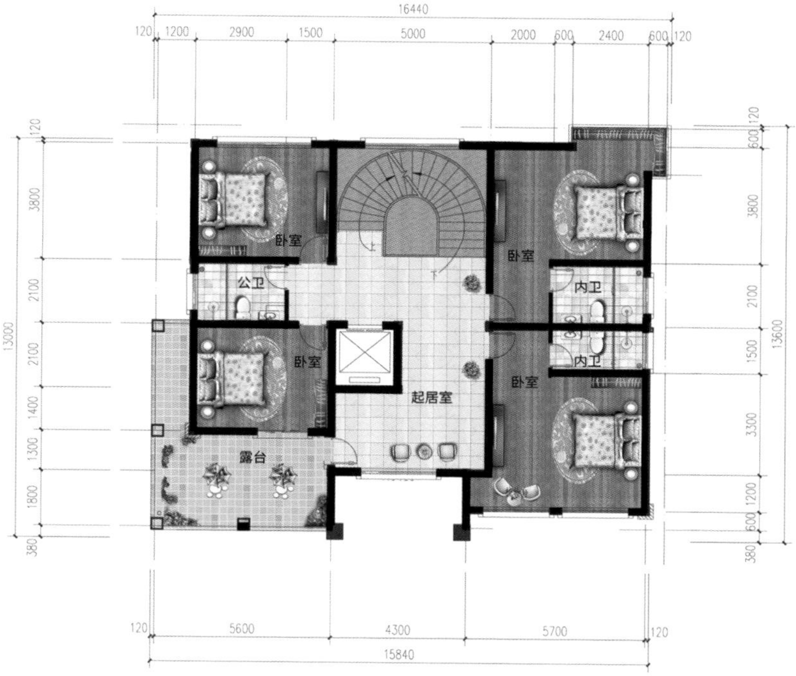

三层平面图 1:100

本层建筑面积183.99平方米

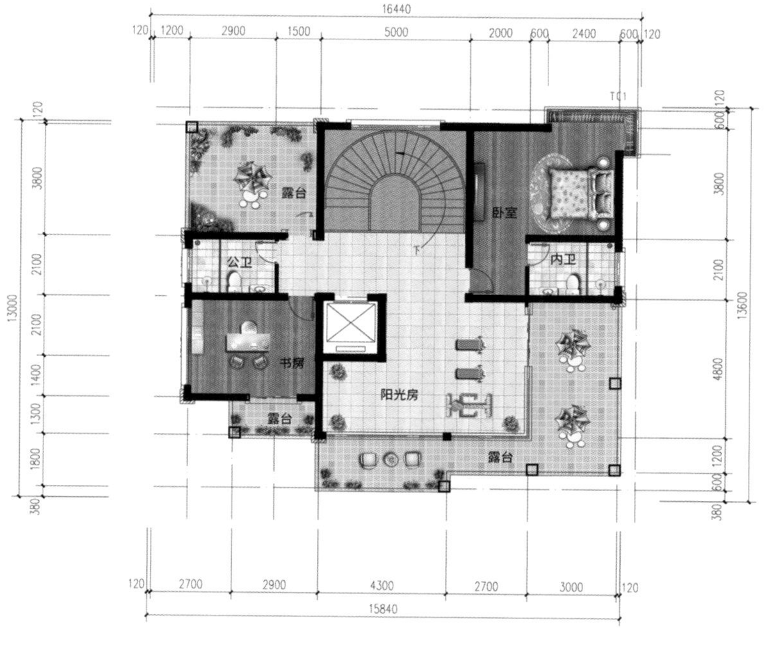

四层平面图 1:100

本层建筑面积125.95平方米

图纸属性

【编　号】

JF20265

【层　数】

4层

【开　间】

15.84米

【进　深】

13米

【占地面积】

191.3平方米

【建筑面积】

665.45平方米

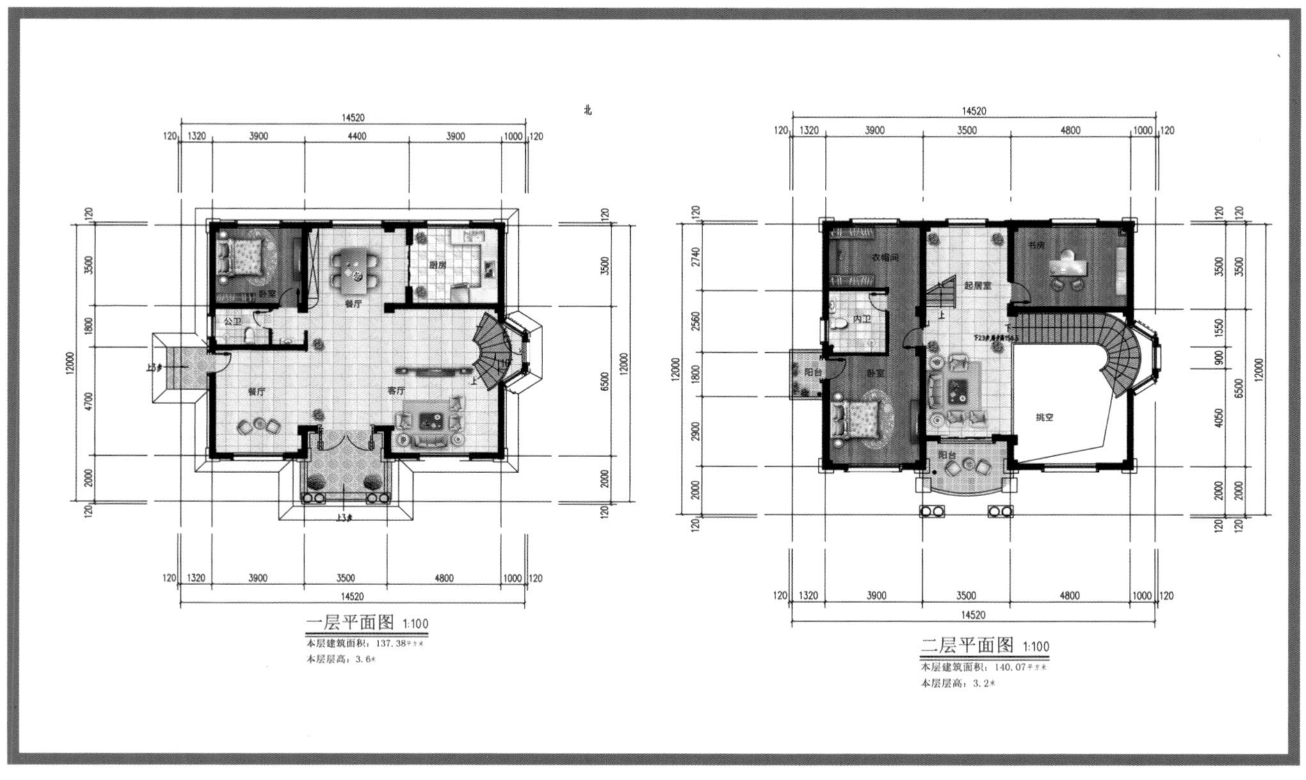
北
卧室
餐厅
厨房
公卫
客厅
衣帽间
起居室
书房
内卫
阳台
卧室
挑空
一层平面图 1:100
本层建筑面积：137.38平方米
本层层高：3.6米
二层平面图 1:100
本层建筑面积：140.07平方米
本层层高：3.2米

建房说
精英乡居生活规划师
jianfangshuo.com

高层别墅设计 JF20493

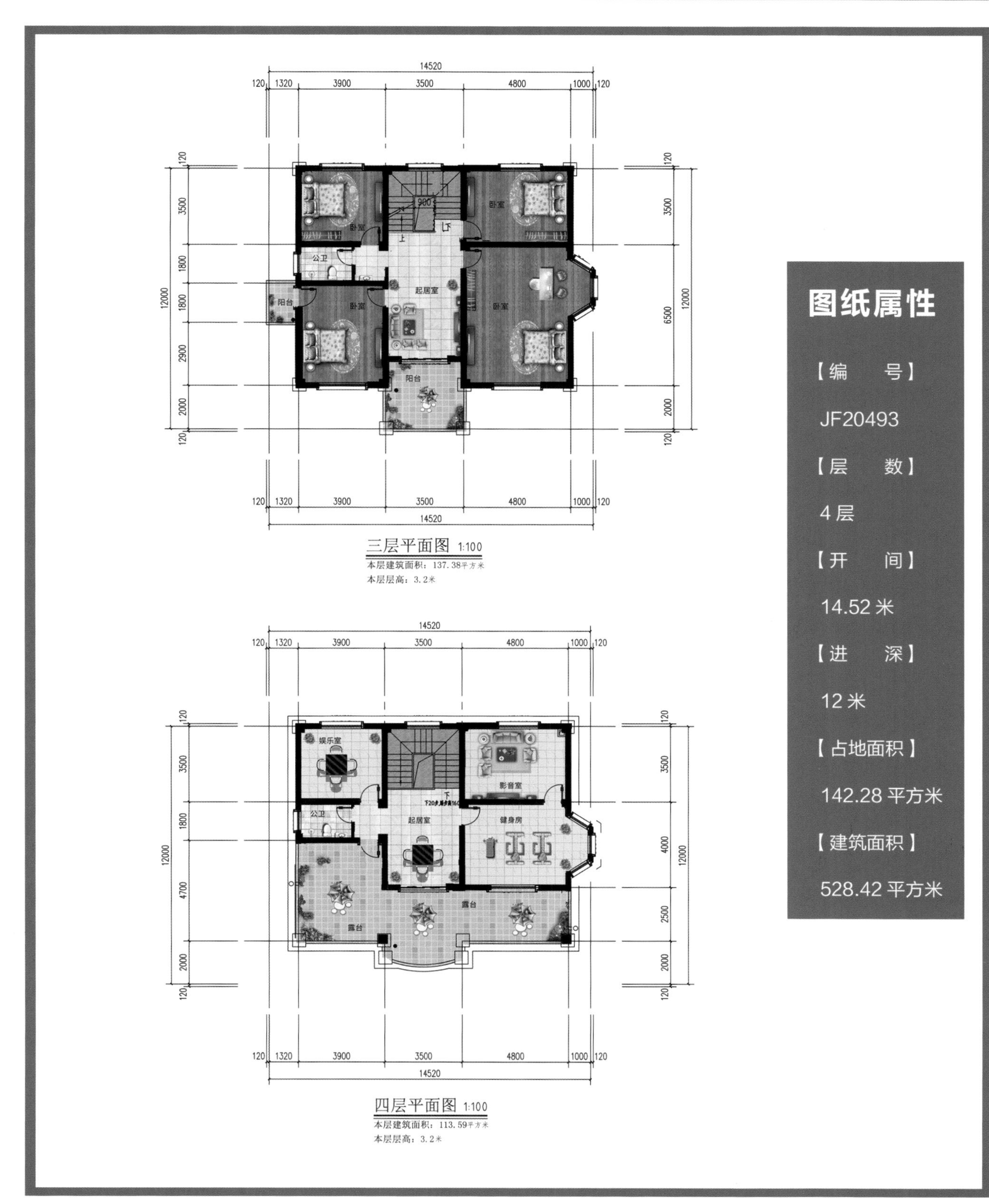

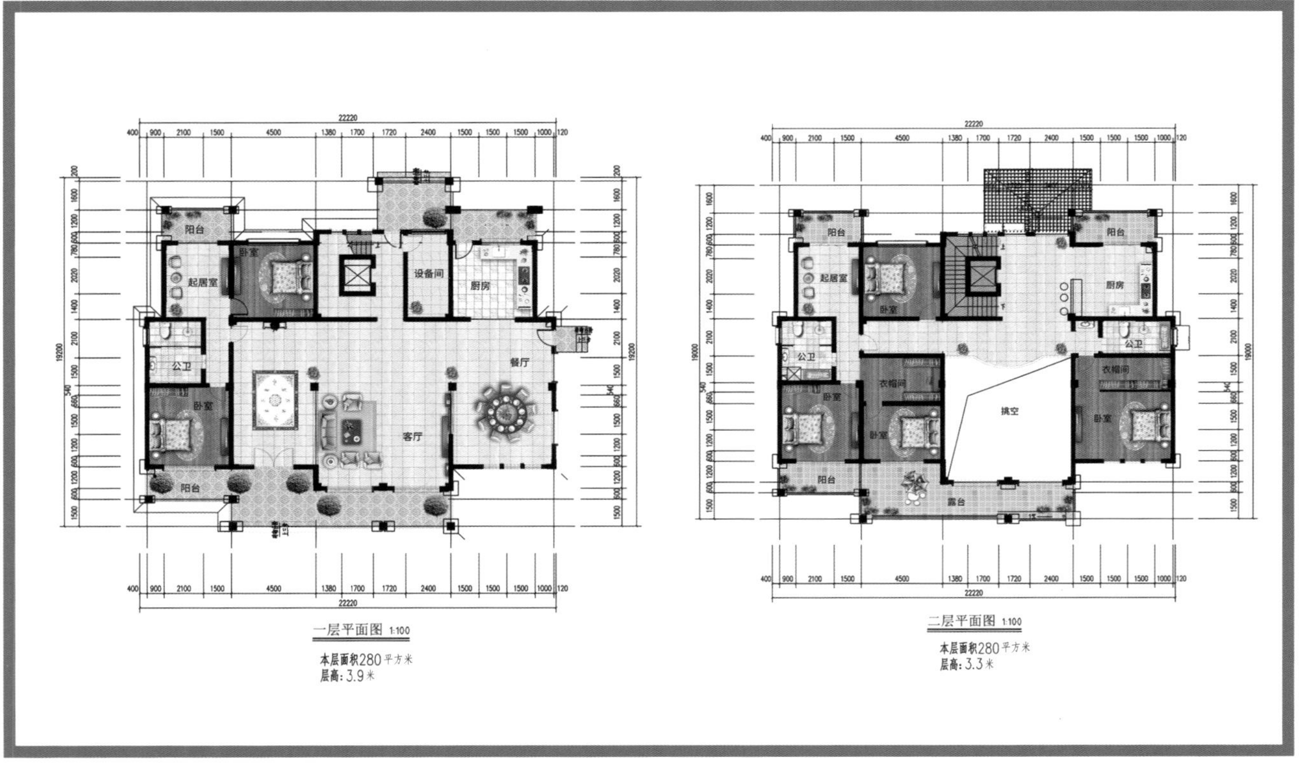

一层平面图 1:100

本层面积280平方米

层高：3.9米

二层平面图 1:100

本层面积280平方米

层高：3.3米

建房说
精英乡居生活规划师
jianfangshuo.com

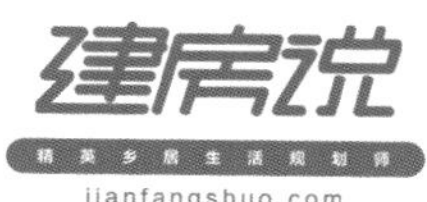

高层别墅设计 JF20503

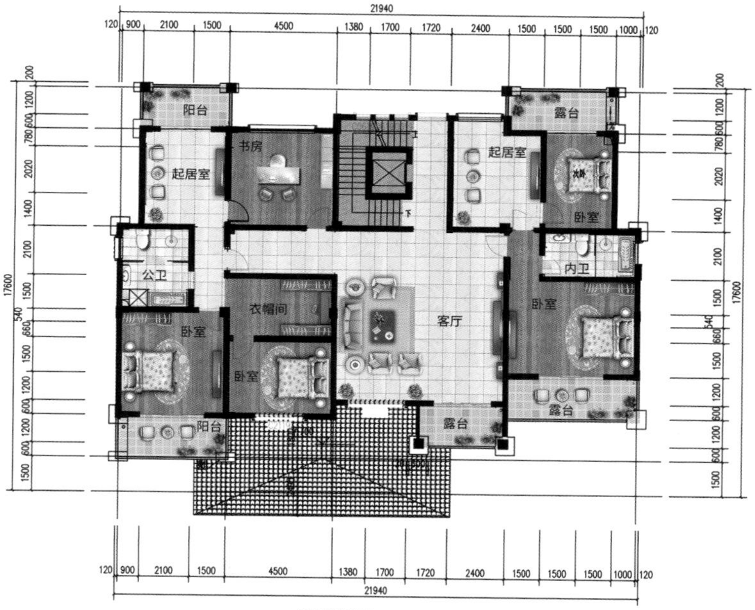

三层平面图 1:100

本层面积243平方米
层高：3.3米

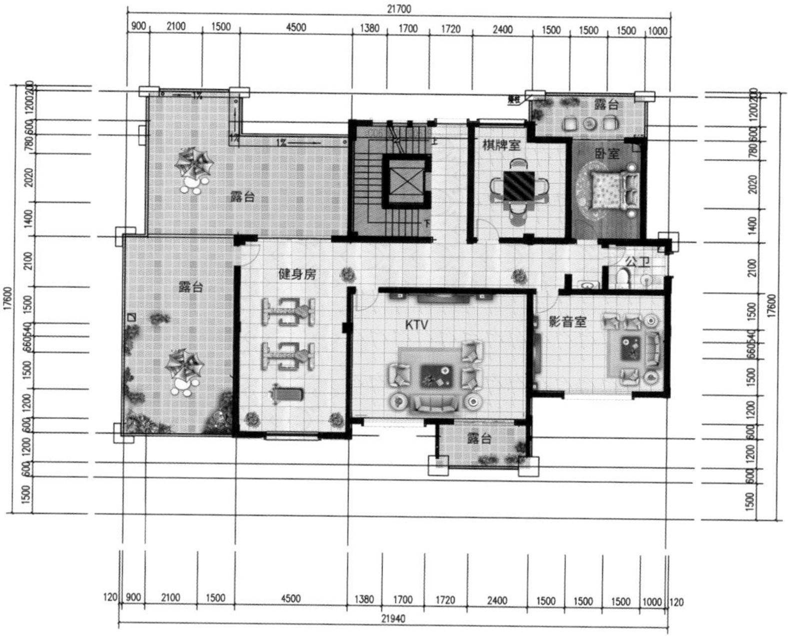

四层平面图 1:100

本层面积185.8平方米
层高：3.3米

图纸属性

【编 号】
JF20503

【层 数】
4层

【开 间】
22.22米

【进 深】
19.2米

【占地面积】
280平方米

【建筑面积】
988平方米

建房说

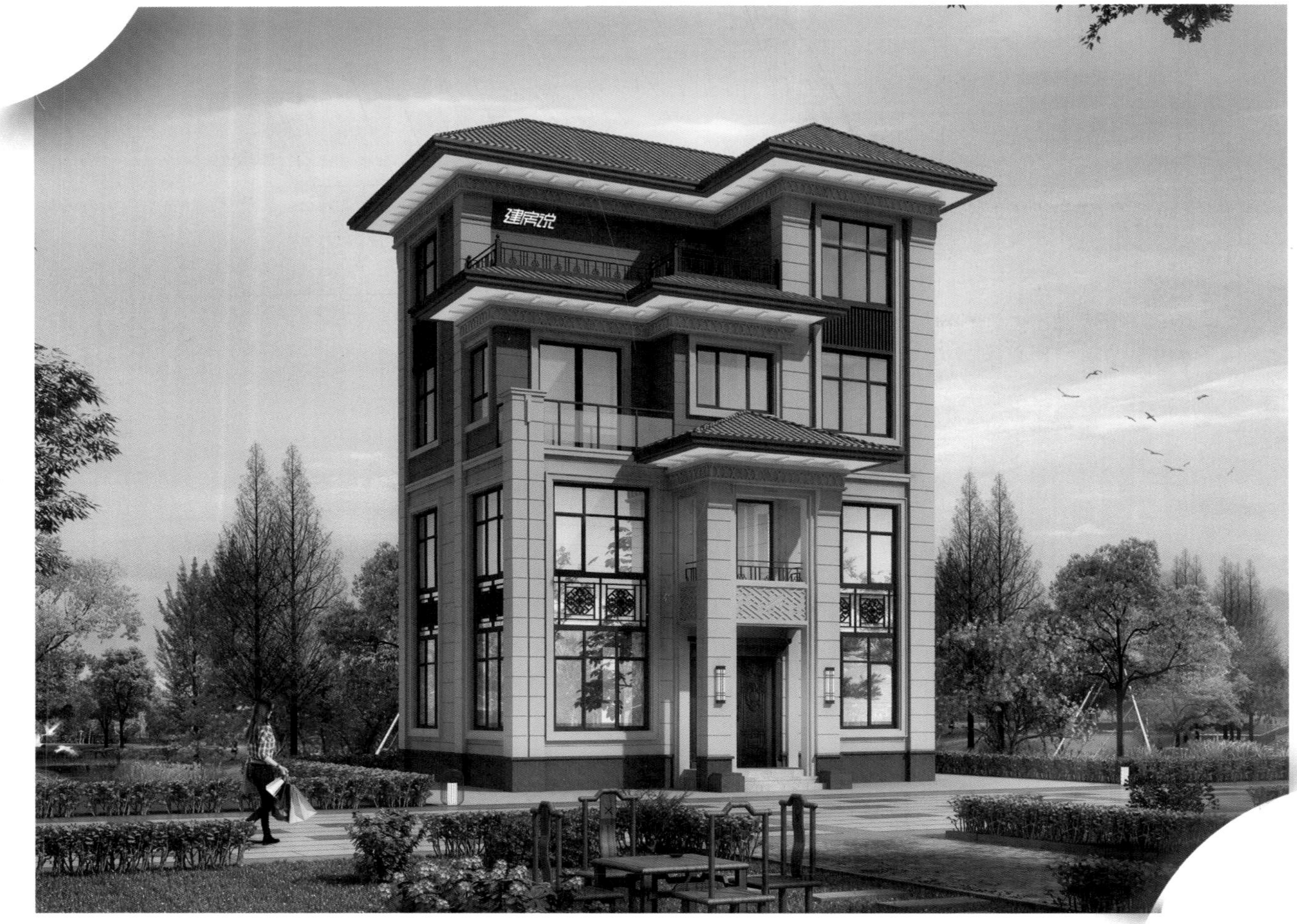

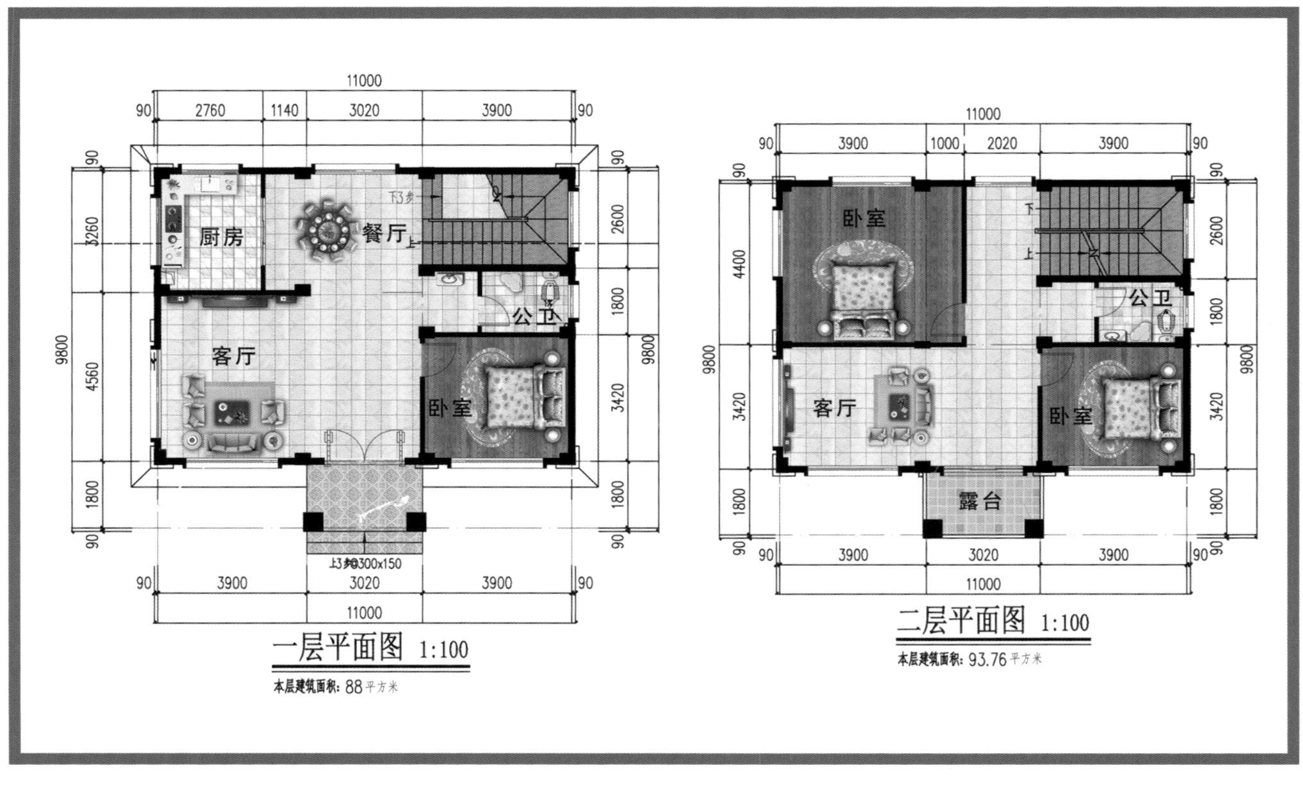

11000
90 2760 1140 3020 3900 90
厨房
餐厅
下3步
上
公卫
客厅
卧室
上3步@300x150
90 3900 3020 3900 90
11000
90 3260 4560 1800 90
9800
90 2600 1800 3420 1800 90
9800

一层平面图 1:100

本层建筑面积：88 平方米

11000
90 3900 1000 2020 3900 90
卧室
下
上
公卫
客厅
卧室
露台
90 3900 3020 3900 90
11000
90 4400 3420 1800 90
9800
90 2600 1800 3420 1800 90
9800

二层平面图 1:100

本层建筑面积：93.76 平方米

建房说
精英乡居生活规划师
jianfangshuo.com

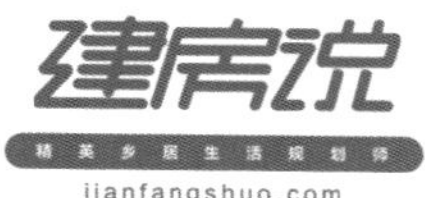

高层别墅设计 JF20507

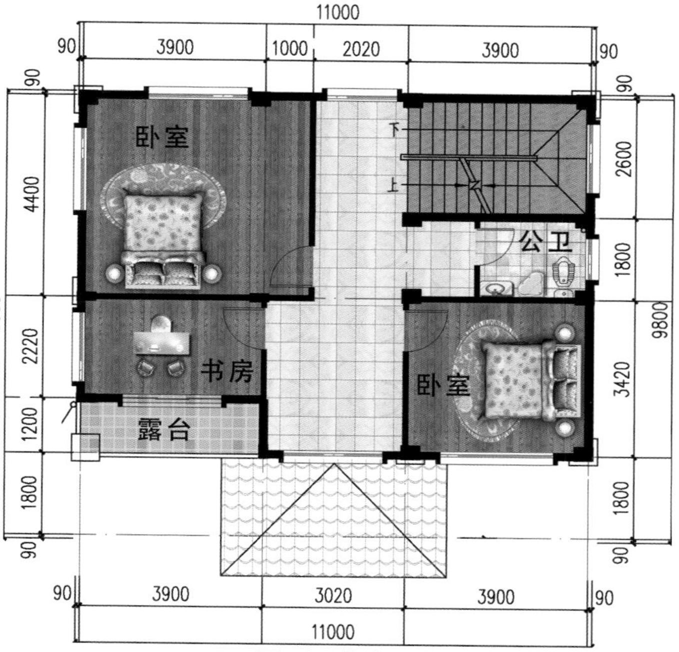

三层平面图 1:100

本层建筑面积：83.32平方米

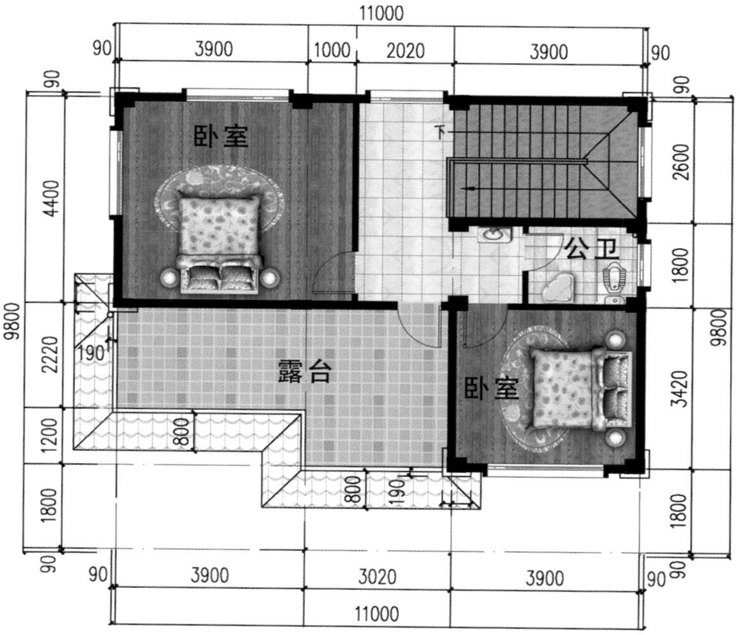

四层平面图 1:100

本层建筑面积：64.95平方米

图纸属性

【编 号】

JF20507

【层 数】

4层

【开 间】

11米

【进 深】

9.8米

【占地面积】

88平方米

【建筑面积】

334平方米

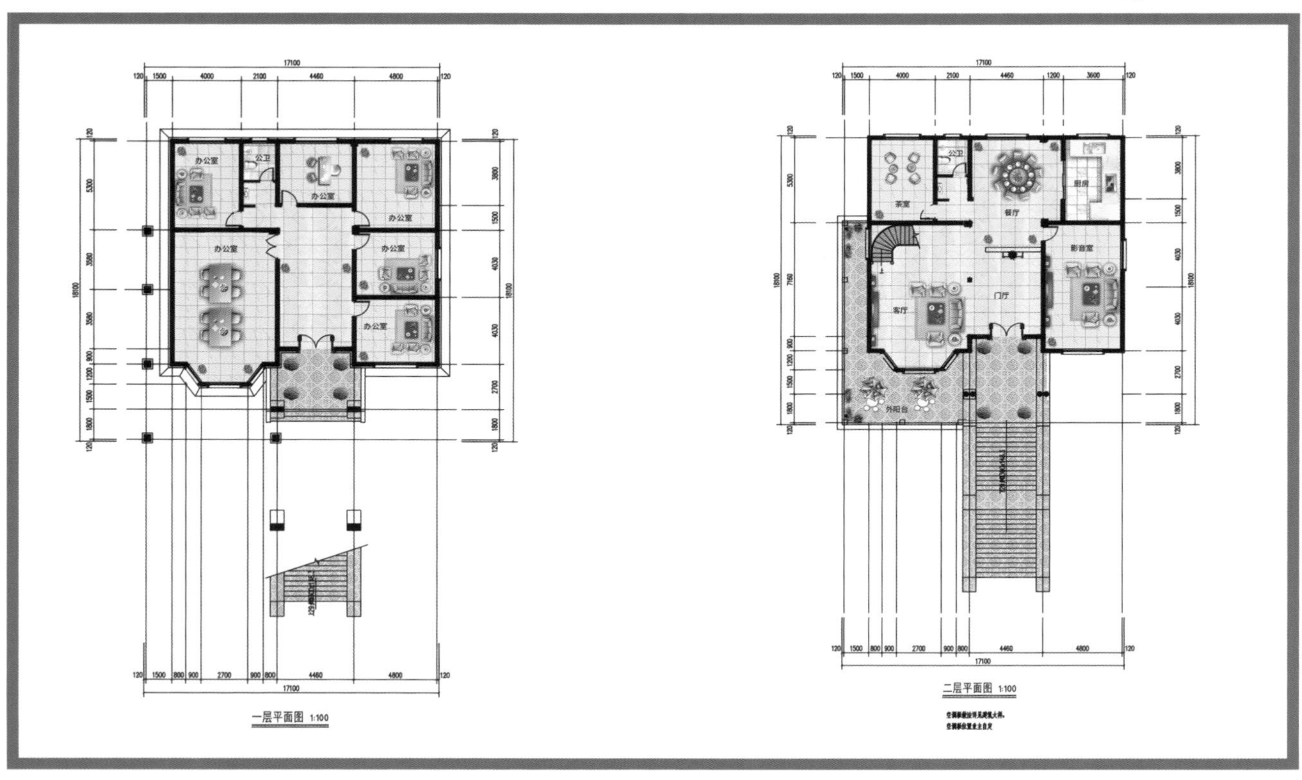

一层平面图 1:100

二层平面图 1:100

高层别墅设计 JF20569

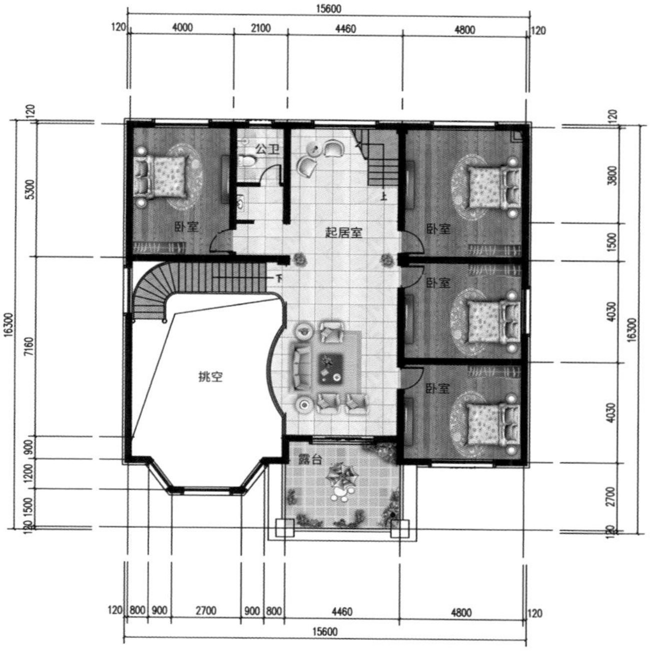

三层平面图 1:100

空调板做法详见建筑大样，
空调板位置业主自定

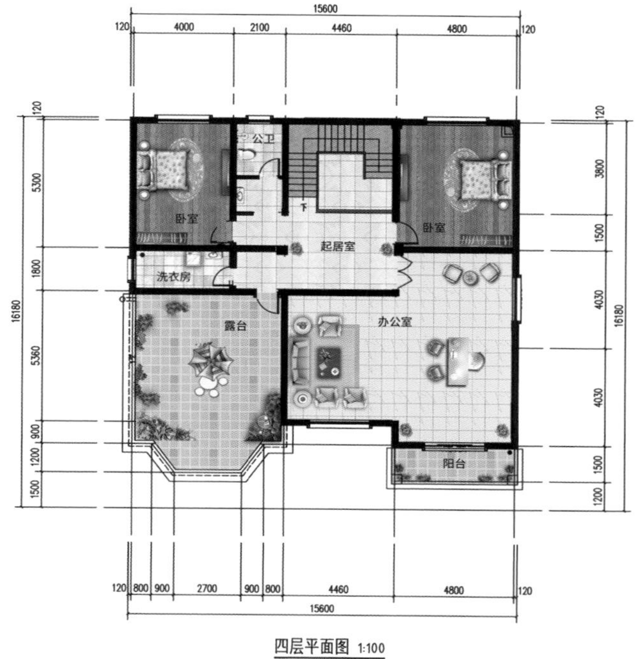

四层平面图 1:100

空调板做法详见建筑大样，
空调板位置业主自定

图纸属性

【编　号】

JF20569

【层　数】

4层

【开　间】

17.1米

【进　深】

18.1米

【占地面积】

265平方米

【建筑面积】

875平方米

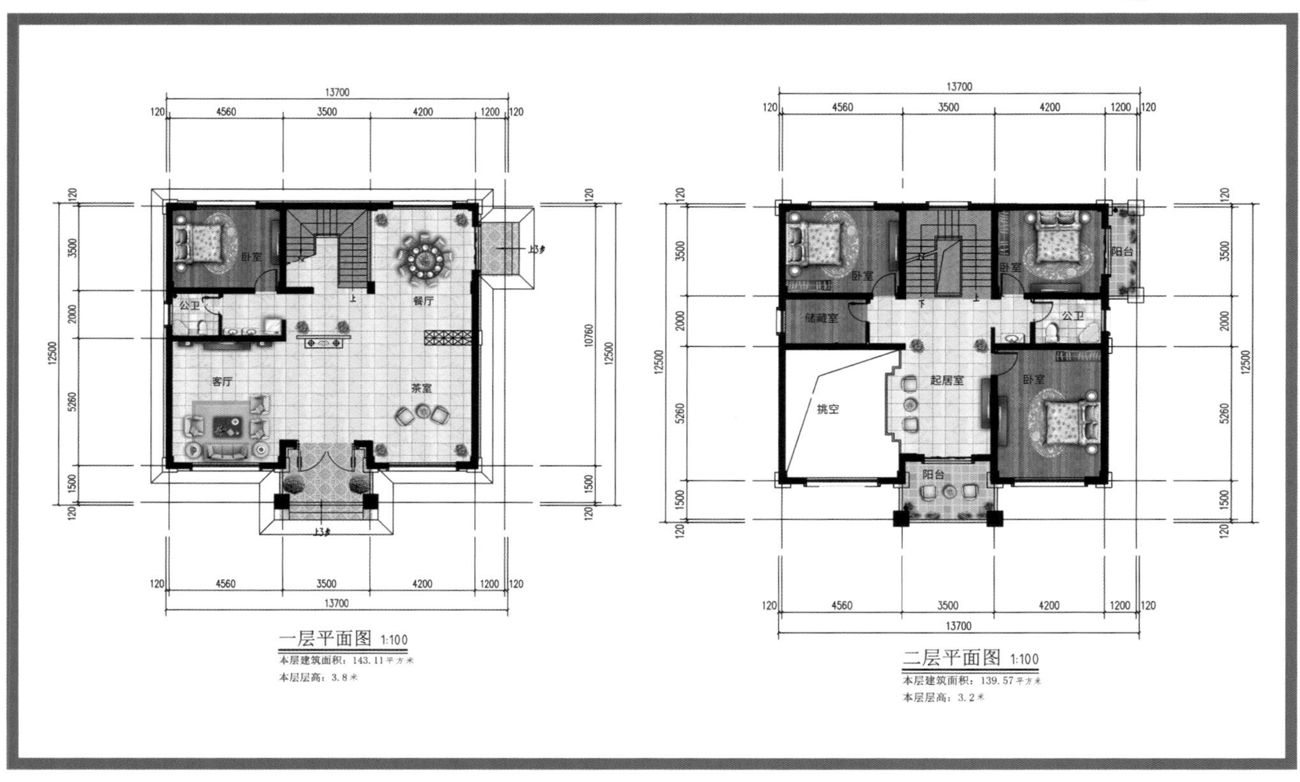

一层平面图 1:100

本层建筑面积：143.11平方米

本层层高：3.8米

二层平面图 1:100

本层建筑面积：139.57平方米

本层层高：3.2米

建房说
精美乡居生活规划师
jianfangshuo.com

高层别墅设计 JF20632

图纸属性

【编号】

JF20632

【层数】

4层

【开间】

13.7 米

【进深】

12.5 米

【占地面积】

143.11 平方米

【建筑面积】

535.66 平方米

建房说

双拼别墅设计

Semi-detached Villa Design

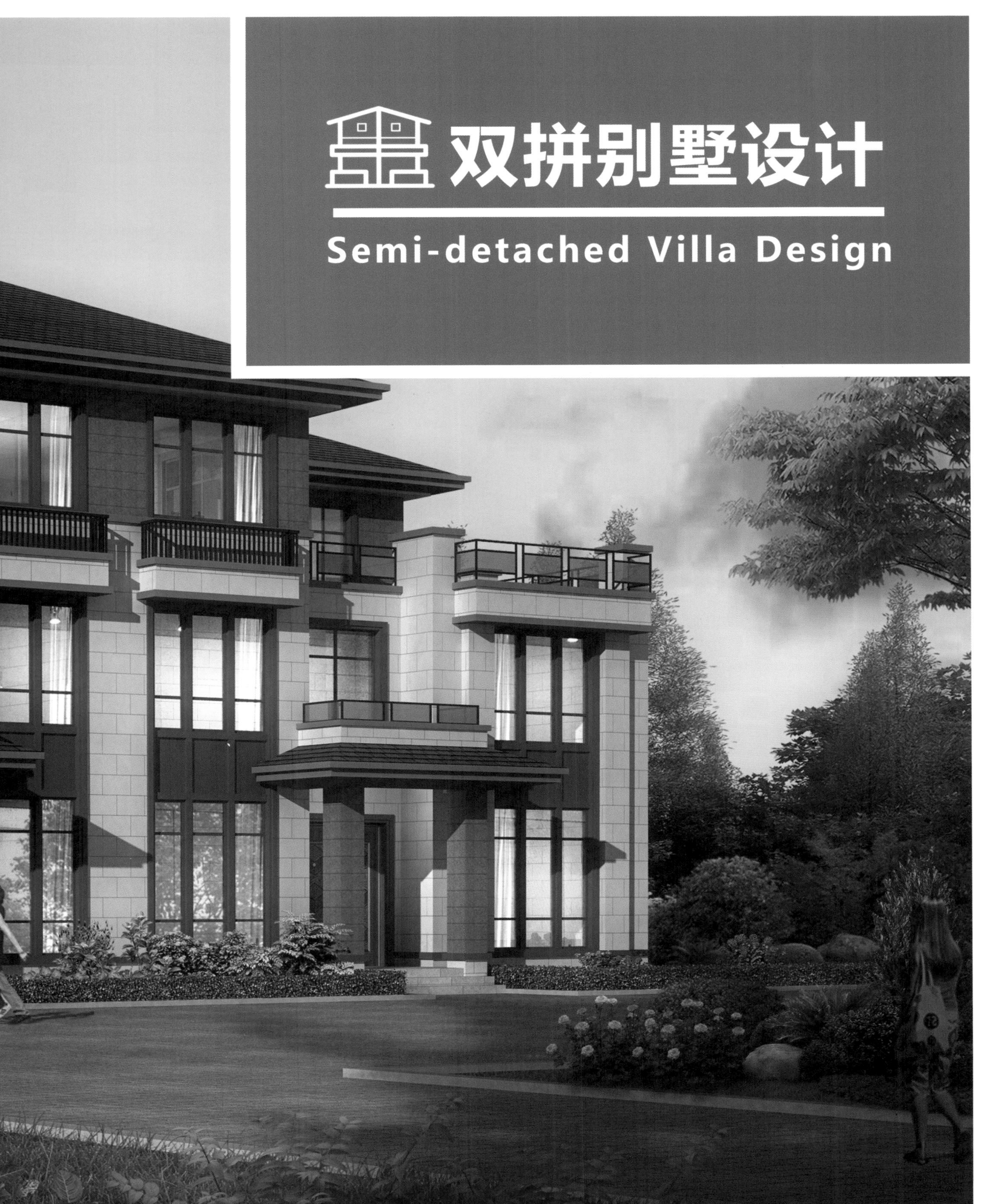

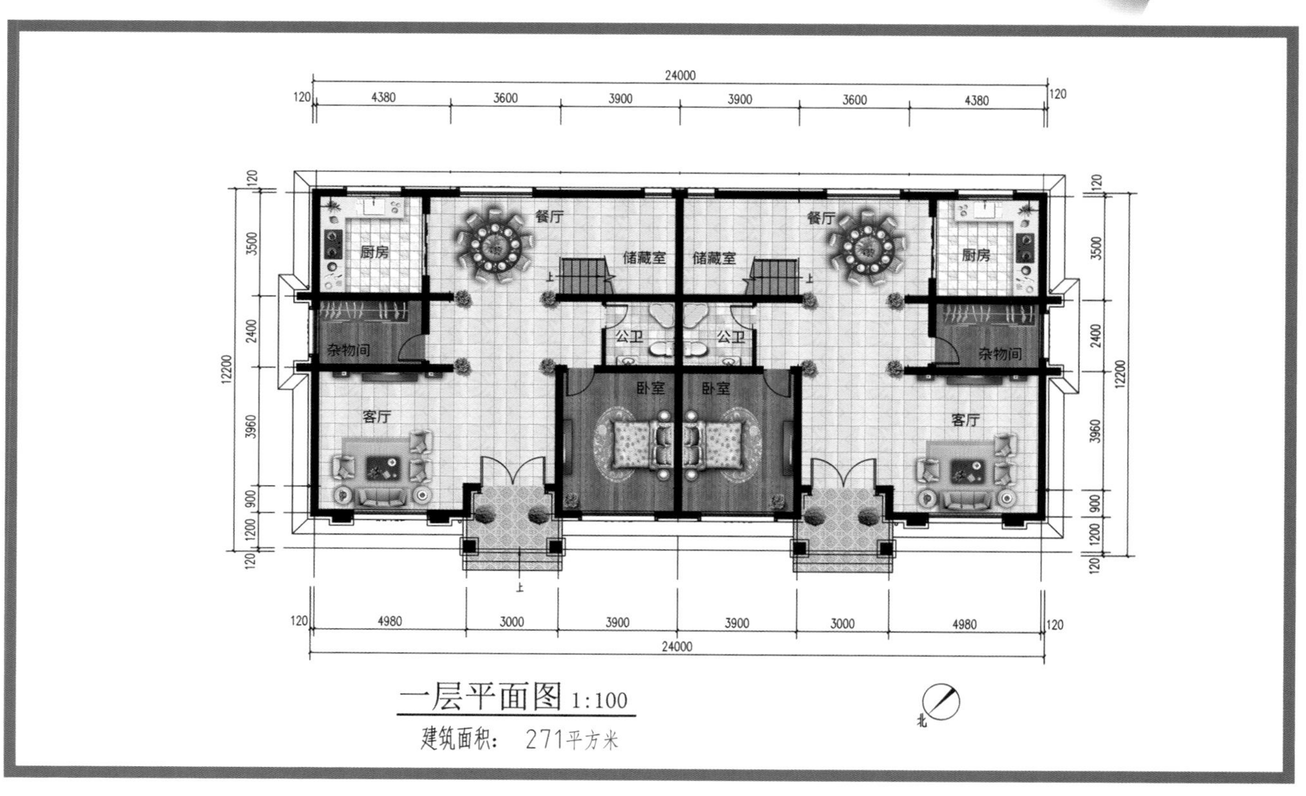

一层平面图 1:100

建筑面积：271平方米

建房说
精英乡居生活规划师
jianfangshuo.com

双拼别墅设计 JF9990

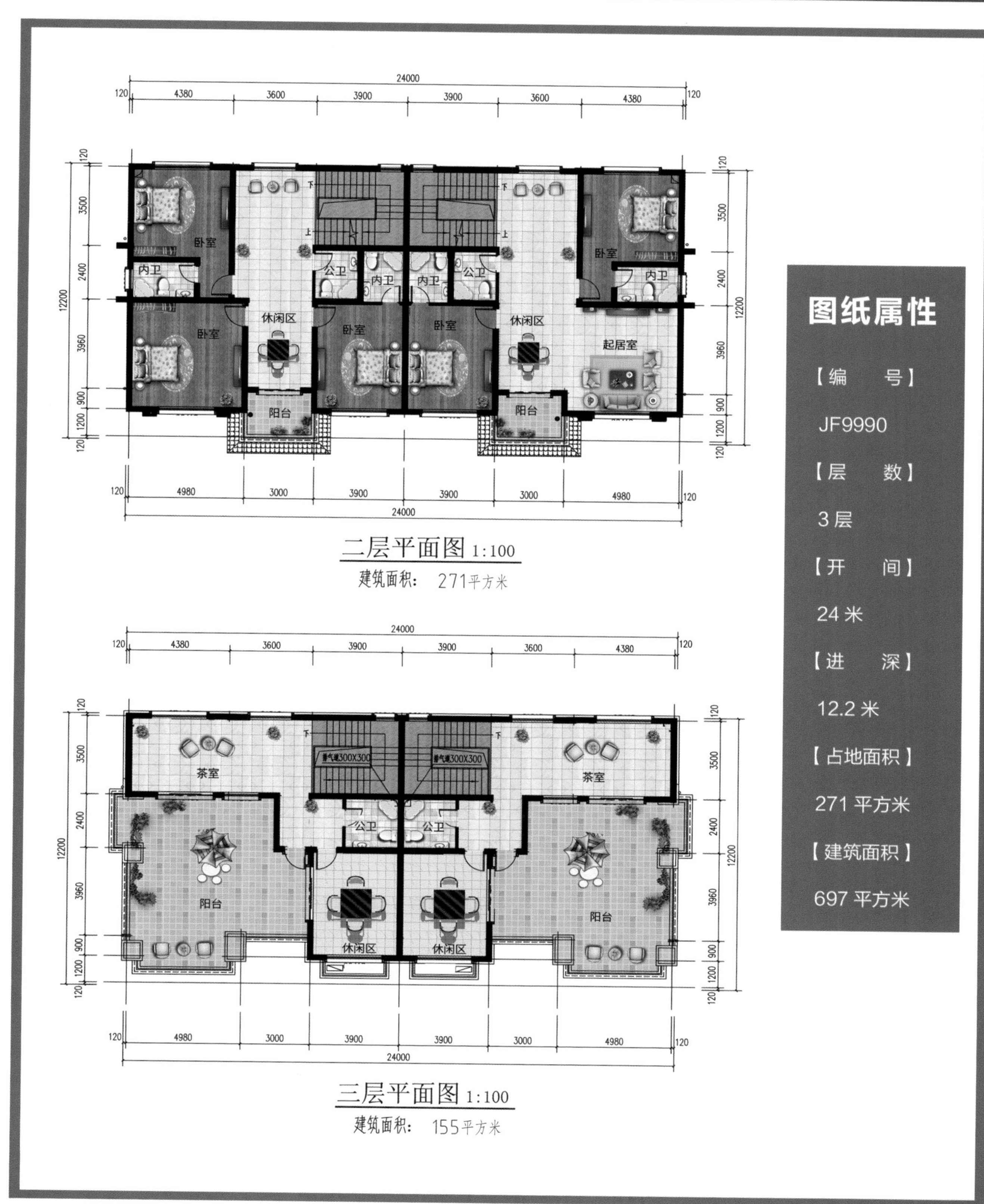

建房说

建房说 精英乡居生活规划师 jianfangshuo.com

双拼别墅设计 JF20093

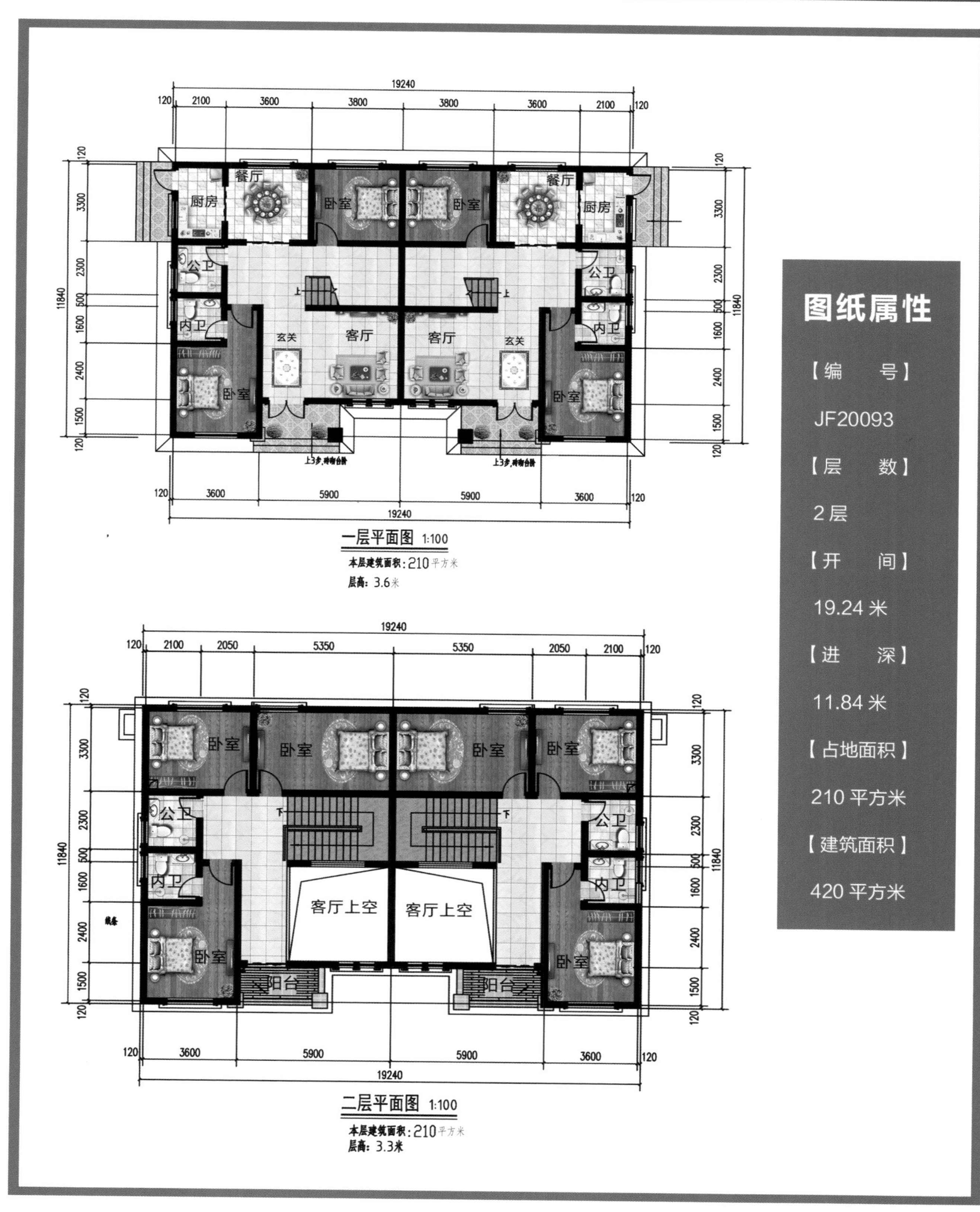

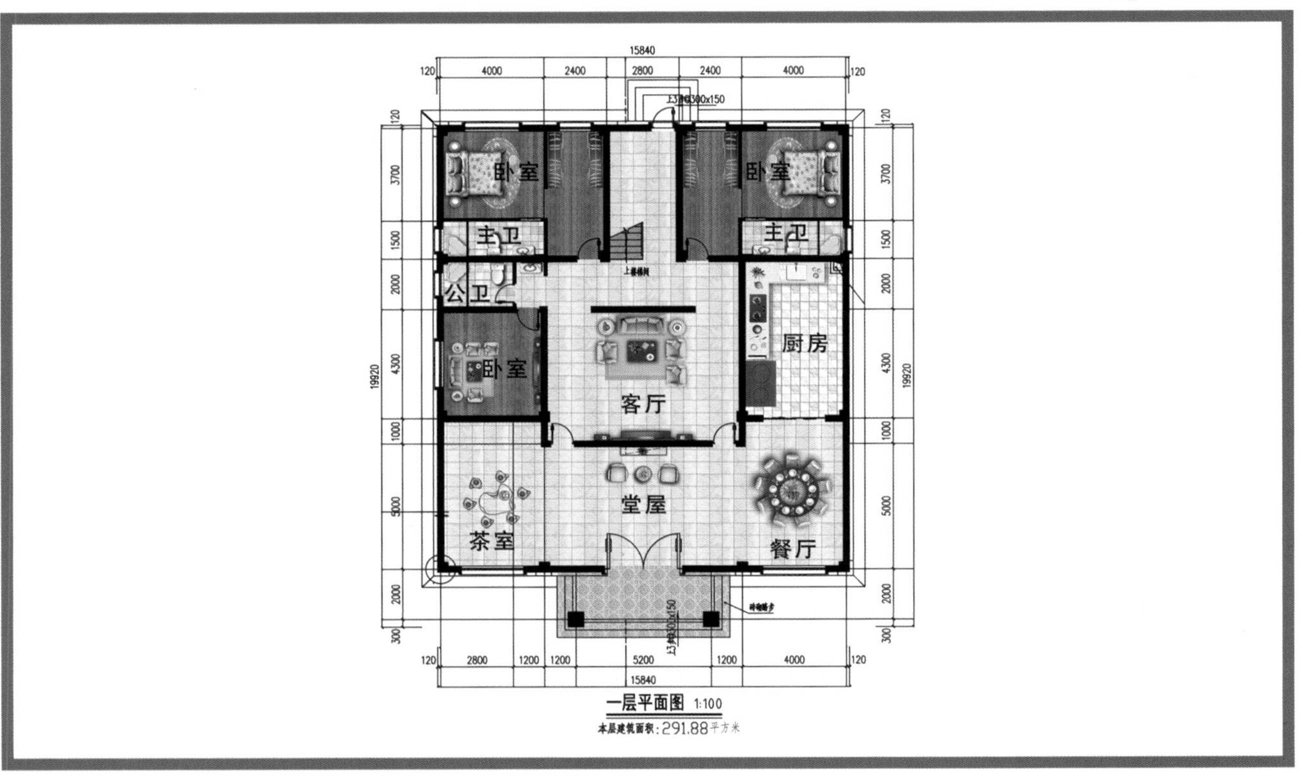

一层平面图 1:100

本层建筑面积：291.88平方米

建房说 精英乡居生活规划师 jianfangshuo.com

双拼别墅设计 JF20208

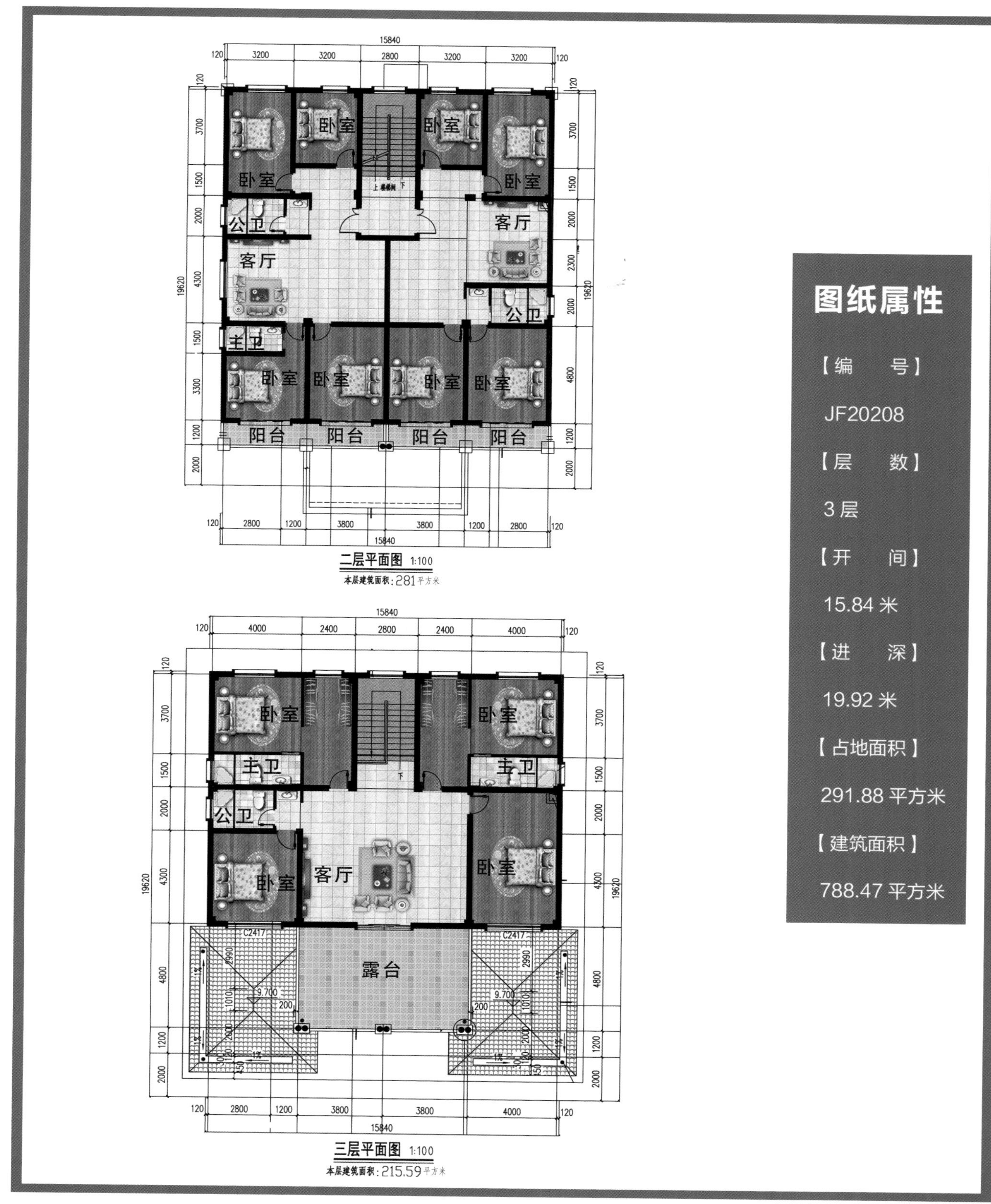

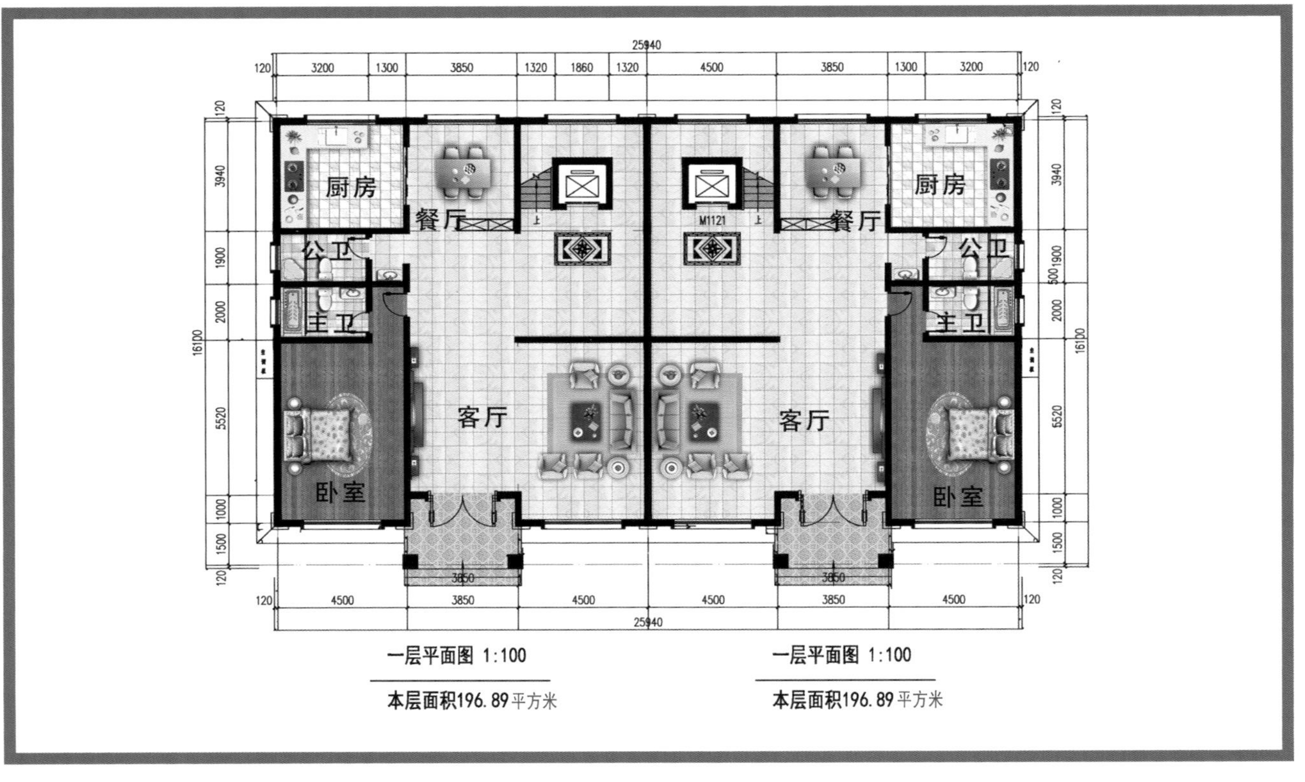

一层平面图 1:100

本层面积196.89平方米

一层平面图 1:100

本层面积196.89平方米

建房说 精英乡居生活规划师 jianfangshuo.com

双拼别墅设计 JF20613

图纸属性

【编　号】

JF20613

【层　数】

3层

【开　间】

25.94米

【进　深】

16.1米

【占地面积】

393.78平方米

【建筑面积】

1098.46平方米

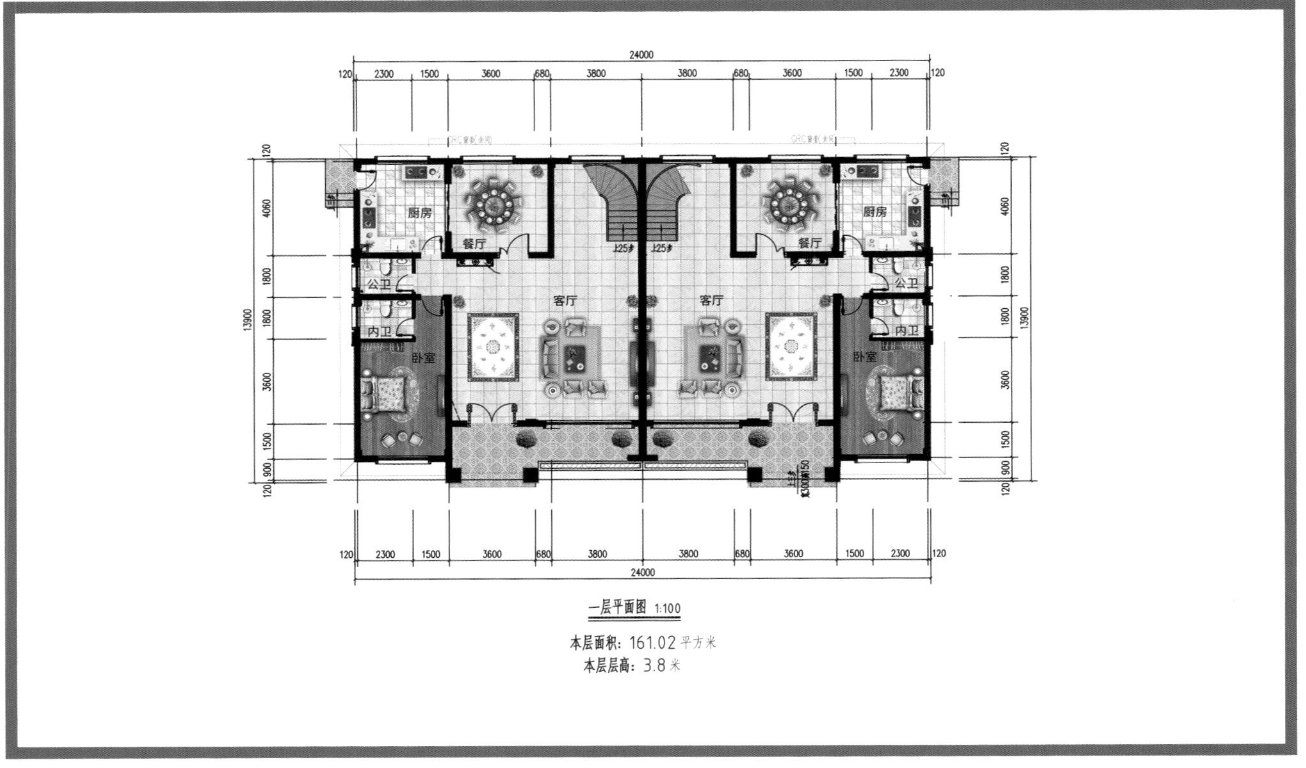

一层平面图 1:100

本层面积：161.02 平方米

本层层高：3.8 米

建房说 精英乡居生活规划师 jianfangshuo.com

双拼别墅设计 JF20676

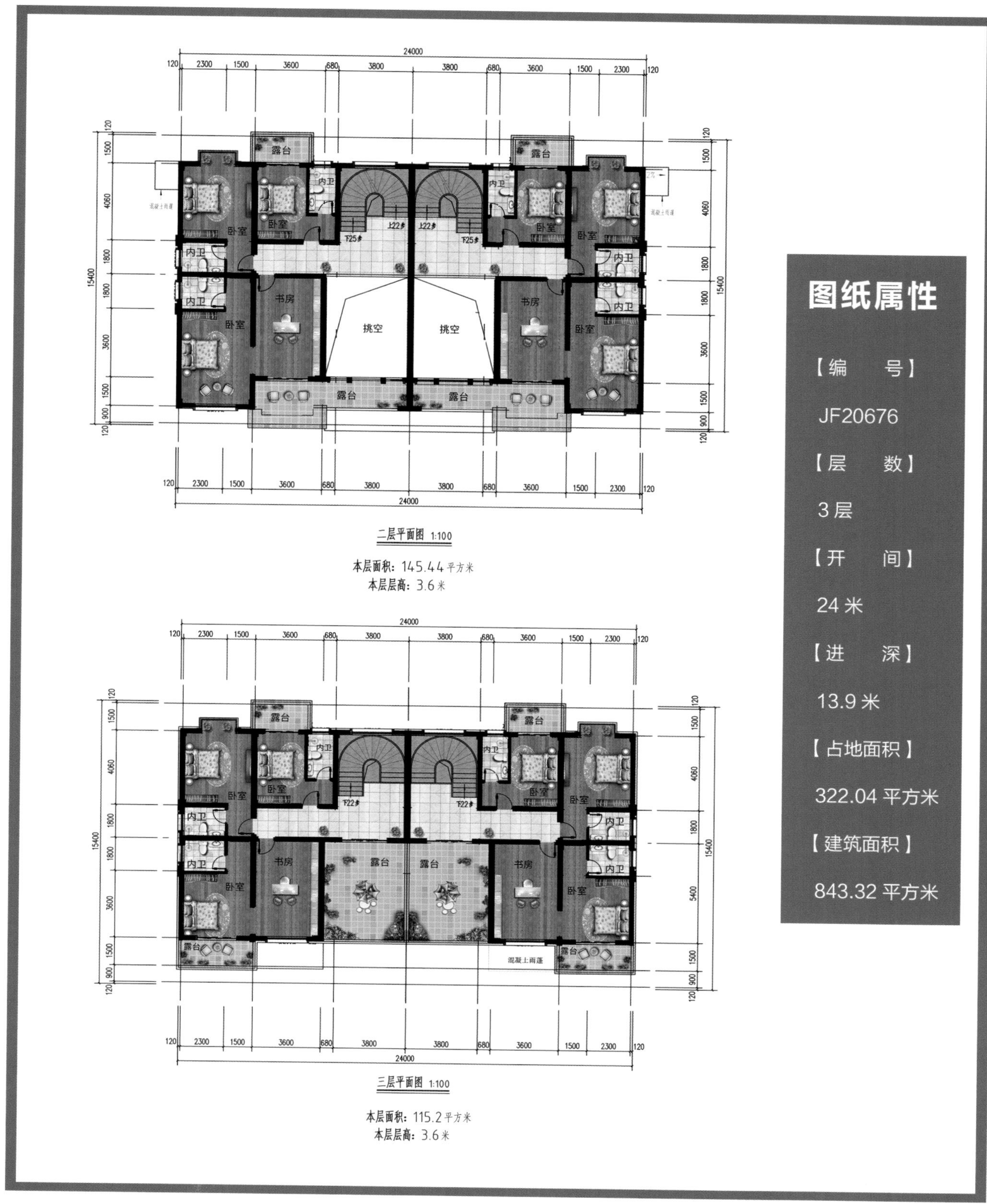

二层平面图 1:100

本层面积：145.44 平方米
本层层高：3.6 米

三层平面图 1:100

本层面积：115.2 平方米
本层层高：3.6 米

图纸属性

【编　　号】
JF20676

【层　　数】
3 层

【开　　间】
24 米

【进　　深】
13.9 米

【占地面积】
322.04 平方米

【建筑面积】
843.32 平方米

建房说

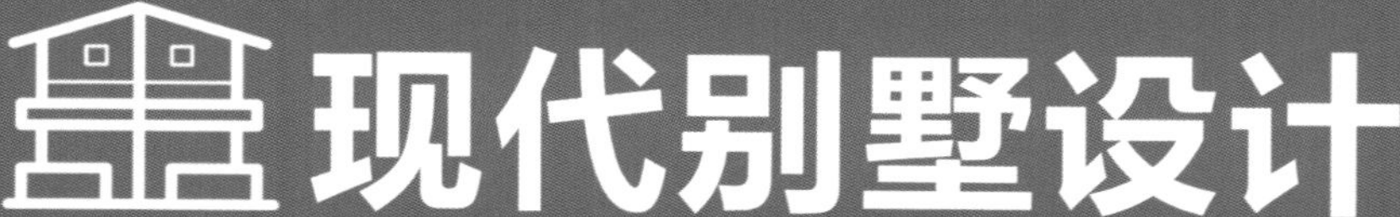

现代别墅设计

Modern Villa Design

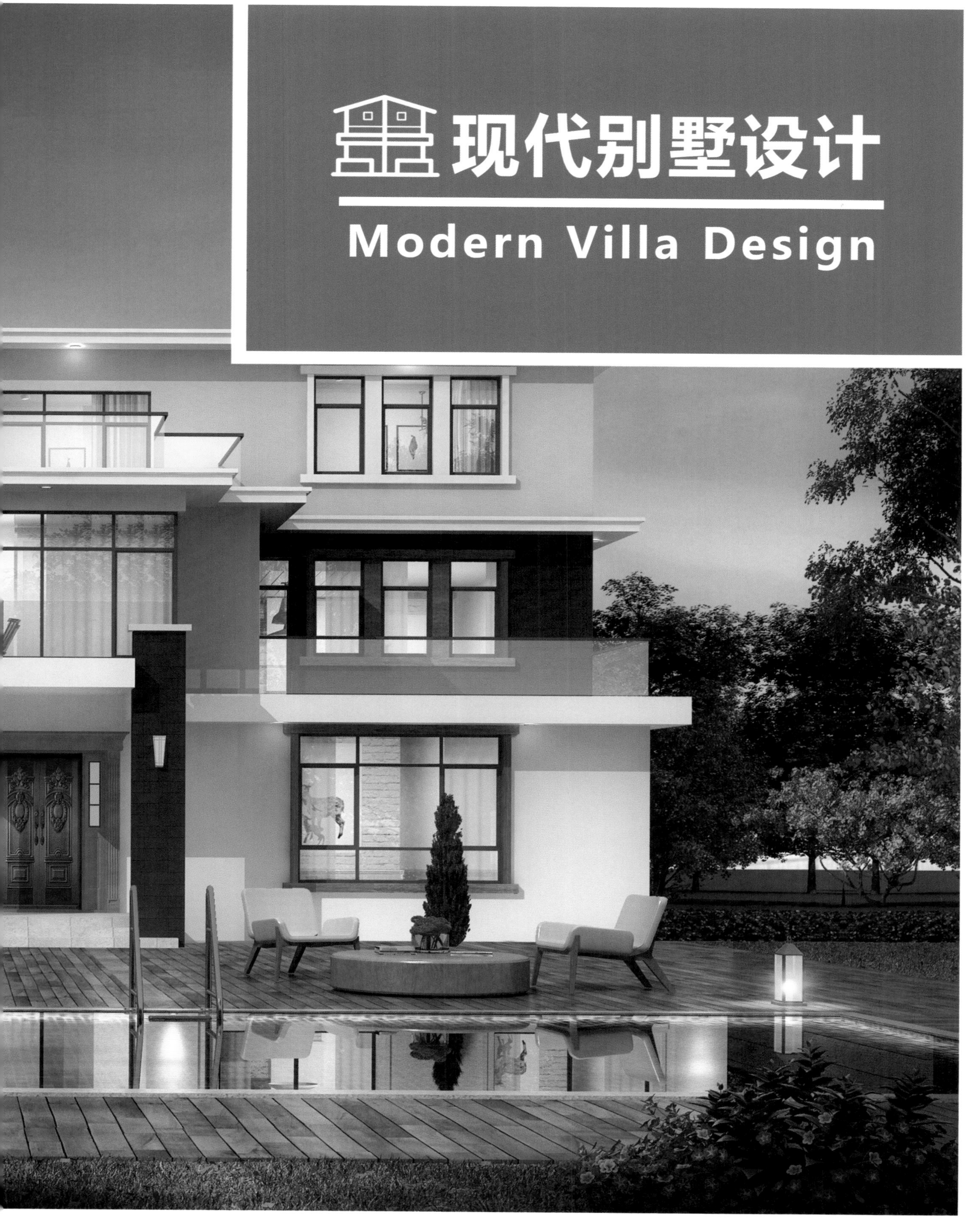

建房说
建房说

建房说
精英乡居生活规划师
jianfangshuo.com

现代别墅设计 JF91180

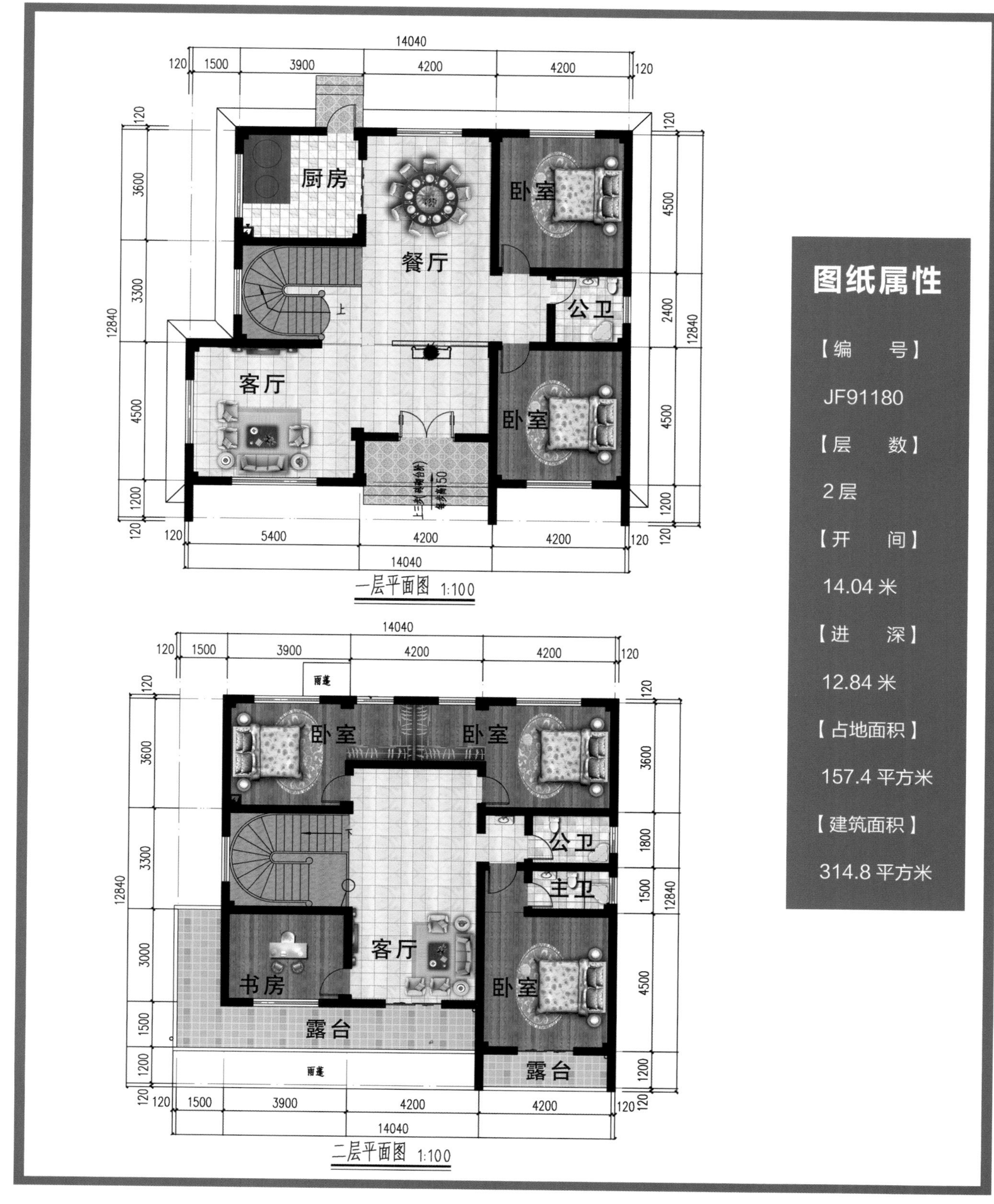

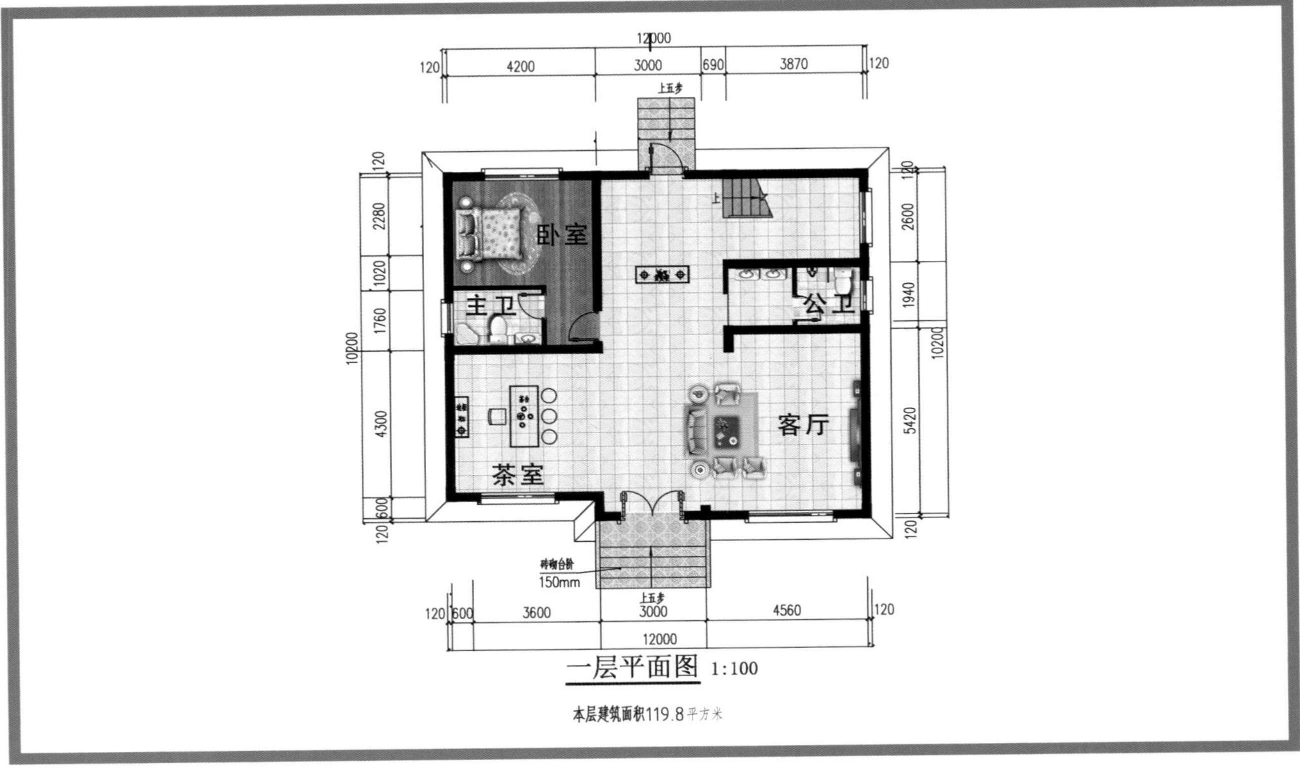

一层平面图 1:100

本层建筑面积119.8平方米

现代别墅设计 JF20376

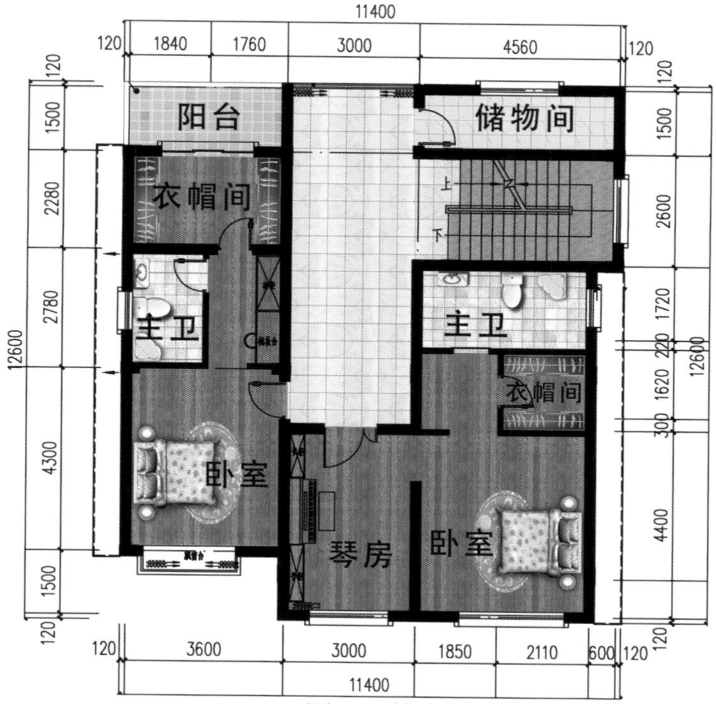

阳台 储物间 衣帽间 主卫 主卫 衣帽间 卧室 琴房 卧室

二层平面图 1:100

本层建筑面积133.2平方米

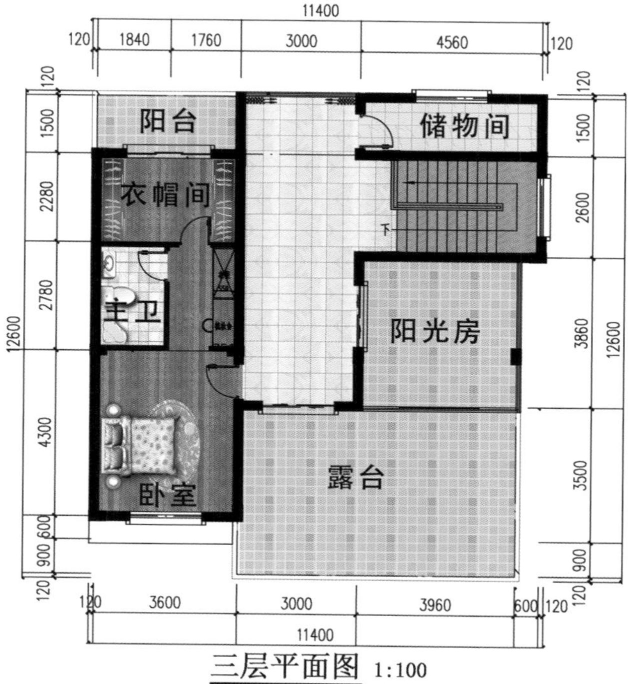

阳台 储物间 衣帽间 主卫 阳光房 卧室 露台

三层平面图 1:100

本层建筑面积71.7平方米

图纸属性

【编　号】

JF20376

【层　数】

3层

【开　间】

12米

【进　深】

10.2米

【占地面积】

119.8平方米

【建筑面积】

324.7平方米

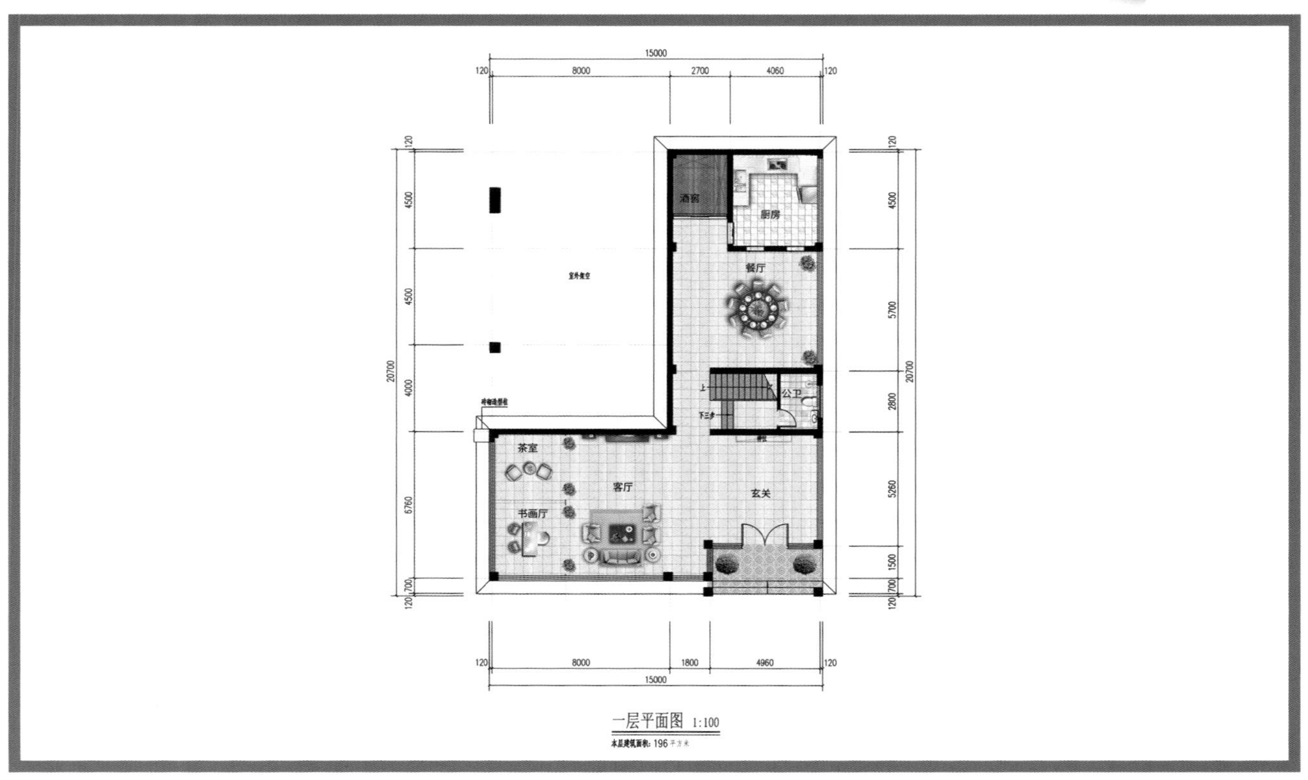

一层平面图 1:100

本层建筑面积: 196平方米

建房说
精英乡居生活规划师
jianfangshuo.com

现代别墅设计 JF20388

建房说
精英乡居生活规划师
jianfangshuo.com

现代别墅设计 JF20390

图纸属性

【编　号】

JF20390

【层　数】

2层

【开　间】

13.7米

【进　深】

15.64米

【占地面积】

194.73平方米

【建筑面积】

369.6平方米

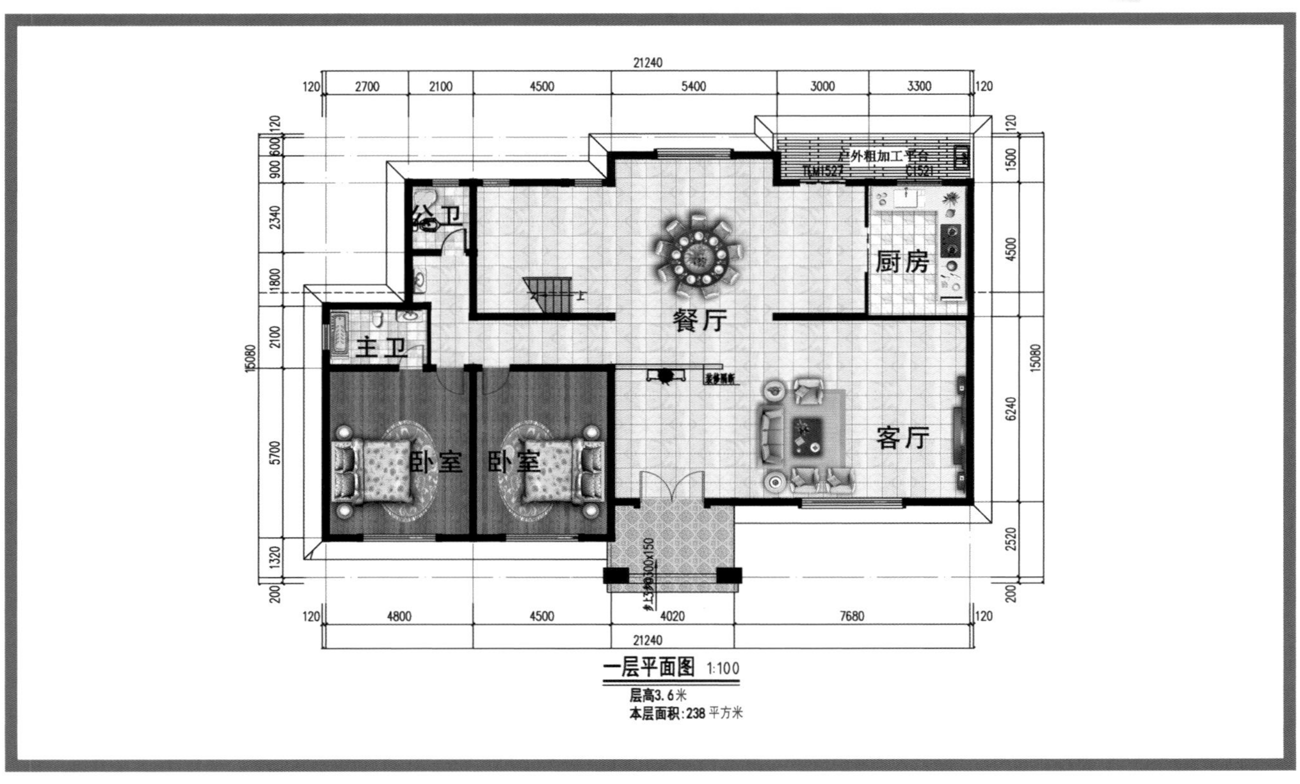

一层平面图 1:100

层高3.6米

本层面积：238 平方米

建房说 精英乡居生活规划师 jianfangshuo.com

现代别墅设计 JF20513

图纸属性

【编　号】

JF20513

【层　数】

3层

【开　间】

21.24米

【进　深】

15.08米

【占地面积】

238平方米

【建筑面积】

590平方米

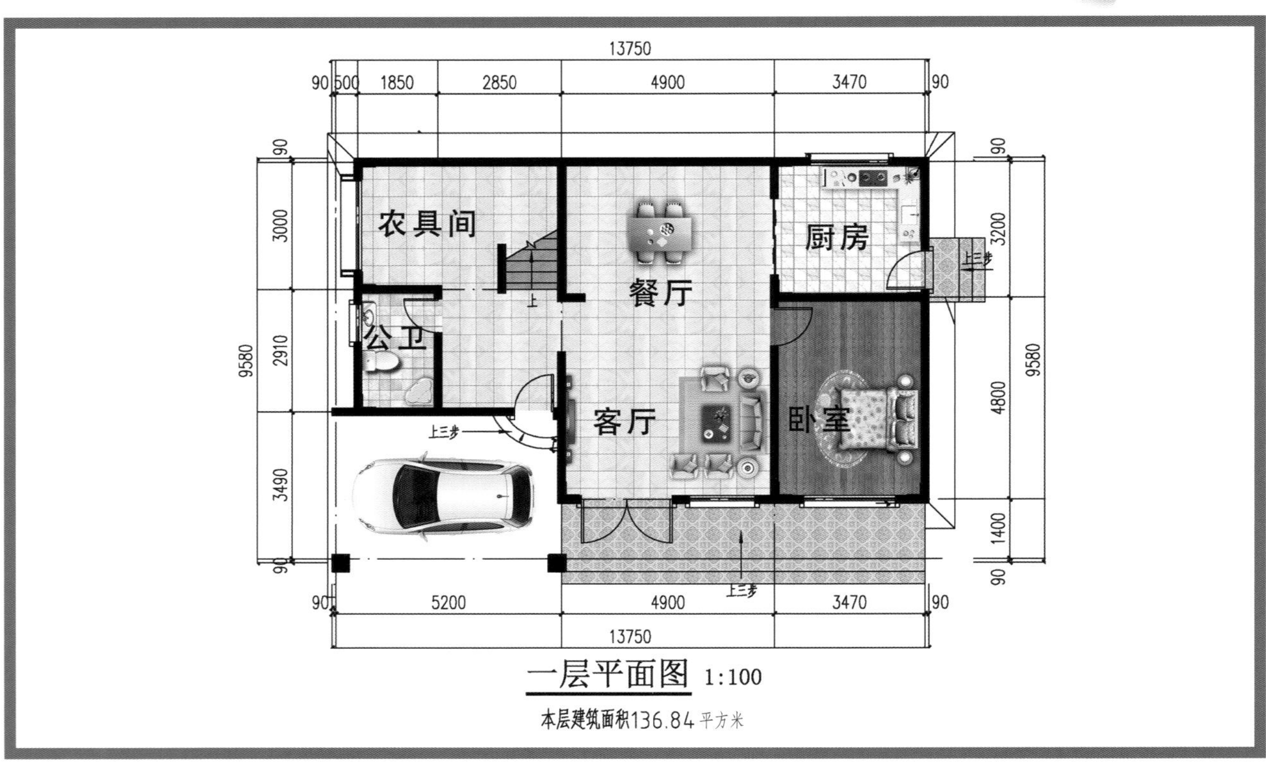

一层平面图 1:100

本层建筑面积136.84平方米

现代别墅设计 JF20583

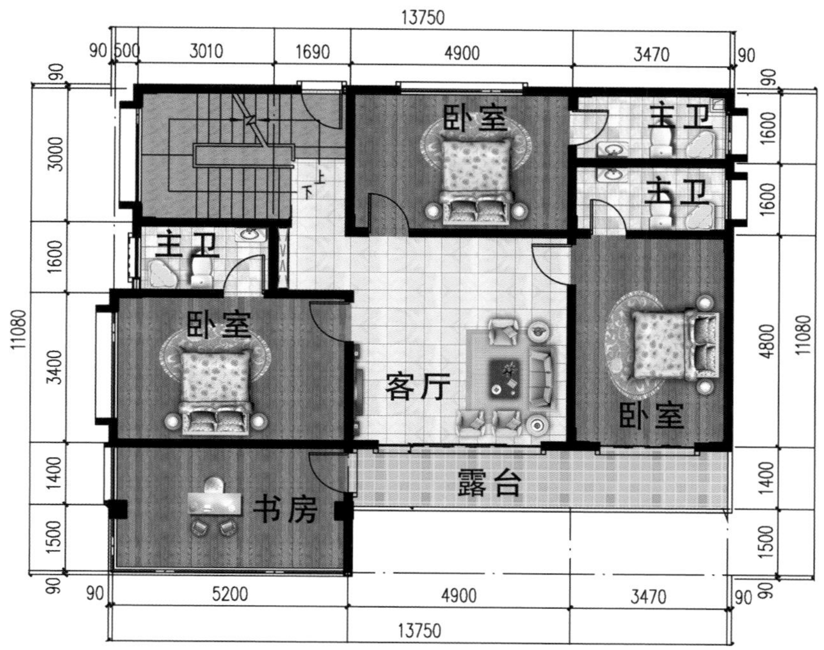

二层平面图 1:100

本层建筑面积137.50 平方米

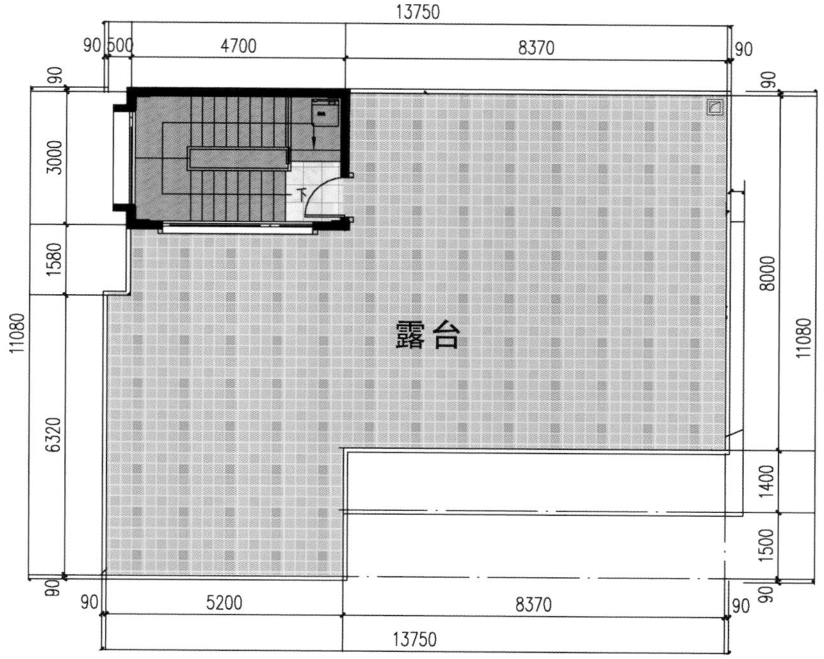

三层平面图 1:100

本层建筑面积15.52 平方米

图纸属性

【编　号】

JF20583

【层　数】

2层

【开　间】

13.75 米

【进　深】

9.58 米

【占地面积】

136.84 平方米

【建筑面积】

289.86 平方米

现代别墅设计 JF20683

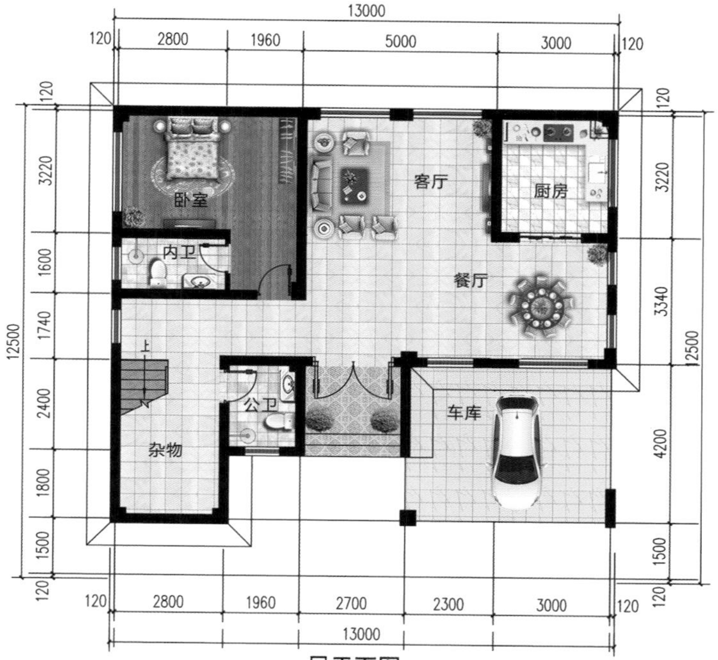

一层平面图 1:100

空调板做法详见建筑大样，
空调板位置业主自定

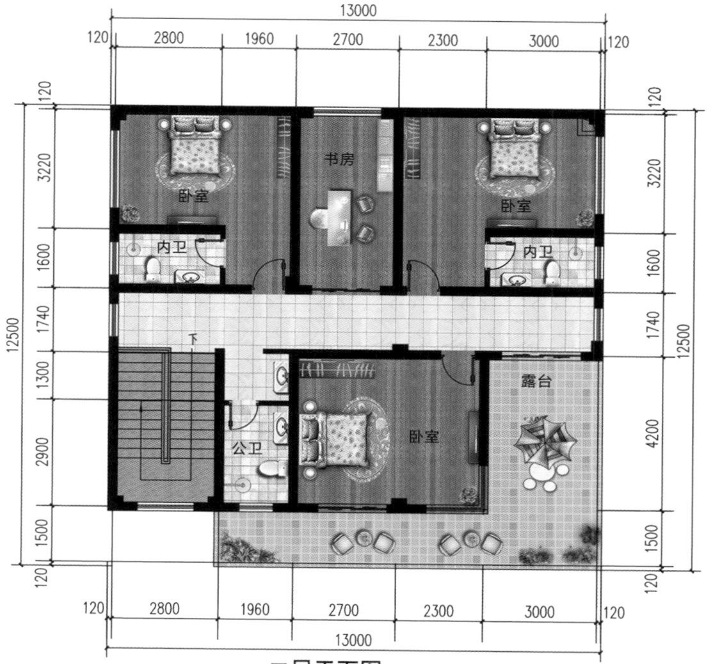

二层平面图 1:100

空调板做法详见建筑大样，
空调板位置业主自定

图纸属性

【编　号】

JF20683

【层　数】

2层

【开　间】

13米

【进　深】

12.5米

【占地面积】

143平方米

【建筑面积】

283.57平方米

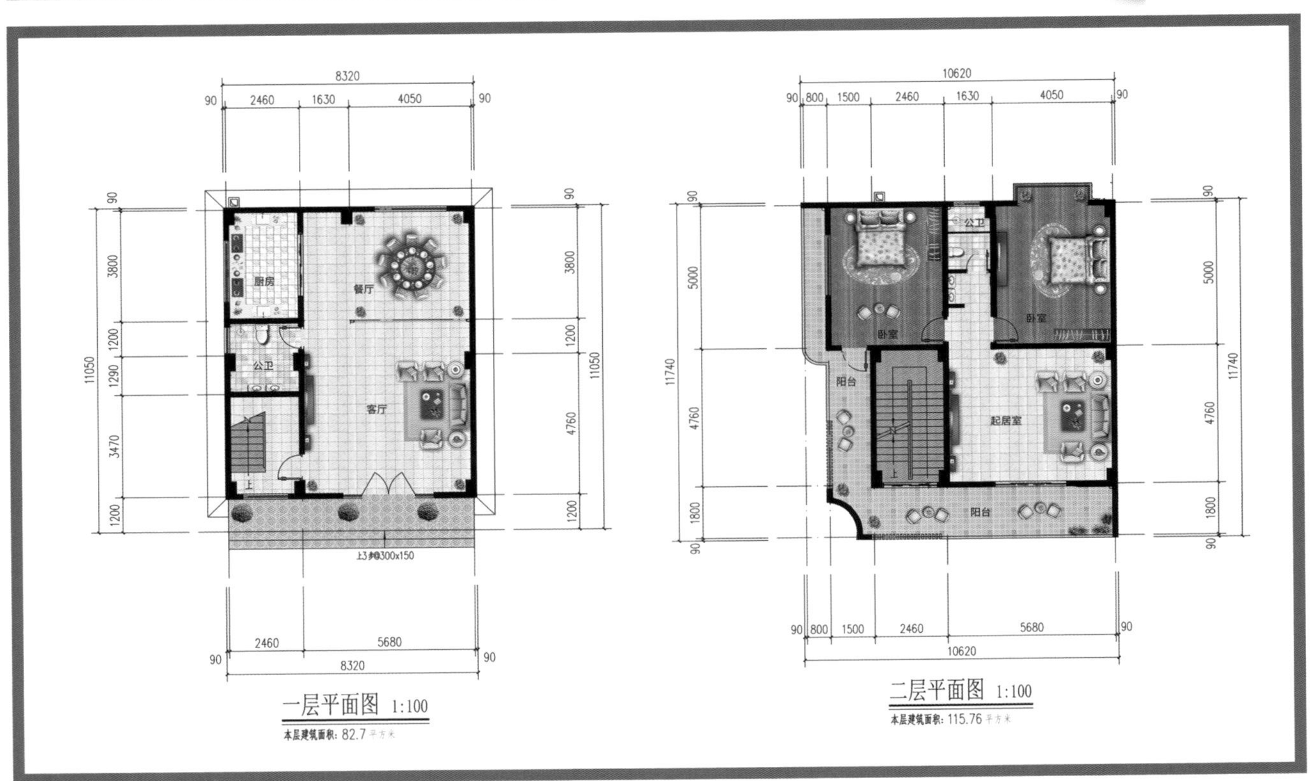

一层平面图 1:100

本层建筑面积：82.7 平方米

二层平面图 1:100

本层建筑面积：115.76 平方米

建房说
精英乡居生活规划师
jianfangshuo.com

现代别墅设计 JF20689

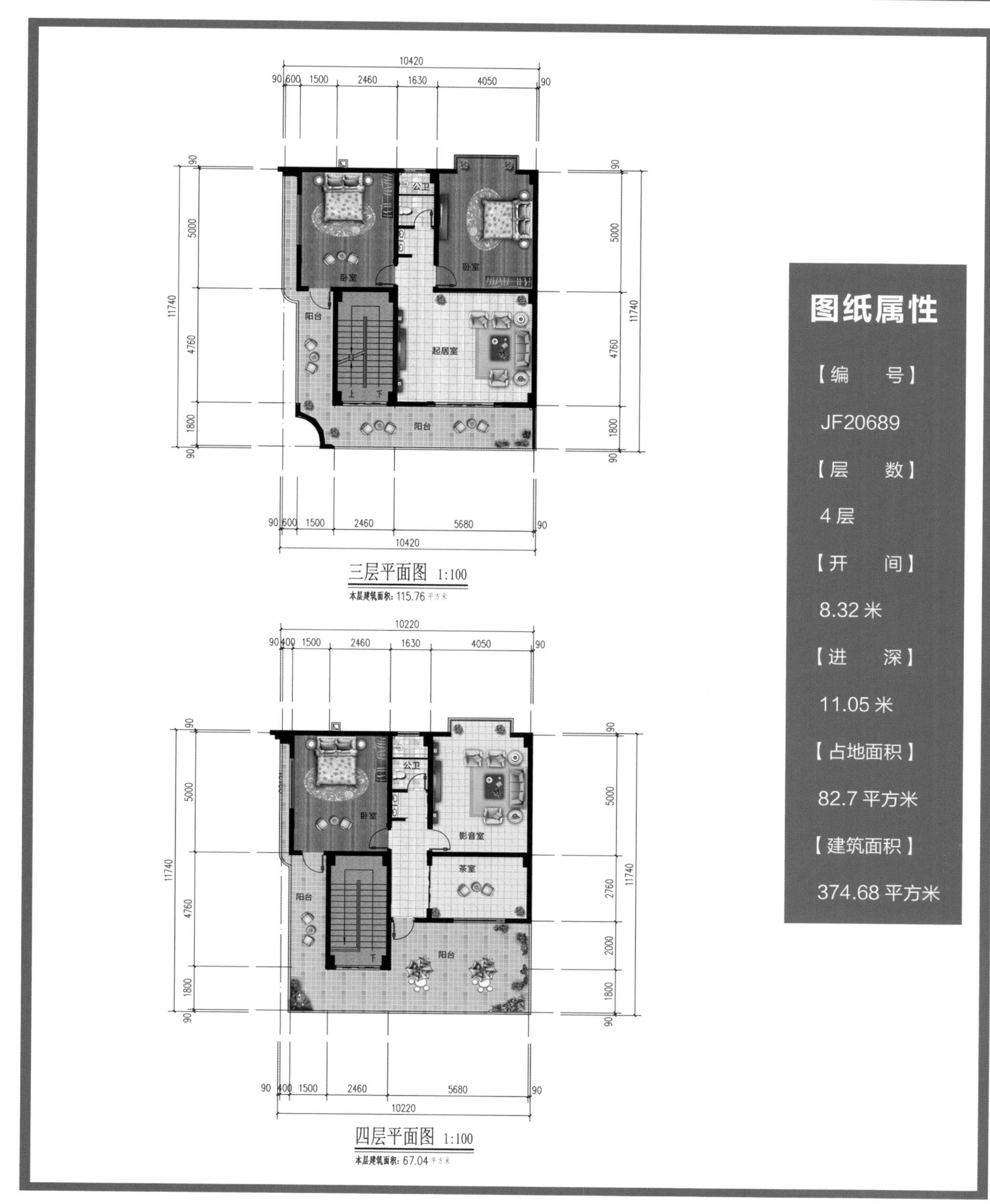

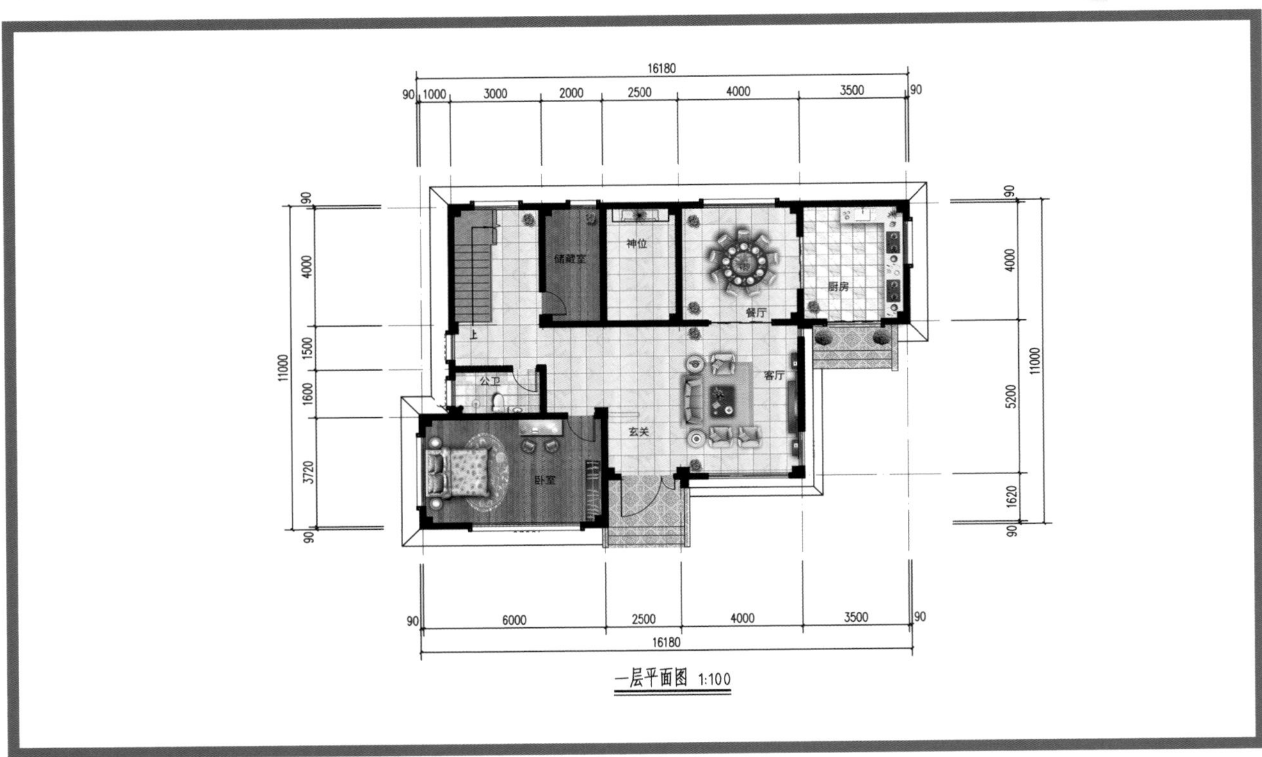
16180
90 1000 3000 2000 2500 4000 3500 90
储藏室
神位
餐厅
厨房
上
公卫
客厅
玄关
卧室
90 4000 1500 1600 3720 90
11000
90 4000 5200 1620 90
11000
90 6000 2500 4000 3500 90
16180

一层平面图 1:100

建房说
精英乡居生活规划师
jianfangshuo.com

现代别墅设计 JF20693

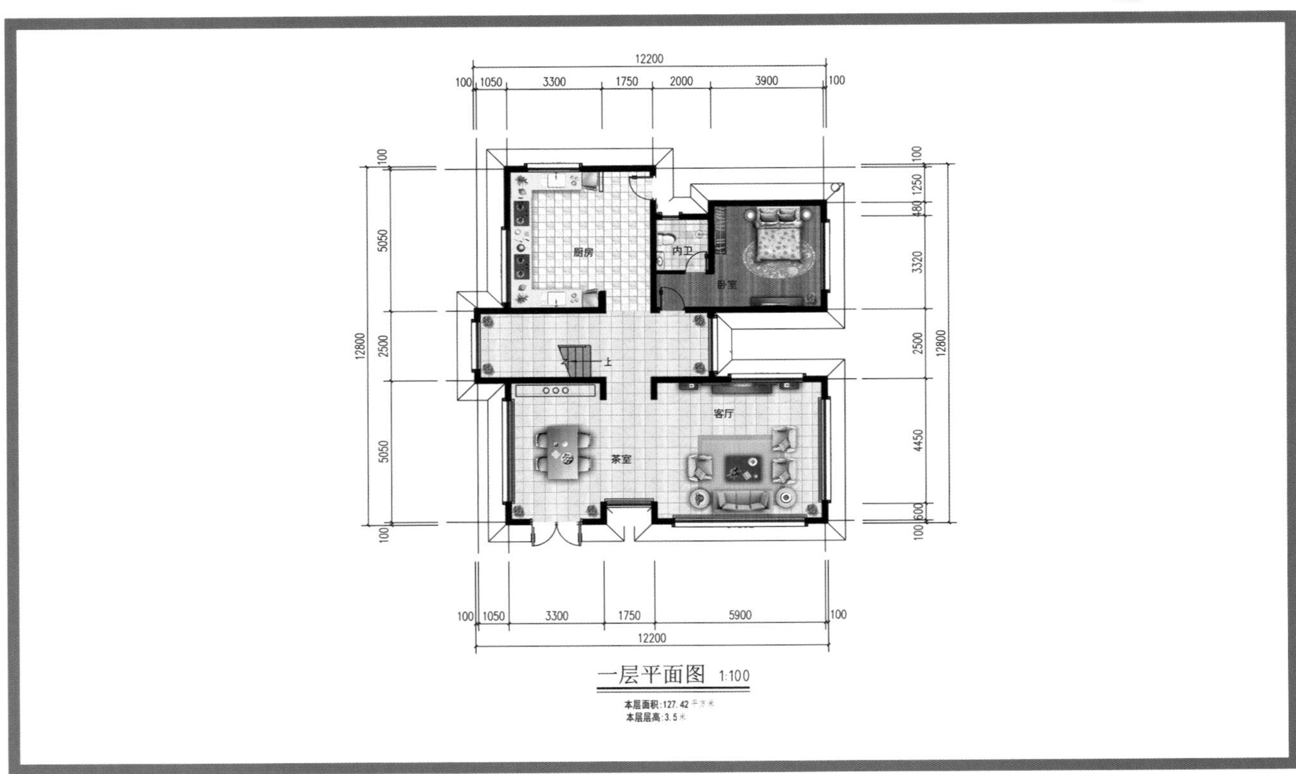

一层平面图 1:100

本层面积:127.42平方米

本层层高:3.5米

建房说 精英乡居生活规划师 jianfangshuo.com

现代别墅设计 JF20710

二层平面图 1:100

本层面积:159.88

屋顶平面图 1:100

本层面积:12.02

图纸属性

【编　号】

JF20710

【层　数】

2层

【开　间】

12.2米

【进　深】

12.8米

【占地面积】

127.42平方米

【建筑面积】

299.32平方米

中式别墅设计

Chinese Style Villa Design

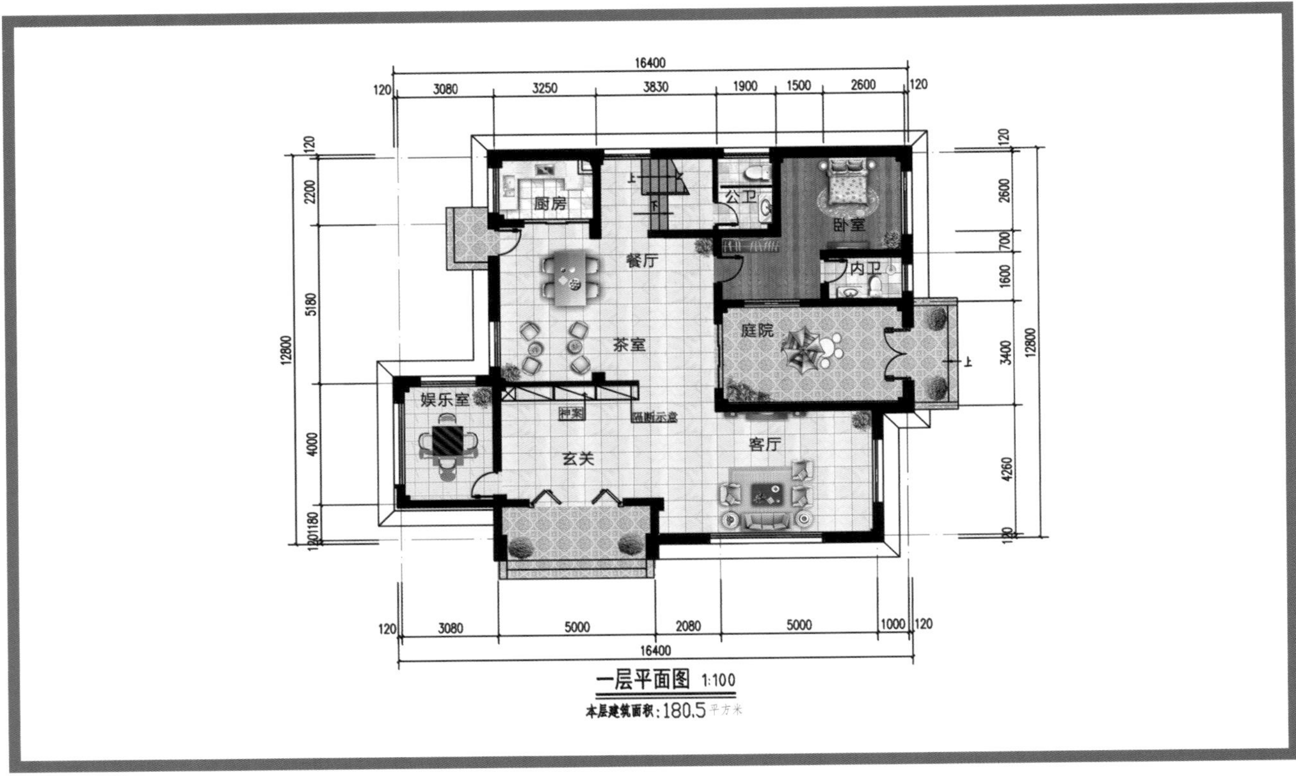

一层平面图 1:100

本层建筑面积：180.5平方米

建房说 精英乡居生活规划师 jianfangshuo.com

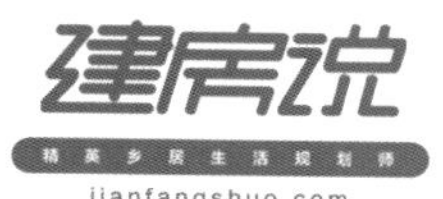

中式别墅设计 JF91002

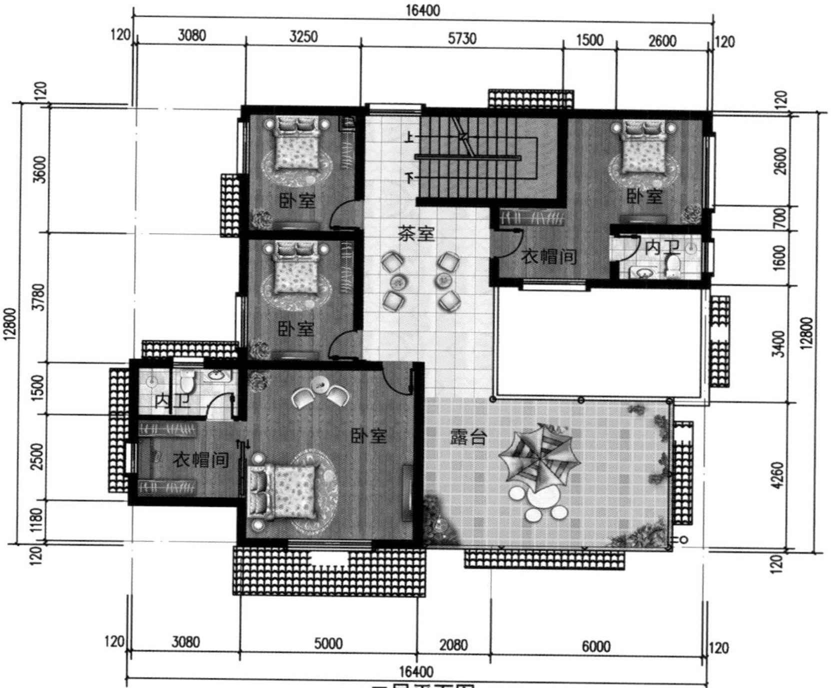

二层平面图 1:100

本层建筑面积：136.5 平方米

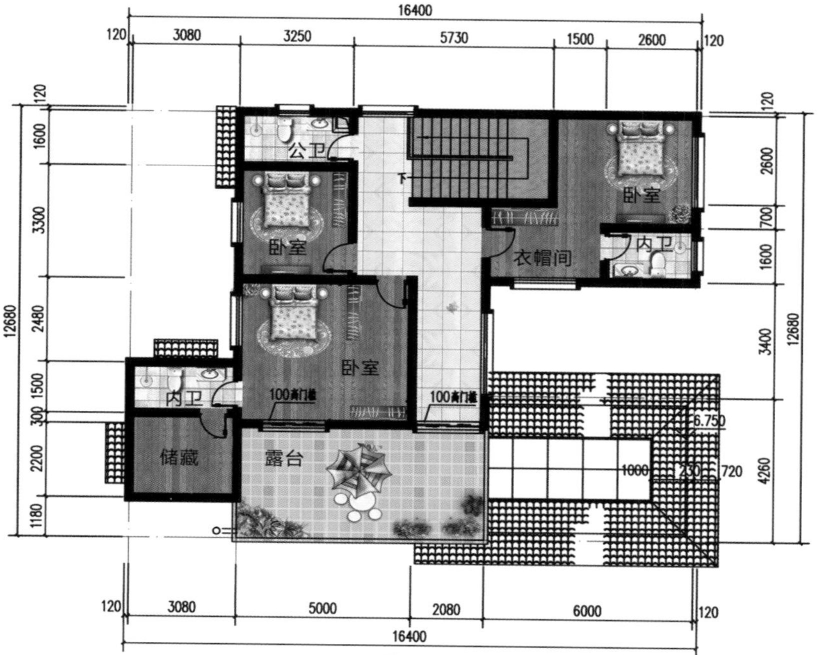

三层平面图 1:100

本层建筑面积：105 平方米

图纸属性

【编　号】

JF91002

【层　数】

3 层

【开　间】

16.4 米

【进　深】

12.8 米

【占地面积】

180.5 平方米

【建筑面积】

422 平方米

建房说

建房说 精英乡居生活规划师 jianfangshuo.com

中式别墅设计 JF91051

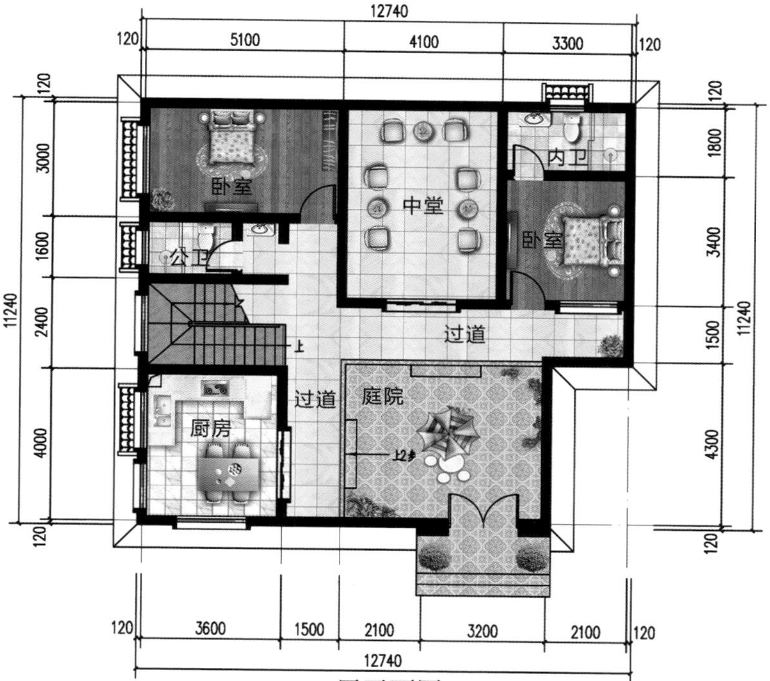

一层平面图 1:100

本层建筑面积：110 平方米

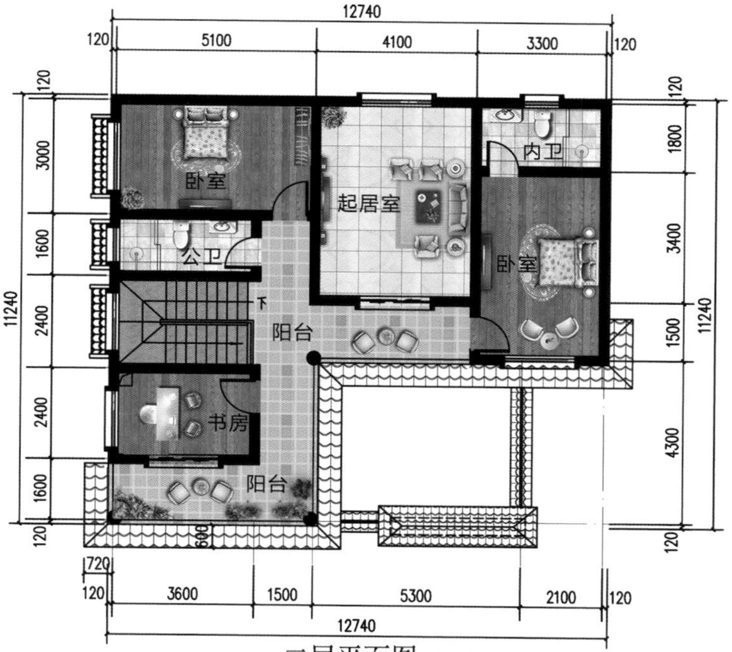

二层平面图 1:100

本层建筑面积：110 平方米

图纸属性

【编　号】

JF91051

【层　数】

2 层

【开　间】

12.74 米

【进　深】

11.24 米

【占地面积】

110 平方米

【建筑面积】

220 平方米

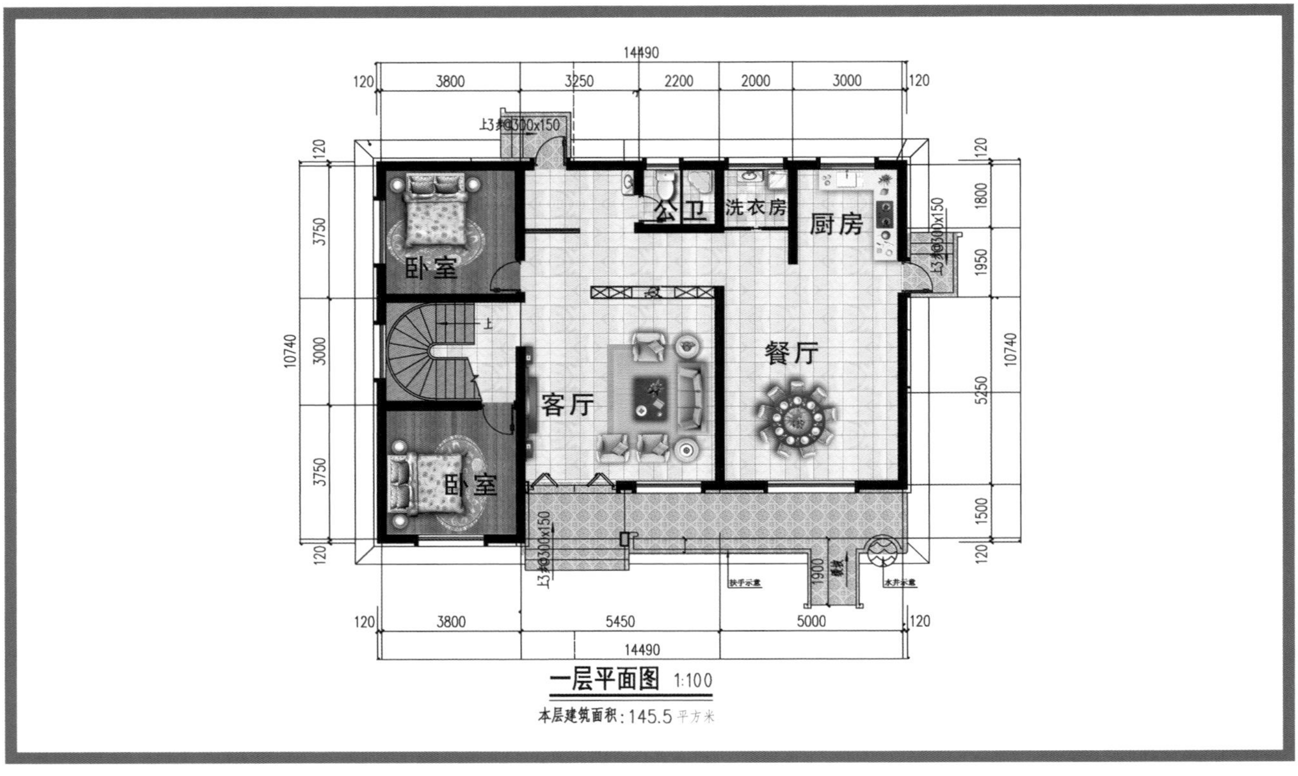

一层平面图 1:100

本层建筑面积：145.5 平方米

建房说 精英乡居生活规划师 jianfangshuo.com

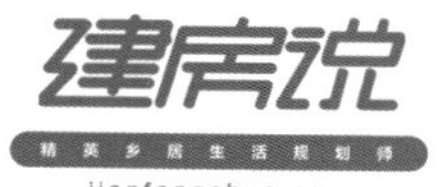

中式别墅设计 JF91081

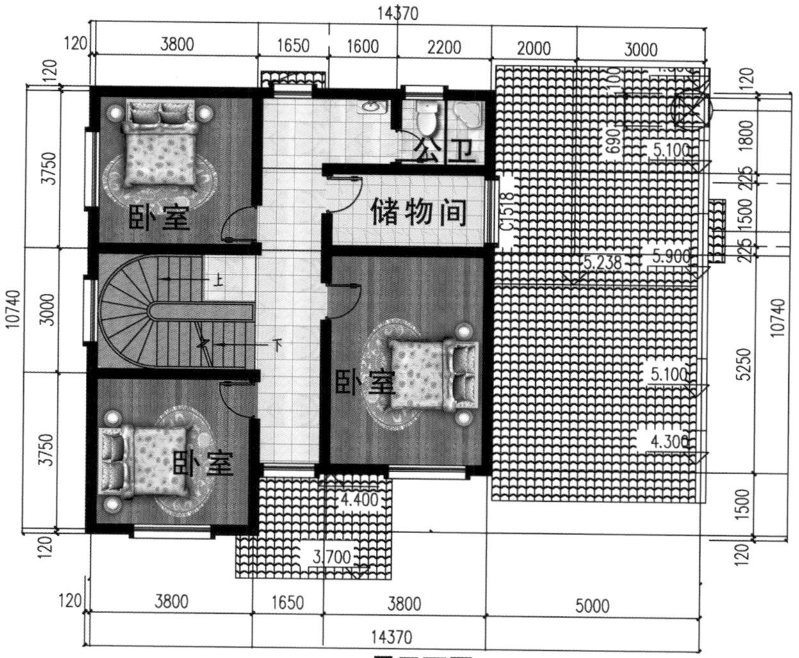

二层平面图 1:100

本层建筑面积：94 平方米

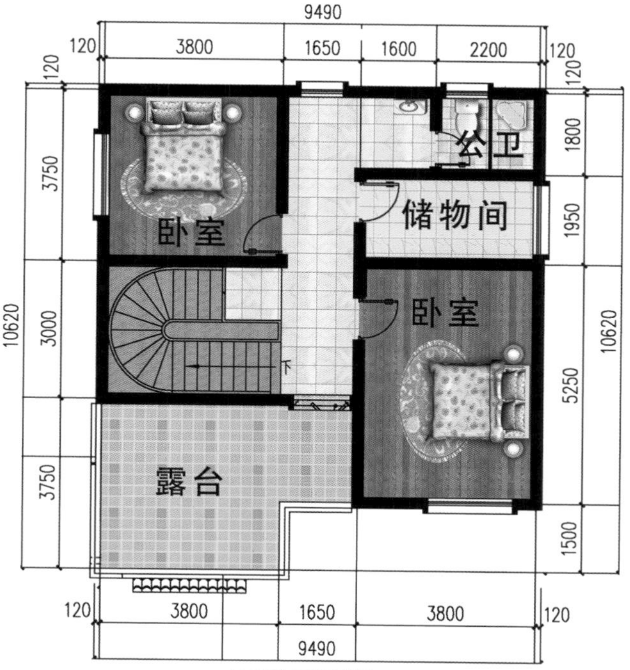

三层平面图 1:100

本层建筑面积：75 平方米

图纸属性

【编　号】

JF91081

【层　数】

3层

【开　间】

14.49米

【进　深】

10.74米

【占地面积】

145.5平方米

【建筑面积】

314.5平方米

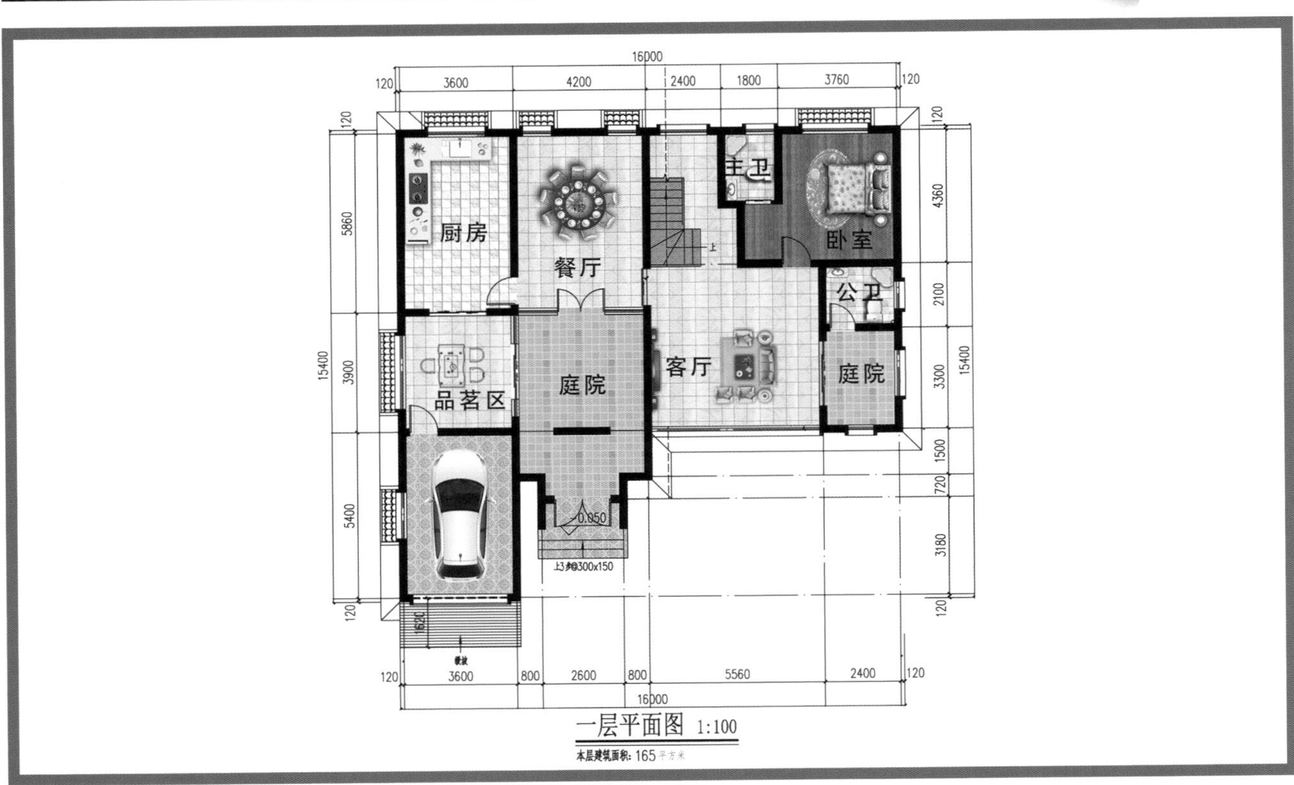

一层平面图 1:100

本层建筑面积: 165 平方米

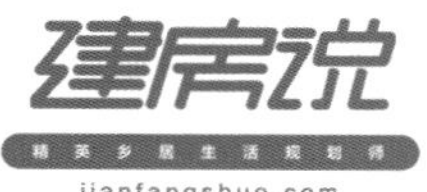

建房说 精英乡居生活规划师 jianfangshuo.com | 中式别墅设计 JF20032

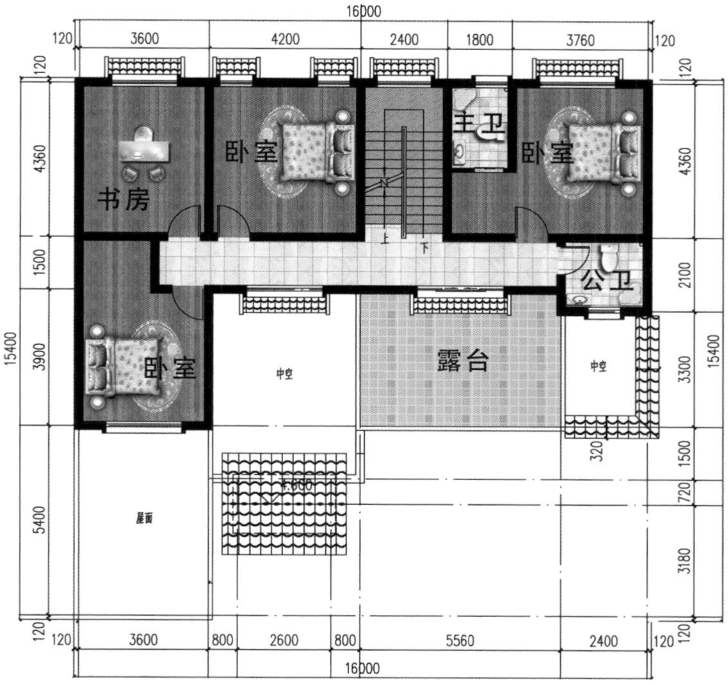

二层平面图 1:100

本层建筑面积：114平方米

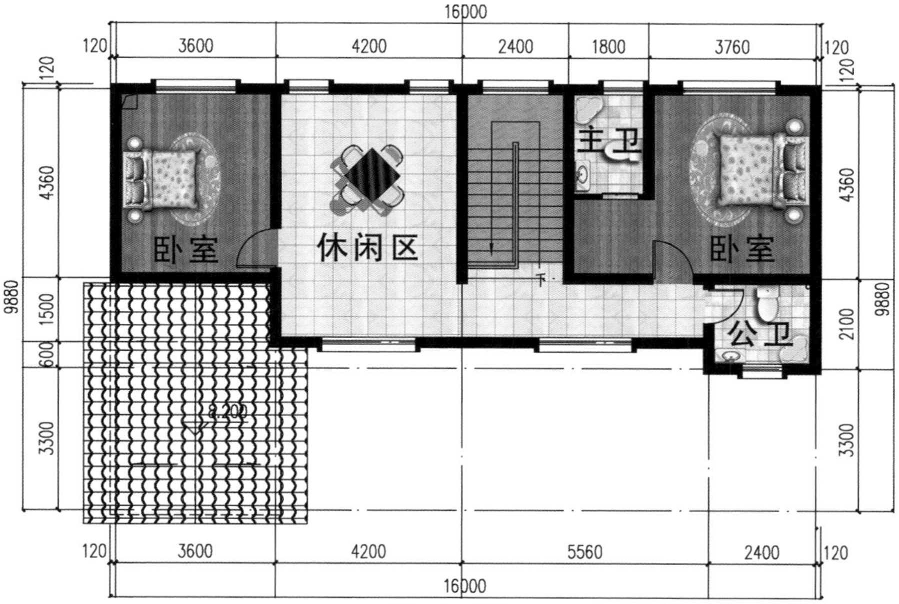

三层平面图 1:100

本层建筑面积：93平方米

图纸属性

【编　号】

JF20032

【层　数】

3层

【开　间】

16米

【进　深】

15.4米

【占地面积】

165平方米

【建筑面积】

372平方米

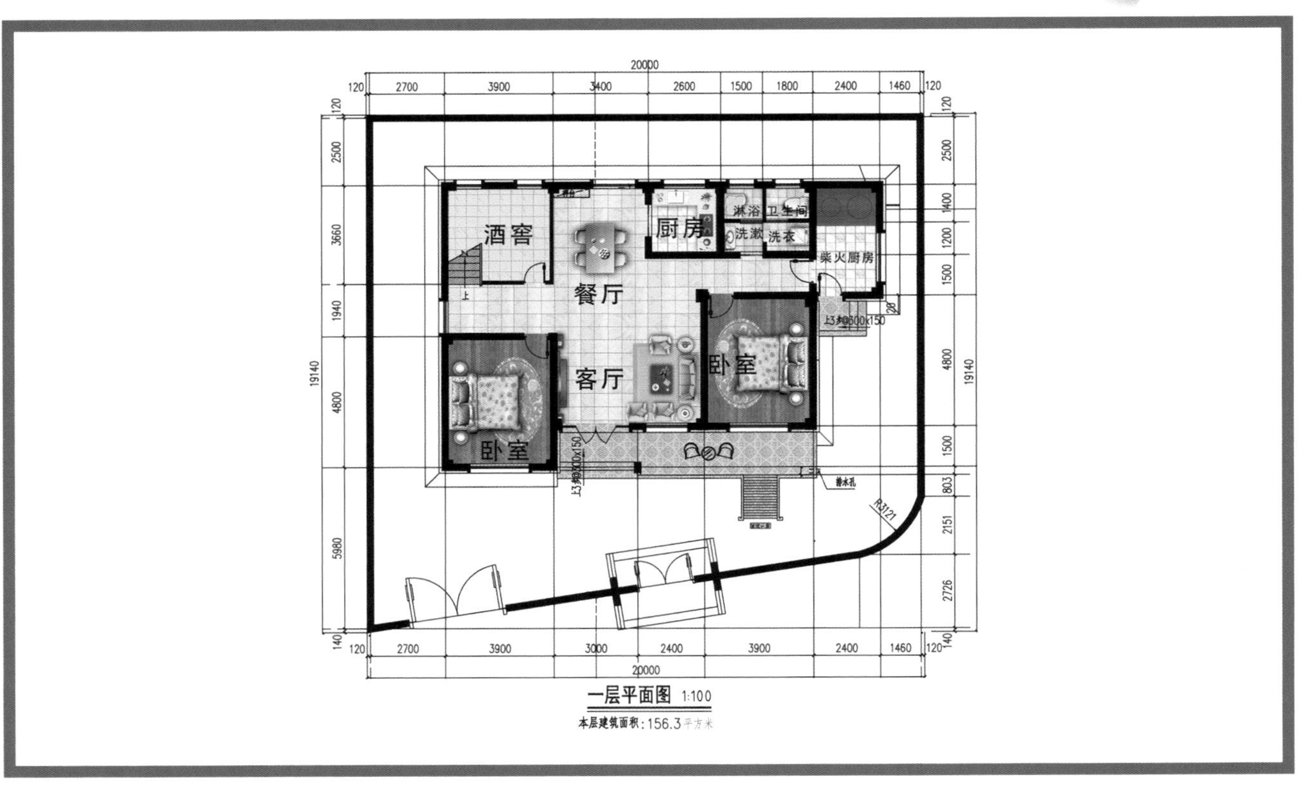

一层平面图 1:100

本层建筑面积：156.3平方米

建房说 精英乡居生活规划师 jianfangshuo.com

中式别墅设计 JF20046

建房说

中式别墅设计 JF20147

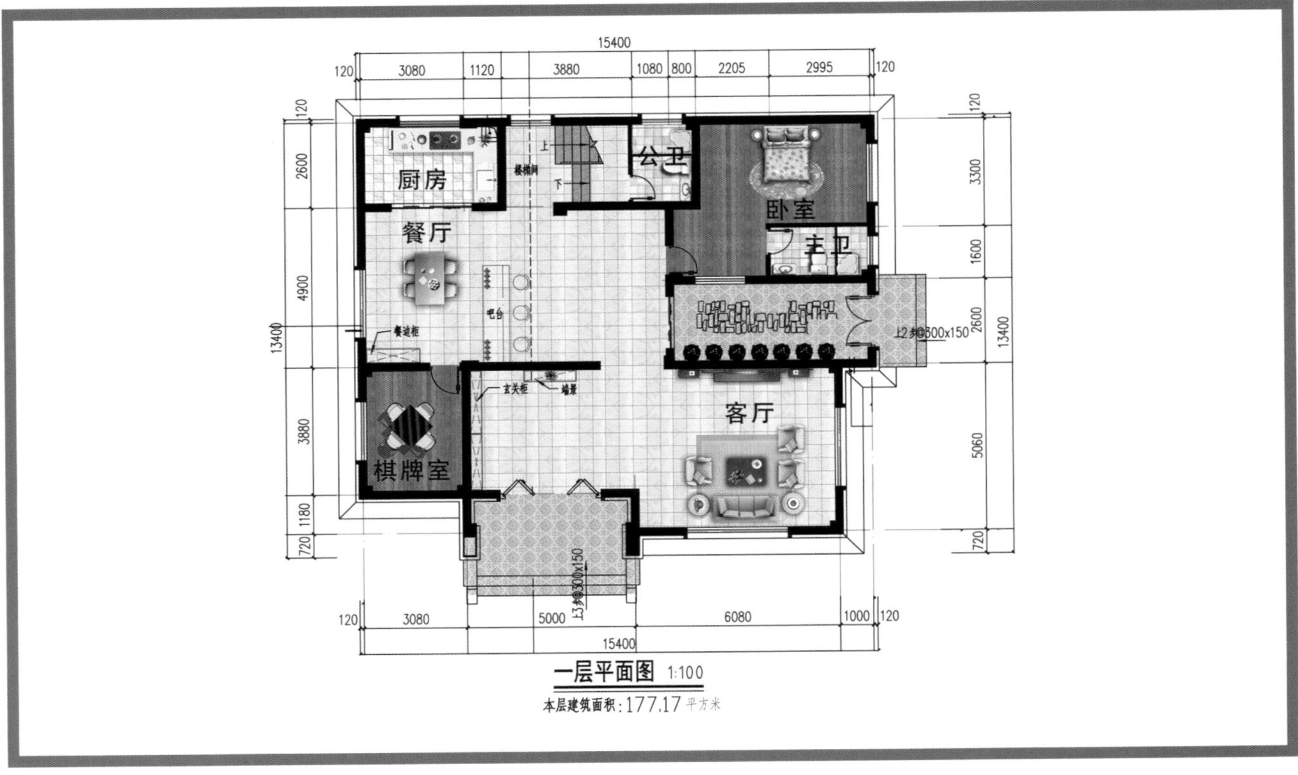

一层平面图 1:100

本层建筑面积：177.17 平方米

建房说
精美乡居生活规划师
jianfangshuo.com

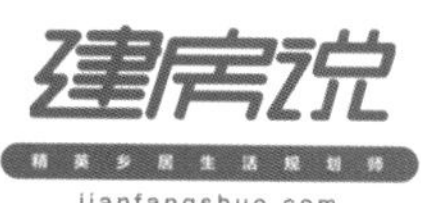

中式别墅设计 JF20180

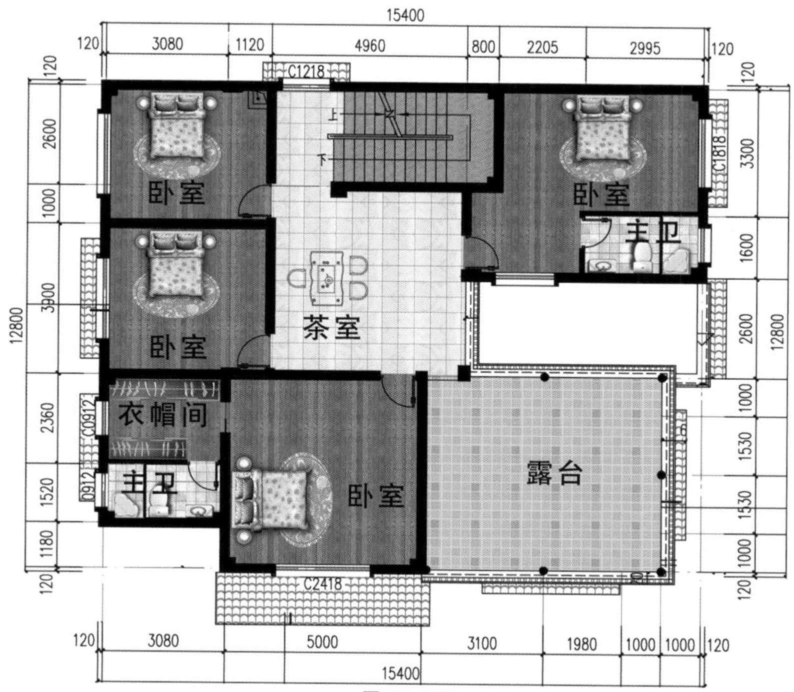

二层平面图 1:100

本层建筑面积：174.03平方米

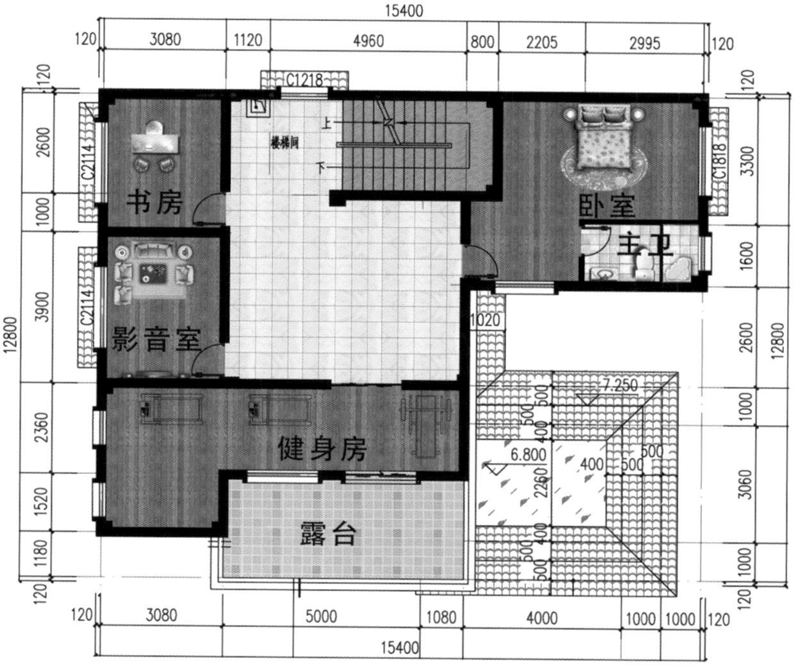

三层平面图 1:100

本层建筑面积：130.83平方米

图纸属性

【编　号】

JF20180

【层　数】

3层

【开　间】

15.4米

【进　深】

13.4米

【占地面积】

177.17平方米

【建筑面积】

482.03平方米

建房说
精美乡居生活规划师
jianfangshuo.com

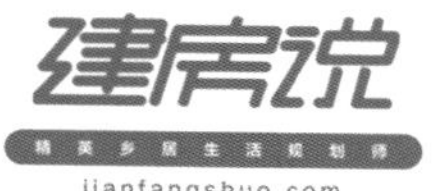

中式别墅设计 JF20387

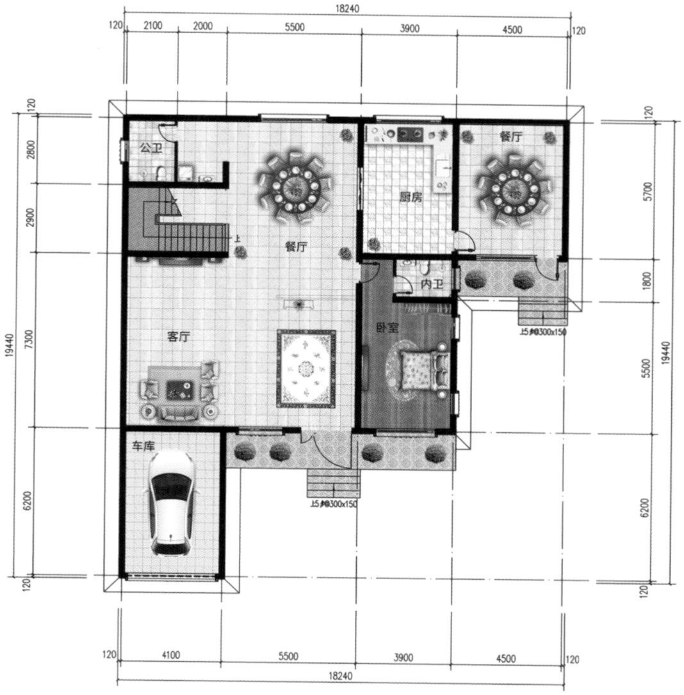

一层平面图 1:100
本层建筑面积: 235.56 平方米

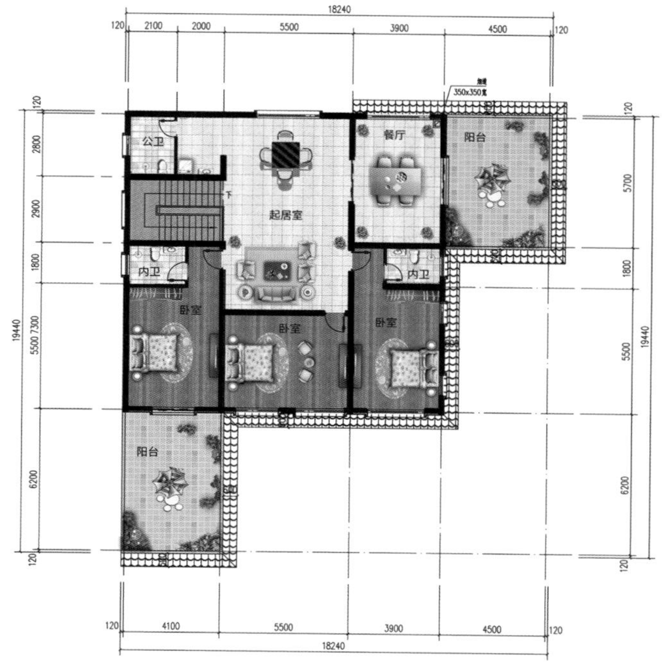

二层平面图 1:100
本层建筑面积: 181.92 平方米

图纸属性

【编 号】
JF20387

【层 数】
2层

【开 间】
18.24 米

【进 深】
19.44 米

【占地面积】
235.56 平方米

【建筑面积】
417.48 平方米

建居说

建房说 精美乡居生活规划师 jianfangshuo.com

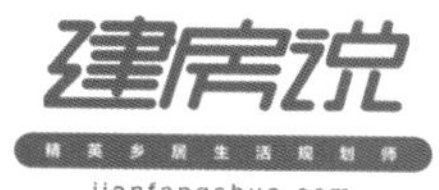

中式别墅设计 JF20582

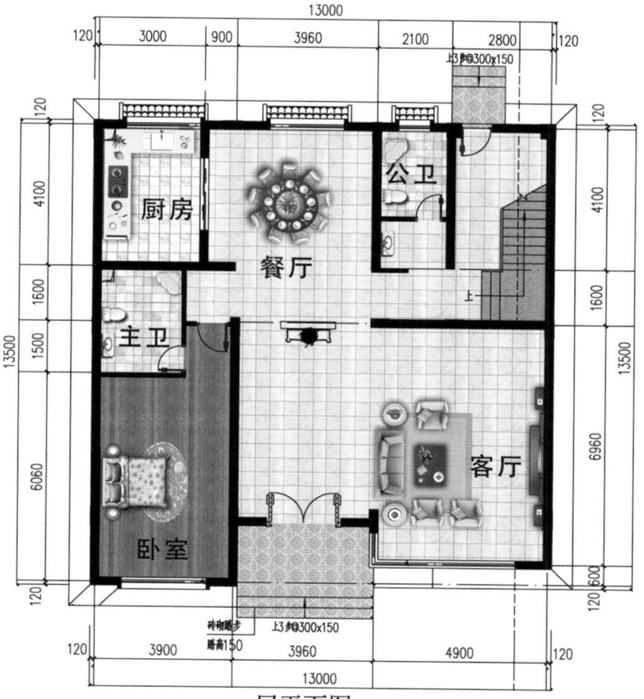

一层平面图 1:100

本层建筑面积：151平方米

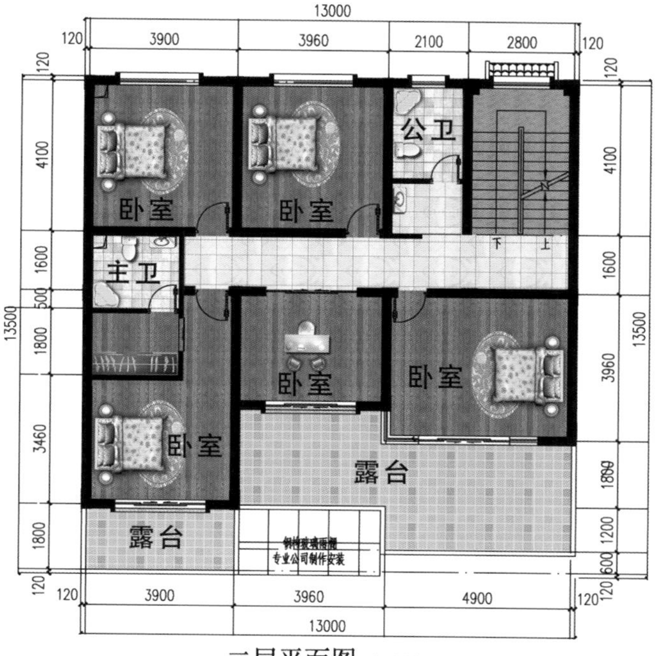

二层平面图 1:100

本层建筑面积：131平方米

图纸属性

【编　　号】

JF20582

【层　　数】

2层

【开　　间】

13米

【进　　深】

13.5米

【占地面积】

151平方米

【建筑面积】

282平方米

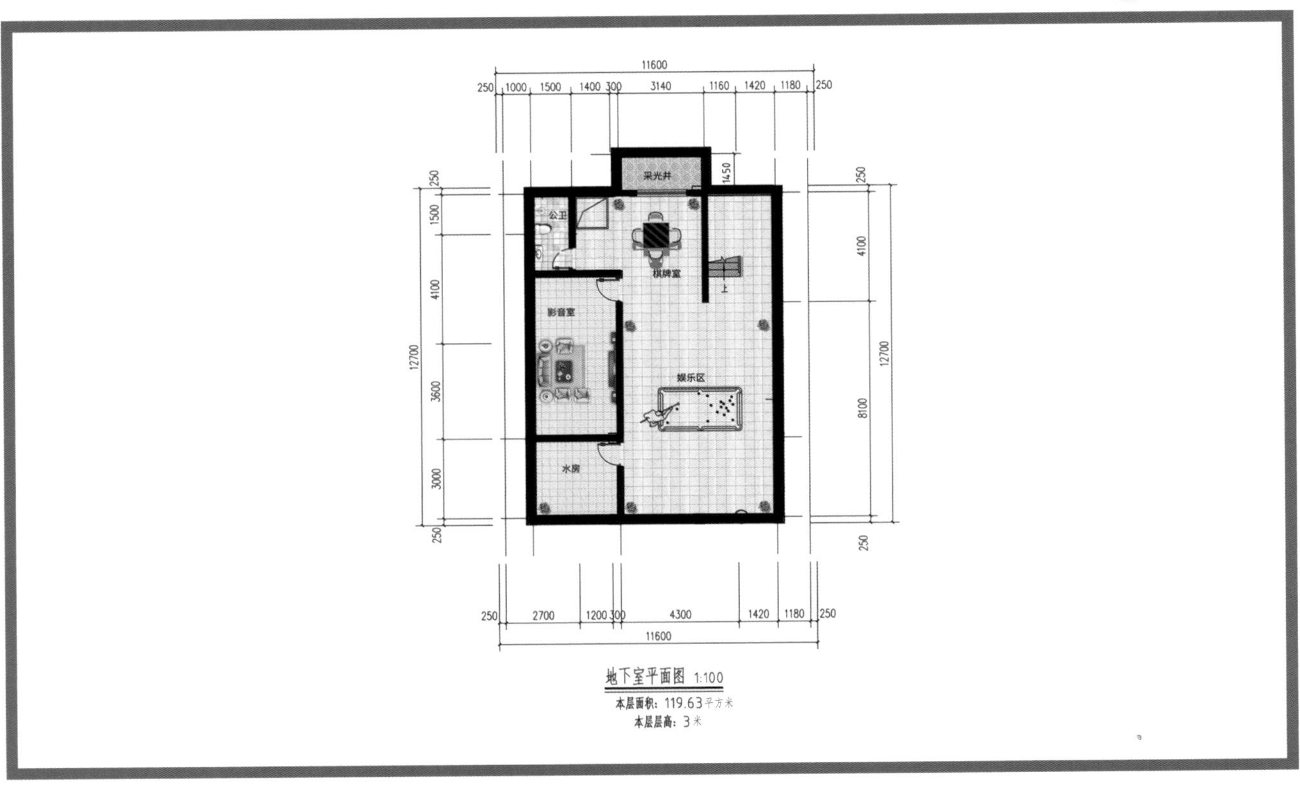

地下室平面图 1:100

本层面积：119.63平方米

本层层高：3米

中式别墅设计 JF20595

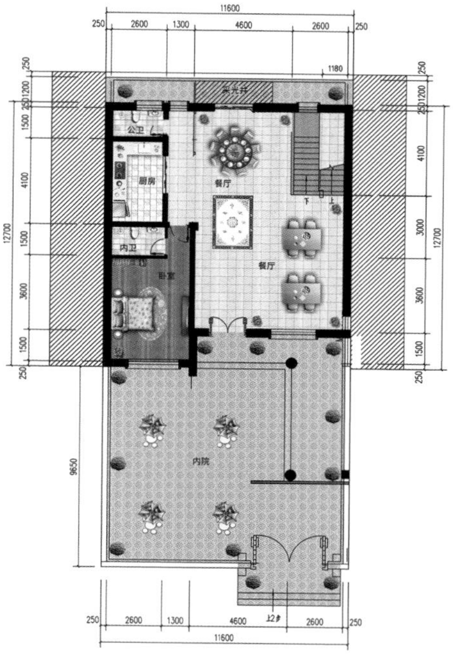

一层平面图 1:100
本层面积：151.49 平方米
本层层高：3.3 米

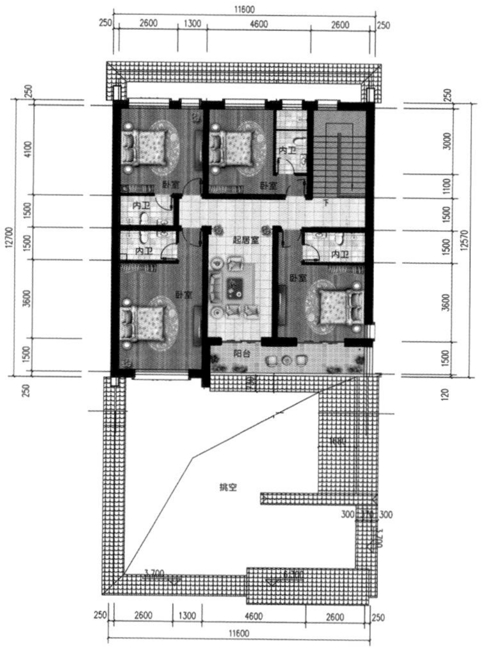

二层平面图 1:100
本层面积：145.41 平方米
本层层高：3 米

图纸属性

【编　号】
JF20595

【层　数】
2层

【开　间】
11.6米

【进　深】
12.7米

【占地面积】
151.49平方米

【建筑面积】
416.53平方米

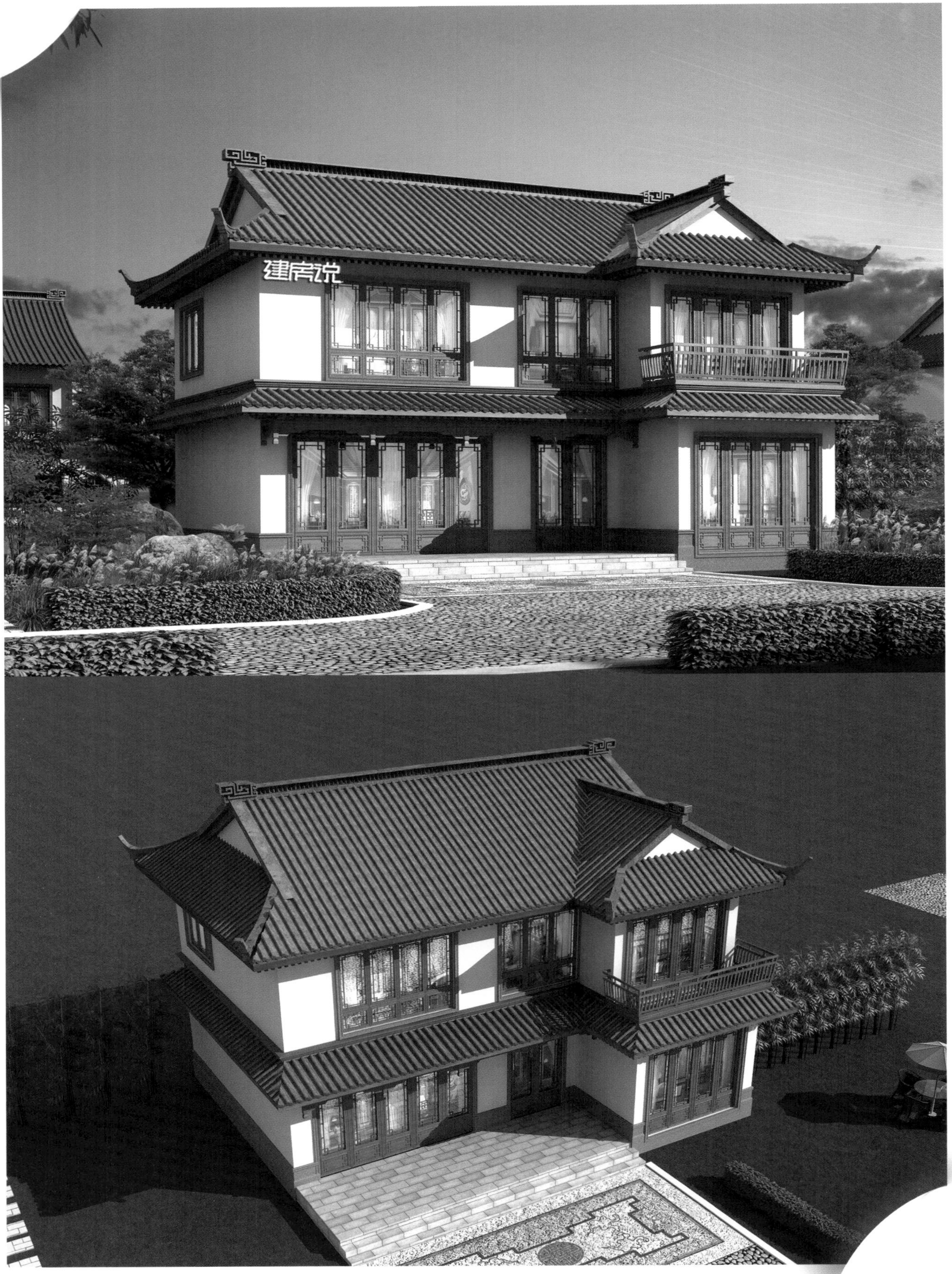
建房说

中式别墅设计 JF20692

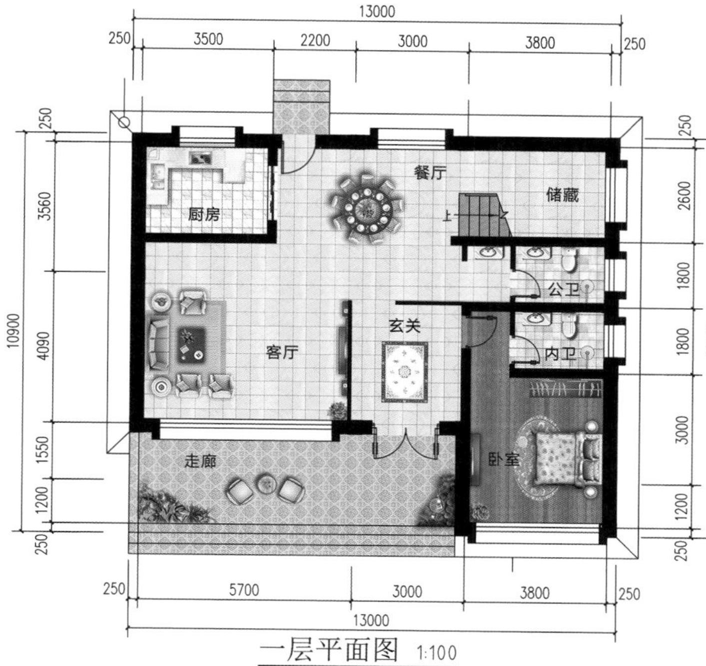

一层平面图 1:100

本层面积:117.78 平方米
本层层高:3.6 米

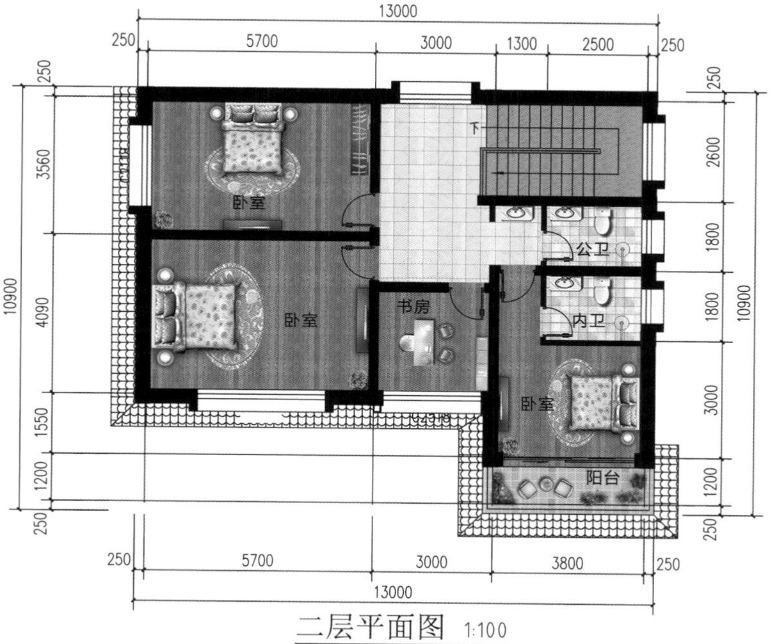

二层平面图 1:100

本层面积:112.7 平方米
本层层高:3.2 米

图纸属性

【编　号】
JF20692
【层　数】
2 层
【开　间】
13 米
【进　深】
10.9 米
【占地面积】
117.78 平方米
【建筑面积】
230.48 平方米

建房说

四合院别墅设计

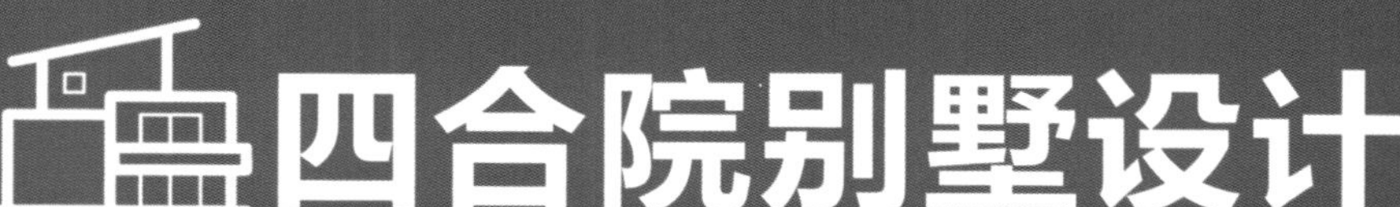

Quadrangle Courtyard Villa Design

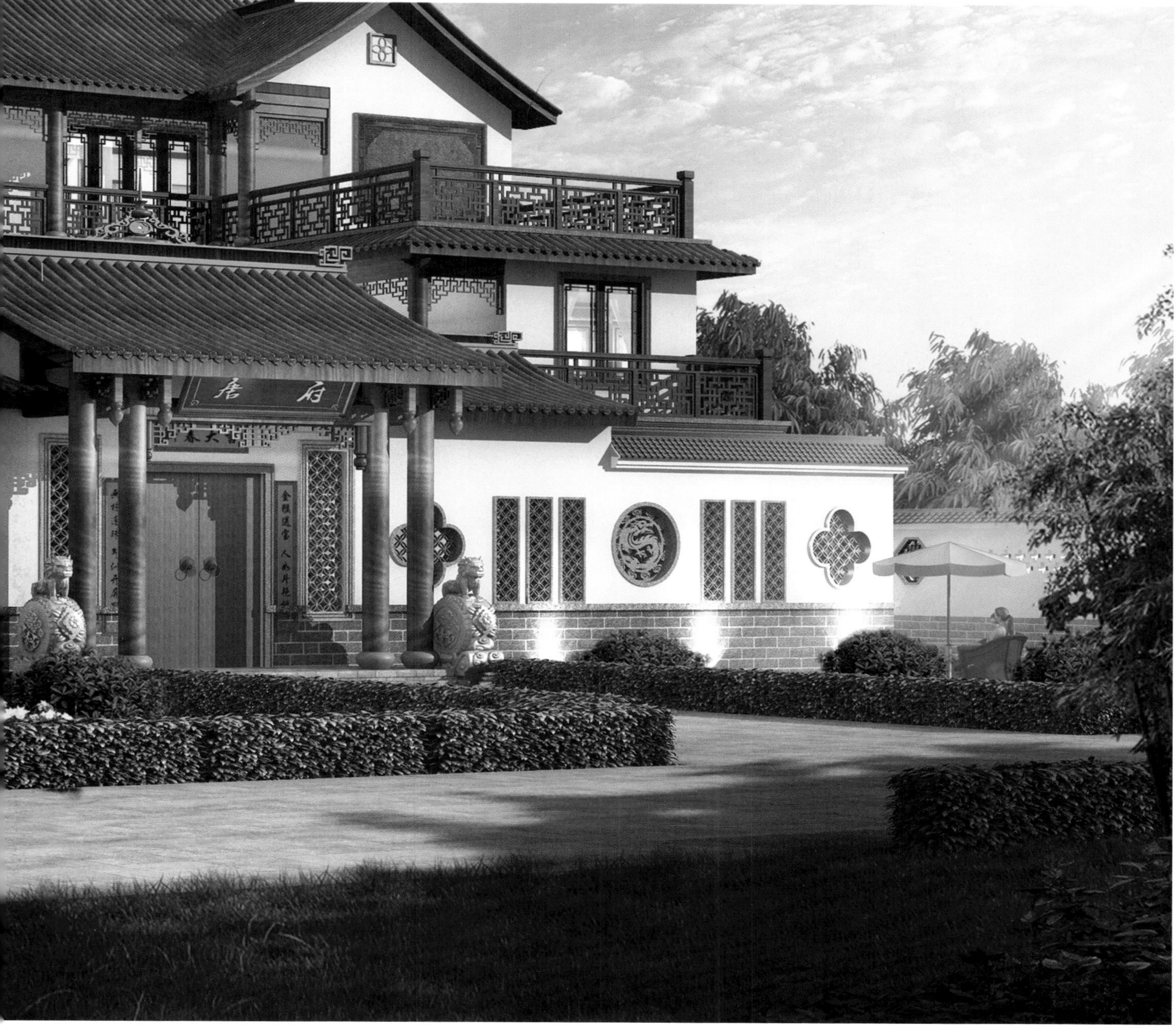

静夜思
建房说

四合院别墅设计 JF9989

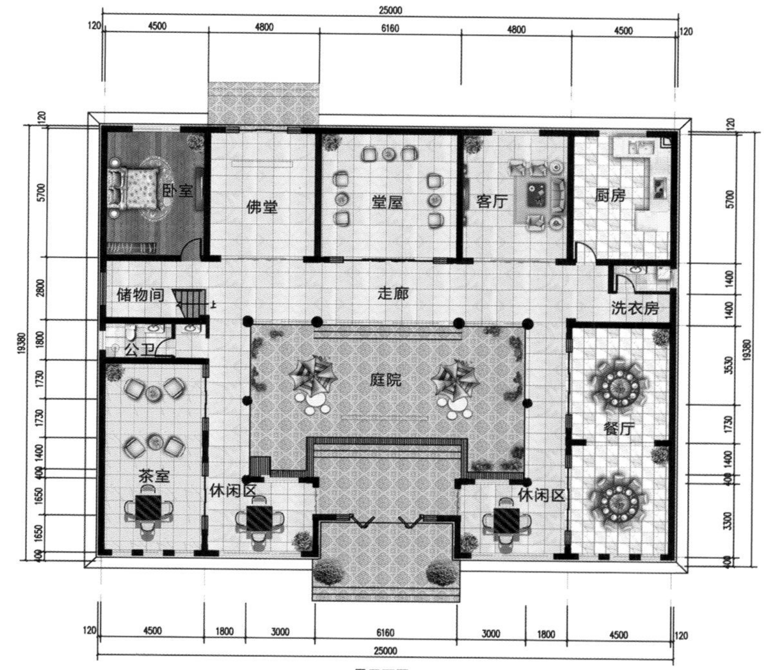

卧室
佛堂
堂屋
客厅
厨房
储物间
走廊
洗衣房
公卫
庭院
茶室
餐厅
休闲区
休闲区

一层平面图 1:100
本层建筑面积：392 平方米
空调板做法详见建筑大样，
空调板位置业主自定

卧室
办公室
堂屋上空
书房
卧室
内卫
廊道
内卫
公卫
卧室
内庭上空
卧室
露台
露台

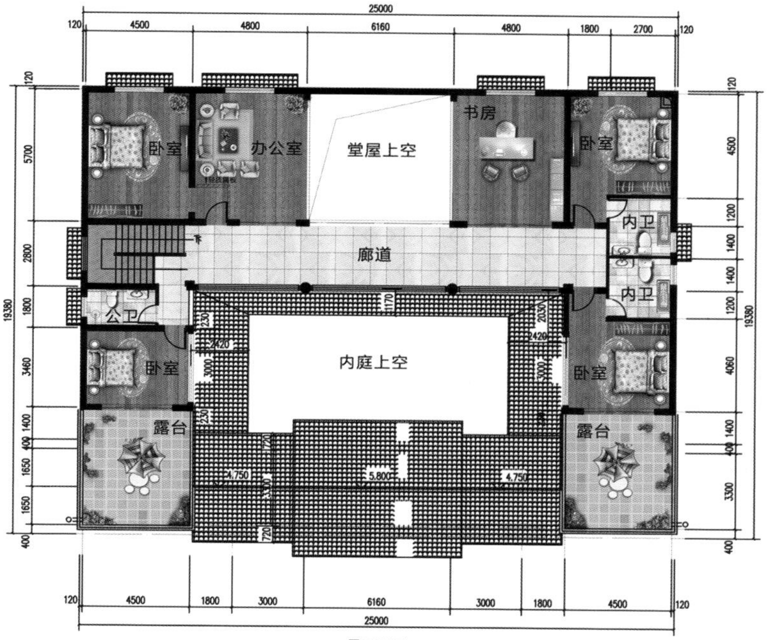

二层平面图 1:100
本层建筑面积：284 平方米
空调板做法详见建筑大样，
空调板位置业主自定

图纸属性

【编 号】
JF9989
【层 数】
2层
【开 间】
25米
【进 深】
19.38米
【占地面积】
392平方米
【建筑面积】
676平方米

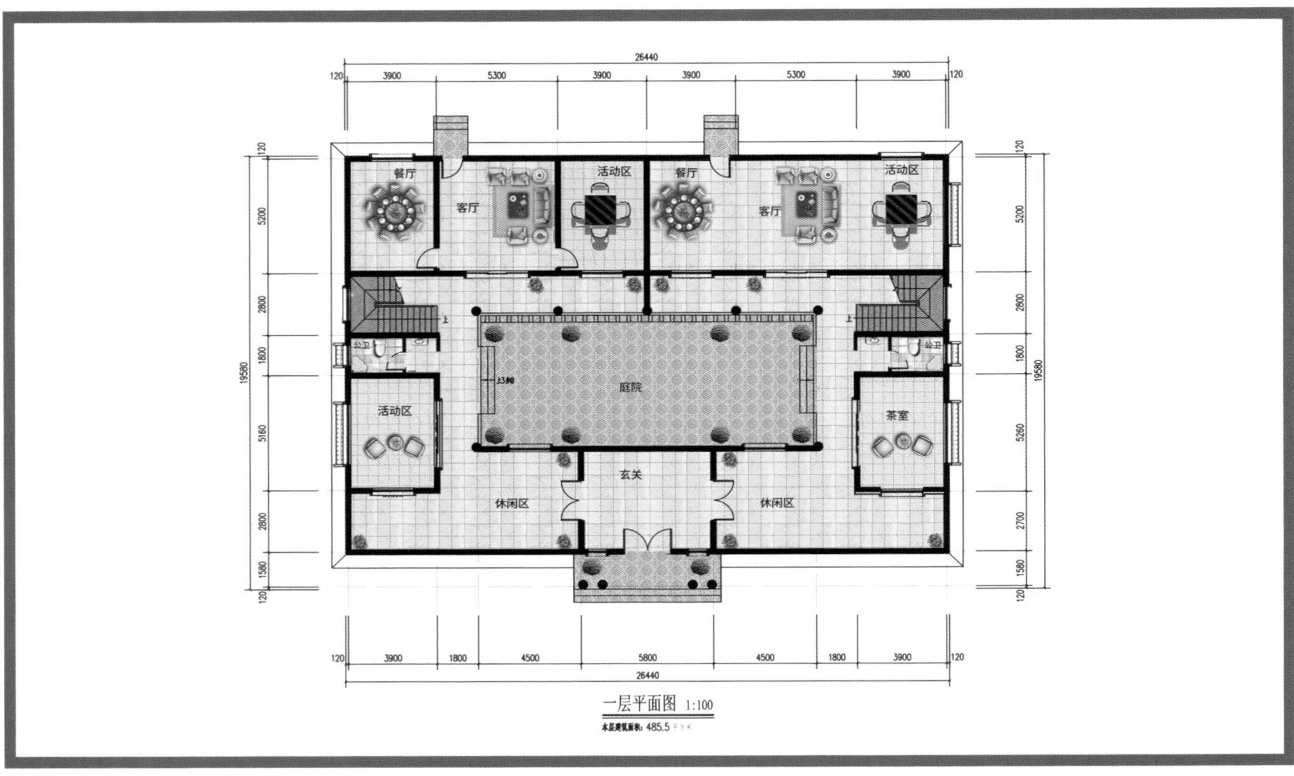

一层平面图 1:100

本层建筑面积: 485.5

建房说
精英乡居生活规划师
jianfangshuo.com

四合院别墅设计 JF91086

二层平面图 1:100
本层建筑面积：311.5 平方米

三层平面图 1:100
本层建筑面积：126.5 平方米

建房说
精英乡居生活规划师
jianfangshuo.com

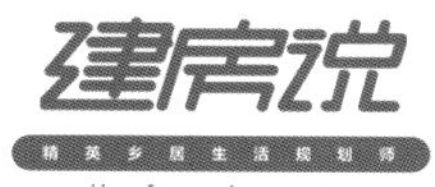

四合院别墅设计 JF91191

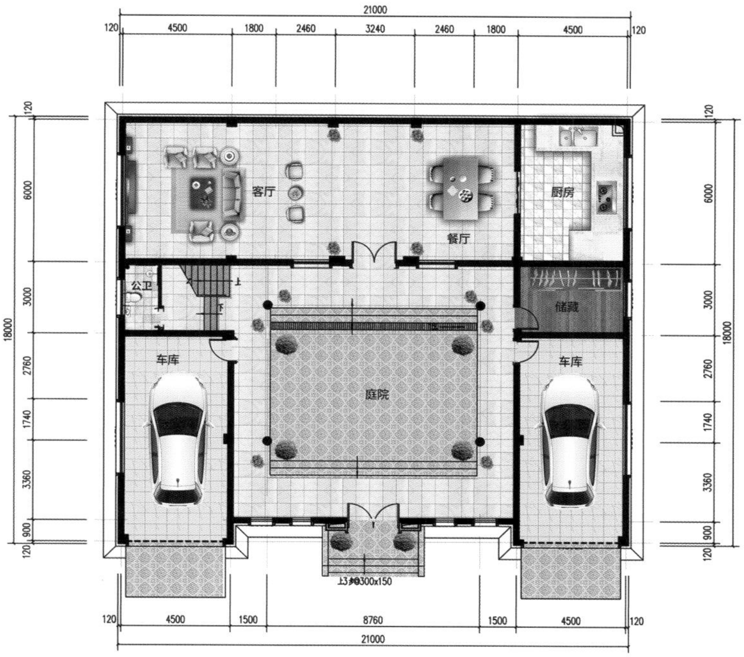

一层平面图 1:100
本层建筑面积：367.1平方米
空调板做法详见建筑大样，
空调板位置业主自定

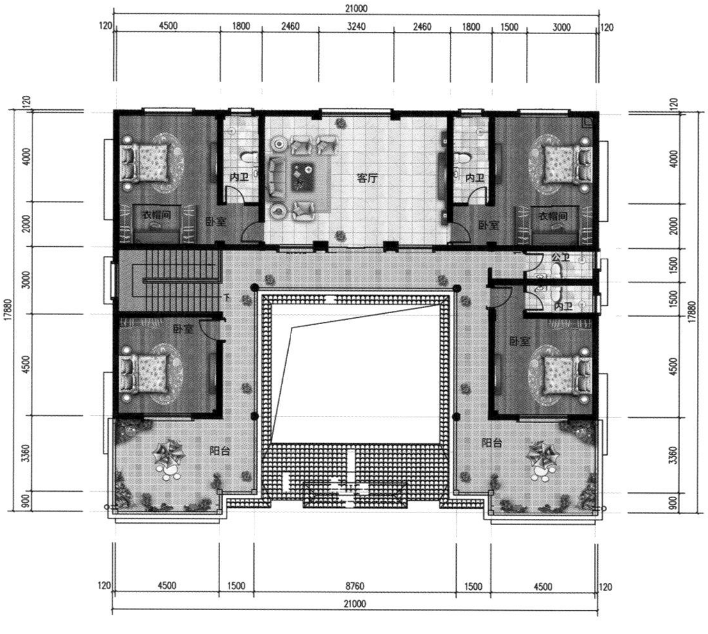

二层平面图 1:100
本层建筑面积：239.98平方米
空调板做法详见建筑大样，
空调板位置业主自定

图纸属性

【编　　号】
JF91191
【层　　数】
2层
【开　　间】
21米
【进　　深】
18米
【占地面积】
367.1平方米
【建筑面积】
607平方米

建房说

四合院别墅设计 JF20361

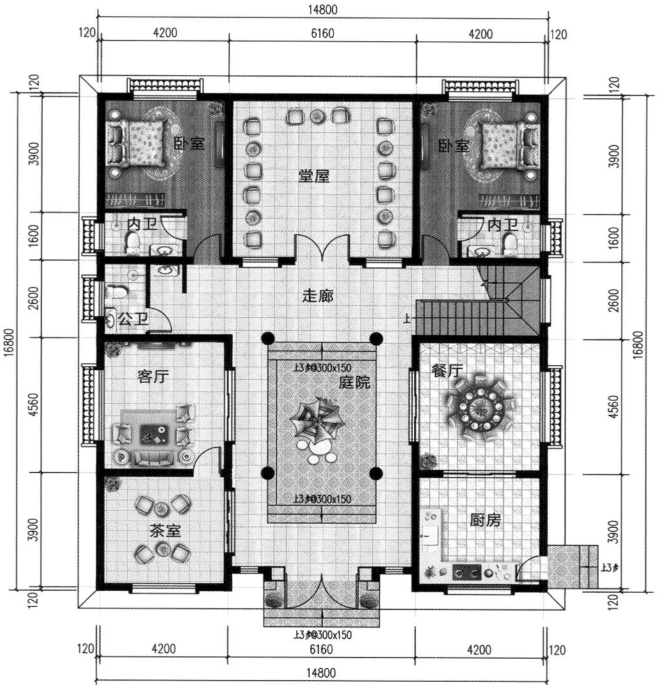

一层平面图 1:100

本层建筑面积：228 平方米

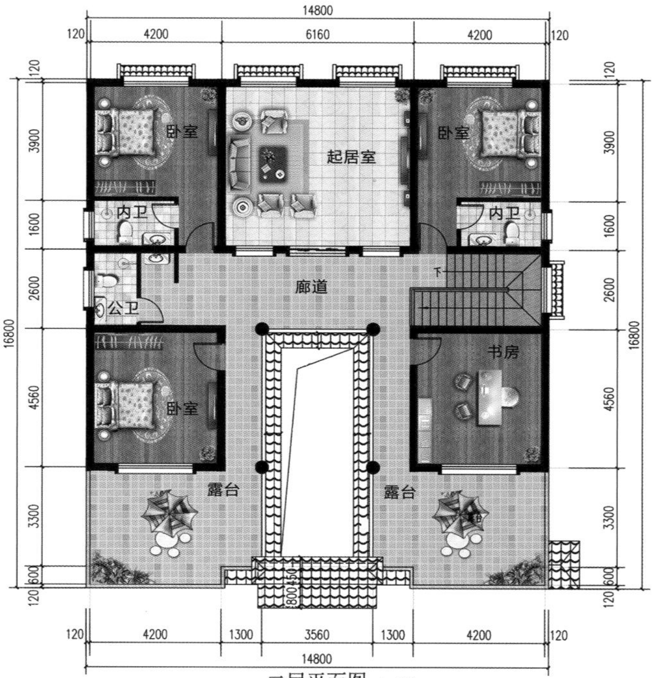

二层平面图 1:100

本层建筑面积：177 平方米

图纸属性

【编　号】

JF20361

【层　数】

2 层

【开　间】

14.8 米

【进　深】

16.8 米

【占地面积】

228 平方米

【建筑面积】

405 平方米

四合院别墅设计 JF20469

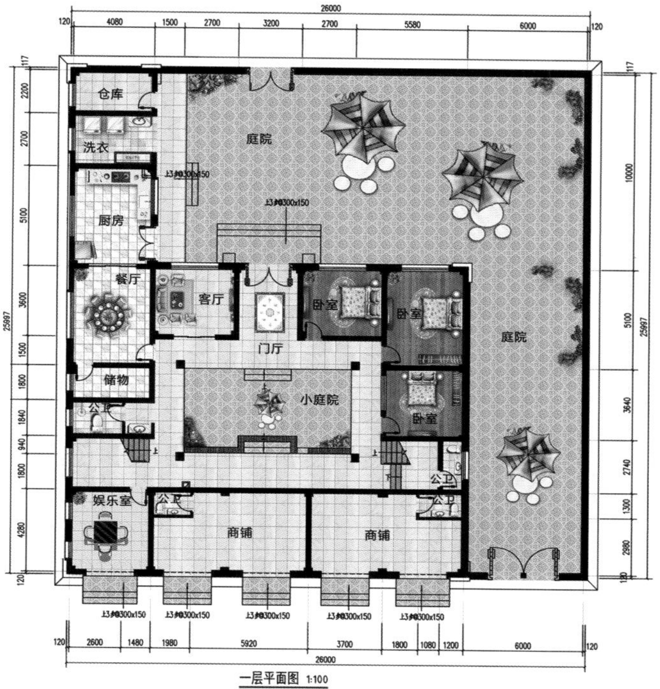

仓库
洗衣
厨房
餐厅
客厅
卧室
卧室
门厅
庭院
庭院
小庭院
储物
卧室
公卫
公卫
公卫
娱乐室
公卫
商铺
商铺

一层平面图 1:100

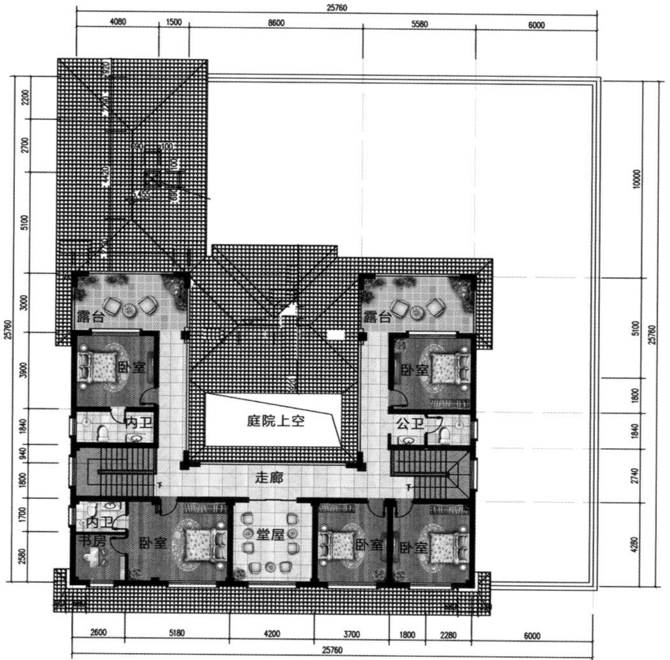

空调板做法详见建筑大样，
空调板位置业主自定

露台
露台
卧室
卧室
内卫
庭院上空
公卫
走廊
内卫
书房
卧室
堂屋
卧室
卧室

二层平面图 1:100

空调板做法详见建筑大样，
空调板位置业主自定

图纸属性

【编　　号】

JF20469

【层　　数】

2 层

【开　　间】

26 米

【进　　深】

25.997 米

【占地面积】

353.87 平方米

【建筑面积】

521.77 平方米

建房说
精英乡居生活规划师
jianfangshuo.com

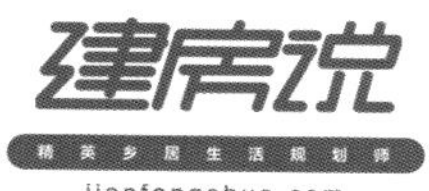

四合院别墅设计 JF20625

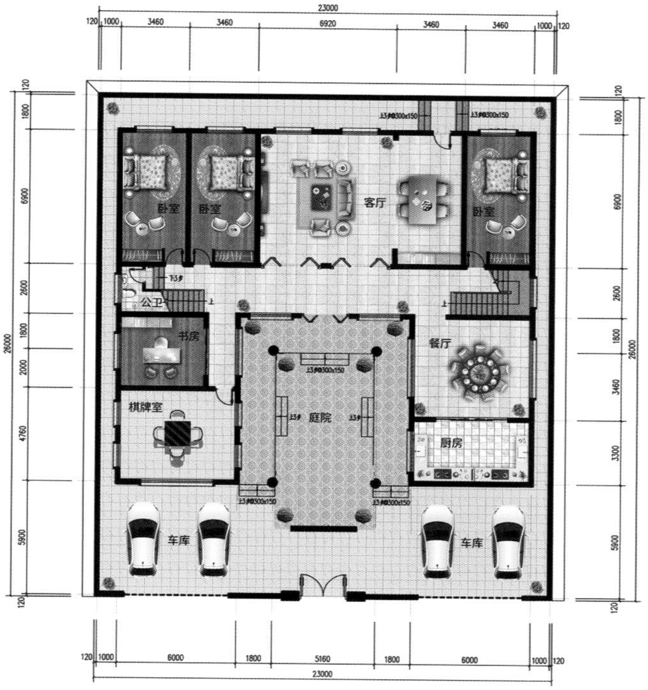

一层平面图 1:100
本层建筑面积: 348.8 平方米

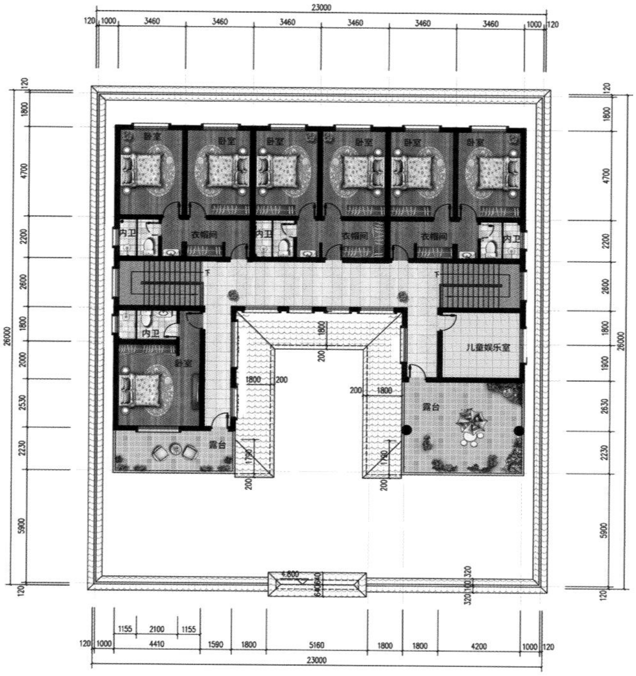

二层平面图 1:100
本层建筑面积: 311.37 平方米

图纸属性

【编　号】
JF20625

【层　数】
2层

【开　间】
23米

【进　深】
26米

【占地面积】
348.8平方米

【建筑面积】
660.17平方米

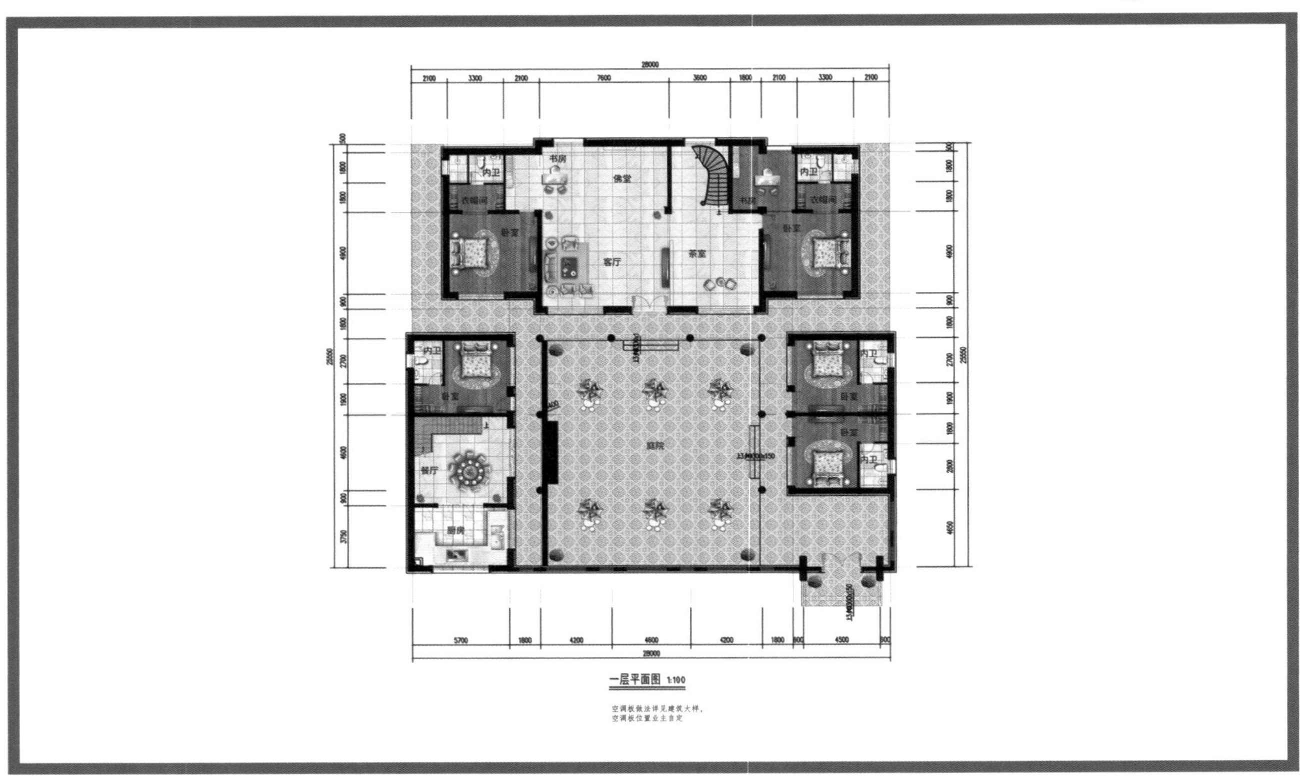

一层平面图 1:100

空调板做法详见建筑大样，
空调板位置业主自定

建房说 精英乡居生活规划师 jianfangshuo.com

四合院别墅设计 JF20642

图纸属性

【编　号】

JF20642

【层　数】

3层

【开　间】

28米

【进　深】

25.5米

【占地面积】

480平方米

【建筑面积】

1220平方米

后记

《村墅集》系列别墅图册，是由国内知名乡村建房服务品牌——建房说精心打造的。画册精选了建房说品牌近期原创设计的各种建筑效果图与布局图，供人们在建造乡村住宅的时候参考使用。

建房说是全国知名的互联网+乡村住宅服务领导品牌，是乡村住宅领域的佼佼者。品牌定位：精英乡居生活规划师，建房说以乡村建筑设计建造为主营业务，以乡村精英人群为主要客户群，致力于为广大用户提供高品质的一站式建房服务。

建房说在全网拥有3500多万用户，一直以来都是原创乡村建筑设计的倡导者和潮流作品的引领者，凭借过硬的作品质量，赢得了海内外100000多位建房客户，定制设计客户达5000多位，优秀案例在全国各地四处开花，实景案例惊艳八方。

建房说在业界的知名度不断提升，迎来了大量来自美国、马来西亚、印尼、澳大利亚、泰国、加纳、缅甸等地的海外客户与建房说达成互信合作。

截至目前，已有来自全国各地的300余家乡村住宅产业链的商家和企业与建房说达成了品牌宣传、业务资源和技术服务上的深度合作，我们将携手共同为广大客户实现美好乡村居住梦想共同努力。

·关注微信公众号·
找设计图纸

设计热线：18879157112

·关注视频号·
看设计视频

设计热线：18879157112

·关注微信公众号·
找施工团队

建造热线：400-0516-365

·关注金钢建匠·
建轻钢别墅

建造热线：13133808972

福德安康
精英乡居生活规划师

图书在版编目（CIP）数据

村墅集：乡村别墅优秀设计作品集萃 / 江西澜翎建筑科技有限公司著. -- 南昌：江西人民出版社, 2021.1
ISBN 978-7-210-12968-4

Ⅰ. ①村… Ⅱ. ①江… Ⅲ. ①别墅－建筑设计－作品集－中国－现代 Ⅳ. ①TU241.1

中国版本图书馆CIP数据核字(2021)第026753号

村墅集：乡村别墅优秀设计作品集萃
江西澜翎建筑科技有限公司　著
责任编辑：章雷　　书籍设计：江西澜翎建筑科技有限公司
出版：江西人民出版社　发行：各地新华书店
地址：江西省南昌市东湖区三经路47号附1号　编辑部电话：0791-86898860
发行部电话：0791-86898815　邮编：330006
网址：www.jxpph.com　E-mail：jxpph@tom.com　web@jxpph.com
2021年1月第1版　2021年 1月第1次印刷
开本：889毫米 × 1194毫米　1/16　印张：14.25　　字数：50千
ISBN 978-7-210-12968-4　赣版权登字—01—2021—3
定价：328.00元

承印厂：江西金港彩印有限公司　赣人版图书凡属印刷、装订错误，请随时向承印厂调换

jianfangshuo.com
建房说
精英乡居生活规划师